SOCIÉTÉ CENTRALE DES ARCHITECTES

FONDÉE EN 1840 — AUTORISÉE EN 1843
DÉCLARÉE D'UTILITÉ PUBLIQUE PAR DÉCRET DU 8 AOUT 1865

MANUEL

DES

LOIS DU BATIMENT

DEUXIÈME ÉDITION, REVUE ET AUGMENTÉE

SECOND VOLUME — DEUXIÈME PARTIE

PARIS

LIBRAIRIE GÉNÉRALE DE L'ARCHITECTURE

ET DES TRAVAUX PUBLICS

DUCHER ET Cie

Éditeurs de la Société Centrale des Architectes

51, RUE DES ÉCOLES, 51

1879

MANUEL

DÈS

LOIS DU BATIMENT

II   66

SOCIÉTÉ CENTRALE DES ARCHITECTES

FONDÉE EN 1840 — AUTORISÉE EN 1843
DÉCLARÉE D'UTILITÉ PUBLIQUE PAR DÉCRET DU 4 AOUT 1865

MANUEL

DES

LOIS DU BATIMENT

DEUXIÈME ÉDITION, REVUE ET AUGMENTÉE

DEUXIÈME VOLUME — DEUXIÈME PARTIE

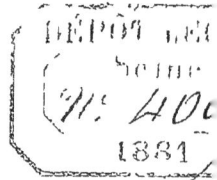

LE·BEAU·LE·VRAI·L'UTILE

PARIS

LIBRAIRIE GÉNÉRALE DE L'ARCHITECTURE

ET DES TRAVAUX PUBLICS

DUCHER ET Cⁱᵉ

Éditeurs de la Société Centrale des Architectes

51, RUE DES ÉCOLES, 51

1879

MANUEL

DES

LOIS DU BATIMENT

SECTION V

COMPLÉMENTS.

LOIS DU BATIMENT

SECTION V

COMPLÉMENTS

I
COUTUMES LOCALES

AVIS

La Commission chargée de préparer ce Manuel a cru devoir, au début de ses travaux, s'adresser aux Sociétés régionales d'Architectes et à de nombreux confrères des départements, afin d'obtenir tous les renseignements désirables sur les anciens usages qui ont été maintenus dans les régions où ils exercent.

Un certain nombre de réponses, venues des points les plus divers de la France, ont été adressées à la Société Centrale des Architectes, et, bien que des Usages locaux, empruntés aux anciennes Coutumes et conservés dans les éditions récentes du Code, soient relatés dans le premier volume de cet ouvrage (1), la Commission a tenu à publier les documents suivants dont l'autorité est assurée par la notoriété des signataires et auxquels est conservée, comme dans les anciens Coutumiers, la division par régions géographiques (2); la Commission a seulement cru devoir, autant que possible, rappeler, pour ces documents, les numéros des articles du Code civil auxquels ils se rapportent.

LISTE DES VILLES

DONT

LES USAGES LOCAUX SONT REPRODUITS CI-APRÈS.

Région du Nord : — I, Lille; II, Bergues; III, Valenciennes; IV, Douai; V, Montreuil-sur-Mer; VI, Abbeville; VII, Amiens.
Région de l'Ouest : — VIII, Le Havre; IX, Alençon; X, Angers; XI, Quimper; XII, Nantes; XIII, La Rochelle.
Région du Centre : — XIV, Orléans; XV, Versailles; XVI, Clermont-Ferrand; XVII, Troyes.
Région de l'Est : — XVIII, Metz; XIX, Strasbourg; XX, Besançon.
Région du Sud-Ouest : — XXI, Bordeaux; XXII, Pau.
Région du Snd-Est : — XXIII, Lyon; XXIV, Mende; XXV, Uzès; XXVI, Marseille; XXVII, Nice.

(1) Voir les Commentaires qui accompagnent les articles du Code civil portant les nᵒˢ 663, 671, 674, 1736, 1752, 1758 et 1759: tome I, 1ʳᵉ partie, p. 216, 227, 233, 325, 332, 337 et 339.
(2) Voir tome I, *Essai historique*, note B, p. 60.

LOIS DU BATIMENT

SECTION V

I. — COUTUMES LOCALES

ARTICLES DU CODE CIVIL

AUXQUELS SE RAPPORTENT LES USAGES LOCAUX
MENTIONNÉS CI-APRÈS.

LIVRE II, TITRE PREMIER, CHAPITRE I, DES IMMEUBLES.

Art. 525. — Le propriétaire est censé avoir attaché à son fonds des effets mobiliers à perpétuelle demeure, quand ils y sont scellés en plâtre ou à chaux ou à ciment, ou lorsqu'ils ne peuvent être détachés sans être fracturés et détériorés, ou sans briser ou détériorer la partie du fonds à laquelle ils sont attachés.

Les glaces d'un appartement sont censées mises à perpétuelle demeure, lorsque le parquet sur lequel elles sont attachées fait corps avec la boiserie.

Il en est de même des tableaux et autres ornemens.

Quant aux statues, elles sont immeubles lorsqu'elles sont placées dans une niche pratiquée exprès

pour les recevoir, encore qu'elles puissent être en-
levées sans fracture ou détérioration. — C. C. 524,
1349, 1350, 1352.

TITRE TROISIÈME, CHAPITRE I, SECTION PREMIÈRE,
DES DROITS DE L'USUFRUITIER.

.... ART. 590. — Si l'usufruit comprend des bois
taillis, l'usufruitier est tenu d'observer l'ordre et la
quotité des coupes, conformément à l'aménagement ou à l'usage constant des propriétaires; sans
indemnité toutefois en faveur de l'usufruitier ou de
ses héritiers, pour les coupes ordinaires, soit de
taillis, soit de baliveaux, soit de futaie, qu'il n'aurait pas faites pendant sa jouissance.

Les arbres qu'on peut tirer d'une pépinière sans
la dégrader ne font aussi partie de l'usufruit qu'à
la charge par l'usufruitier de se conformer aux
usages des lieux pour le remplacement. — C. C.
591-594, 1403, 1571.

ART. 591. — L'usufruitier profite encore, toujours en se conformant aux époques et à l'usage
des anciens propriétaires, des parties de bois de
haute futaie qui ont été mises en coupes réglées,
soit que ces coupes se fassent périodiquement sur
une certaine étendue de terrain, soit qu'elles se
fassent d'une certaine quantité d'arbres pris indistinctement sur toute la surface du domaine. —
C. C. 590, 592 et s.

ART. 592. — Dans tous les cas, l'usufruitier ne peut toucher aux arbres de haute futaie : il peut seulement employer, pour faire les réparations dont il est tenu, les arbres arrachés ou brisés par accident; il peut même, pour cet objet, en faire abattre s'il est nécessaire, mais à la charge d'en faire constater la nécessité avec le propriétaire. — C. C. 590 et s., 594.

ART. 593. — Il peut prendre, dans les bois, des échalas pour les vignes ; il peut aussi prendre, sur les arbres, des produits annuels ou périodiques ; le tout suivant l'usage du pays ou la coutume des propriétaires. — C. C. 590.

TITRE QUATRIÈME, CHAPITRE I, DES SERVITUDES QUI DÉRIVENT DE LA SITUATION DES LIEUX.

.... ART. 644. — Celui dont la propriété borde une eau courante, autre que celle qui est déclarée dépendance du domaine public par l'article 538 au titre *de la Distinction des biens*, peut s'en servir à son passage pour l'irrigation de ses propriétés.

Celui dont cette eau traverse l'héritage peut même en user dans l'intervalle qu'elle y parcourt, mais à la charge de la rendre, à la sortie de ses fonds, à son cours ordinaire. — C. C. 645. — L. 29 avril-1er mai 1845 et 11 juillet 1847.

ART. 645. — S'il s'élève une contestation entre les propriétaires auxquels ces eaux peuvent être utiles, les tribunaux, en prononçant, doivent concilier l'intérêt de l'agriculture avec le respect dû à la propriété, et, dans tous les cas, les règlemens particuliers et locaux sur le cours et l'usage des eaux doivent être observés. — C. C. 644. — L. 25 mai 1838, art. 5, 1°; art. 6, 1°.

Art. 646. — Tout propriétaire peut obliger son voisin au bornage de leurs propriétés contiguës. Le bornage se fait à frais communs. — C. Pr. civ. 3, 38, — C. Pén. 389, 456. — L. 25 mai 1838, art. 6, 2°.

ART. 647. — Tout propriétaire peut clore son héritage, sauf l'exception portée en l'article 682. — C. C. 544, 648, 663, 666 et s. — C. Pén. 456.

Art. 648. — Le propriétaire qui veut se clore perd son droit au parcours et vaine pâture, en proportion du terrrain qu'il y soustrait. — C. C. 647.

CHAPITRE II, SECTION PREMIÈRE, DU MUR ET DU FOSSÉ MITOYENS.

ART. 653. — Dans les villes et les campagnes, tout mur servant de séparation entre bâtimens jusqu'à l'héberge, ou entre cours et jardins, et même entre enclos dans les champs, est présumé mitoyen, s'il n'y a titre ou marque du contraire. — C. C. 654 et s., 675, 1350, 1352.

ART. 654. — Il y a marque de non-mitoyenneté lorsque la sommité du mur est droite et d'aplomb de son parement d'un côté, et présente de l'autre un plan incliné;

Lors encore qu'il n'y a que d'un côté ou un chaperon, ou des filets et corbeaux de pierre qui y auraient été mis en bâtissant le mur.

Dans ces cas, le mur est censé appartenir exclusivement au propriétaire du côté duquel sont l'égout ou les corbeaux et filets de pierre. — C. C. 653, 676 et s., 686, 1350, 1352.

ART. 655. — La réparation et la reconstruction du mur mitoyen sont à la charge de tous ceux qui y ont droit, et proportionnellement au droit de chacun. — C. C. 656 et s., 663, 669.

ART. 656. — Cependant tout copropriétaire d'un mur mitoyen peut se dispenser de contribuer aux réparations et reconstructions en abandonnant le droit de mitoyenneté, pourvu que le mur mitoyen ne soutienne pas un bâtiment qui lui appartienne. — C. C. 655, 699.

ART. 657. — Tout copropriétaire peut faire bâtir contre un mur mitoyen, et y faire placer des poutres ou solives dans toute l'épaisseur du mur, à cinquante-quatre millimètres (deux pouces) près, sans préjudice du droit qu'a le voisin de faire réduire à l'ébauchoir la poutre jusqu'à la moitié du mur, dans le cas où il voudrait lui-même asseoir des poutres dans le même lieu, ou y adosser une cheminée. — C. C. 658, 662, 674, 675.

ART. 658. — Tout copropriétaire peut faire

exhausser le mur mitoyen; mais il doit payer seul
la dépense de l'exhaussement, les réparations d'entretien au dessus de la hauteur de la clôture commune, et en outre l'indemnité de la charge en raison de l'exhaussement et suivant la valeur. = C. C.
659, 660, 662. = *Cout. de Paris*, tit. IX, art. 197.

Art. 659. = Si le mur mitoyen n'est pas en état
de supporter l'exhaussement, celui qui veut l'exhausser doit le faire reconstruire en entier à ses
frais, et l'excédant d'épaisseur doit se prendre de
son côté. = C. C. 658, 660, 662.

Art. 660. = Le voisin qui n'a pas contribué à
l'exhaussement peut en acquérir la mitoyenneté
en payant la moitié de la dépense qu'il a coûté, et
la valeur de la moitié du sol fourni pour l'excédant
d'épaisseur, s'il y en a. = C. C. 659, 661.

Art. 661. — Tout propriétaire joignant un mur
a de même la faculté de le rendre mitoyen en tout
ou en partie, en remboursant au maître du mur la
moitié de sa valeur, ou la moitié de la valeur de la
portion qu'il veut rendre mitoyenne, et moitié de
la valeur du sol sur lequel le mur est bâti. = C. C.
660, 676.

Art. 662. — L'un des voisins ne peut pratiquer
dans le corps d'un mur mitoyen aucun enfoncement, ni appliquer ou appuyer aucun ouvrage, sans
le consentement de l'autre, ou sans avoir, à son
refus, fait régler par experts les moyens nécessaires pour que le nouvel ouvrage ne soit pas nui-

sible aux droits de l'autre. — C. C. 675 et s. —
C. Pr. civ., 302 et s.

. Art. 663. — Chacun peut contraindre son voisin, dans les villes et faubourgs, à contribuer aux
constructions et réparations de la clôture faisant
séparation de leurs maisons, cours et jardins assis
ès dites villes et faubourgs; la hauteur de la clôture sera fixée suivant les règlemens particuliers
ou les usages constans et reconnus; et, à défaut
d'usages et de règlemens, tout mur de séparation
entre voisins, qui sera construit ou rétabli à l'avenir, doit avoir au moins trente-deux décimètres
(dix pieds) de hauteur, compris le chaperon, dans
les villes de cinquante mille âmes et au-dessus, et
vingt-six décimètres (huit pieds) dans les autres.
— C. C. 655, 656 et s. (Voir *Usages locaux*, art. 663
C. C., tome I, p. 216 et s.)

Art. 664. — Lorsque les différens étages d'une
maison appartiennent à divers propriétaires, si les
titres de propriété ne règlent pas le mode de réparations et reconstructions, elles doivent être faites
ainsi qu'il suit :

Les gros murs et le toit sont à la charge de tous
les propriétaires, chacun en proportion de la valeur de l'étage qui lui appartient.

Le propriétaire de chaque étage fait le plancher
sur lequel il marche.

Le propriétaire du premier étage fait l'escalier
qui y conduit; le propriétaire du second étage fait,

à partir du premier, l'escalier qui conduit chez lui, et ainsi de suite. — C. C. 655, 815.

ART. 665. — Lorsqu'on reconstruit un mur mitoyen ou une maison, les servitudes actives et passives se continuent à l'égard du nouveau mur ou de la nouvelle maison, sans toutefois qu'elles puissent être aggravées, et pourvu que le reconstruction se fasse avant que la prescription soit acquise. — C. C. 653, 667 et s., 1350, 1352. — C. Pén. 456.

ART. 666. — Tous fossés entre deux héritages sont présumés mitoyens s'il n'y a titre ou marque du contraire. — C. C. 653, 667 et s., 1350, 1352. — C. Pén. 456.

ART 667. — Il y a marque de non-mitoyenneté lorsque la levée ou le rejet de la terre se trouve d'un côté seulement du fossé. — C. C. 666, 668, 1350, 1352.

ART. 668. — Le fossé est censé appartenir exclusivement à celui du côté duquel le rejet se trouve. — C. C. 667, 1350, 1352.

ART. 669. — Le fossé mitoyen doit être entretenu à frais communs. — C. C. 655.

ART. 670. — Toute haie qui sépare des héritages est réputée mitoyenne, à moins qu'il n'y ait qu'un seul des héritages en état de clôture, ou s'il n'y a titre ou possession suffisante au contraire. — C. C. 653 et s., 666 et s., 1350, 1352. 2228, 2262, 2265. — C. Pr. civ. 3, 23 et s. — C. Pén. 456.

ART. 671. — Il n'est permis de planter des arbres de haute tige qu'à la distance prescrite par les règlemens particuliers actuellement existans, ou par les usages constans et reconnus; et, à défaut de règlemens et usages, qu'à la distance de deux mètres de la ligne séparative des deux héritages pour les arbres à haute tige, et à la distance d'un demi-mètre pour les autres arbres et haies vives. — C. C. 544, 552 et s. 672 et s. (Voir *Usages locaux*, art. 671 C. C , tome I, p. 227.)

ART. 672. — Le voisin peut exiger que les arbres et haies plantés à une moindre distance soient arrachés. — L. 25 mai 1838, art. 6, 2°.

Celui sur la propriété duquel avancent les branches des arbres du voisin peut contraindre celui-ci à couper ces branches.

Si ce sont les racines qui avancent sur son héritage, il a le droit de les y couper lui-même. — C. C. 552, 671, 690. — C. For. 150.

ART. 673. — Les arbres qui se trouvent dans la haie moyenne sont mitoyens comme la haie; et chacun des deux propriétaires a droit de requérir qu'ils soient abattus. — C. C. 670.

SECTION DEUXIÈME, DE LA DISTANCE ET DES OUVRAGES INTERMÉDIAIRES REQUIS POUR CERTAINES CONSTRUCTIONS.

ART. 674. — Celui qui fait creuser un puits ou une fosse d'aisance près d'un mur mitoyen ou non;

Celui qui y veut construire cheminée ou âtre, forge, four ou fourneau,

Y adosser une étable,

Ou établir contre ce mur un magasin de sel ou amas de matières corrosives, est obligé à laisser la distance prescrite par les règlemens et usages particuliers sur ces objets, ou à faire les ouvrages prescrits par les mêmes règlemens et usages, pour éviter de nuire au voisin. — C. C. 552, 662, 1382. — L. 25 mai 1838, art. 6, 3°; (Voir *Usages locaux*, art. 674, C.C., tome I, p. 233 à 247).

SECTION TROISIÈME, DES VUES SUR LA PROPRIÉTÉ DE SON VOISIN.

ART. 675. — L'un des voisins ne peut, sans le consentement de l'autre, pratiquer dans le mur mitoyen aucune fenêtre ou ouverture, en quelque manière que ce soit, même à verre dormant. — C. C. 657, 662, 690.

ART. 676. — Le propriétaire d'un mur non mitoyen, joignant immédiatement l'héritage d'autrui, peut pratiquer dans ce mur des jours ou fenêtres à fer maillé et verre dormant.

Ces fenêtres doivent être garnies d'un treillis de fer, dont les mailles auront un décimètre (environ trois pouces huit lignes) d'ouverture au plus, et d'un châssis à verre dormant. — C. C. 654, 677.

ART. 677. — Ces fenêtres ou jours ne peuvent être

établis qu'à vingt-six décimètres (huit pieds) au-dessus du plancher ou sol de la chambre qu'on veut éclairer, si c'est à rez-de-chaussée, et à dix-neuf décimètres (six pieds) au-dessus du plancher pour les étages supérieurs. — C. C. 676.

ART. 678. — On ne peut avoir des vues droites ou fenêtres d'aspect, ni balcons ou autres semblables saillies sur l'héritage clos ou non clos de son voisin, s'il n'y a dix-neuf décimètres (six pieds) de distance entre le mur où on les pratique et ledit héritage. — C. C. 552, 665, 680, 690, 701, 704, 706, 707

ART. 679. — On ne peut avoir des vues par côté ou obliques sur le même héritage, s'il n'y a six décimètres (deux pieds) de distance. — C. C. 552, 665, 680, 690, 701, 704, 706, 707.

ART. 680. — La distance dont il est parlé dans les deux articles précédens se compte depuis le parement extérieur du mur où l'ouverture se fait, et, s'il y a balcons ou autres semblables saillies, depuis leur ligne extérieure jusqu'à la ligne de séparation des deux propriétés.

SECTION QUATRIÈME, DE L'ÉGOUT DES TOITS.

ART. 681. — Tout propriétaire doit établir des toits de manière que les eaux pluviales s'écoulent sur son terrain ou sur la voie publique ; il ne peut les faire verser sur le fonds de son voisin. — C. C. 640, 652, 688, 691.

SECTION CINQUIÈME, DU DROIT DE PASSAGE.

ART. 682. — Le propriétaire dont les fonds sont enclavés, et qui n'a aucune issue sur la voie publique, peut réclamer un passage sur les fonds de ses voisins pour l'exploitation de son héritage, à la charge d'une indemnité proportionnée au dommage qu'il peut occasionner. — C. C. 545, 643, 647, 652, 685, 688, 694, 700 et s.

ART. 683. — Le passage doit régulièrement être pris du côté où le trajet est le plus court du fonds enclavé à la voie publique. — C. C. 684, 701 et s.

ART. 684. — Néanmoins il doit être fixé dans l'endroit le moins dommageable à celui sur le fonds duquel il est accordé. — C. C. 683.

ART. 685. — L'action en indemnité, dans le cas prévu par l'article 682, est prescriptible ; et le passage doit être continué, quoique l'action en indemnité ne soit plus recevable. — C. C. 643, 2262.

CHAPITRE III, DES SERVITUDES ÉTABLIES PAR LE FAIT DE L'HOMME : SECTION PREMIÈRE, DES DIVERSES ESPÈCES DE SERVITUDES QUI PEUVENT ÊTRE ÉTABLIES SUR LES BIENS.

ART. 686. — Il est permis aux propriétaires d'établir sur leurs propriétés ou en faveur de leurs propriétés, telles servitudes que bon leur semble, pourvu néanmoins que les services établis ne soient imposés ni à la personne, ni en faveur de la personne, mais seulement à un fonds et pour un fonds, et pourvu que ces services n'aient d'ailleurs rien de contraire à l'ordre public. — C. C. 6, 544, 628, 637, 690 et s., 900, 1142, 1172, 1710, 1780.

L'usage et l'étendue des servitudes ainsi établies se règlent par le titre qui les constitue ; à défaut de titre, par les règles ci-après. — C. C. 1134, 1156= 1164.

ART. 687. — Les servitudes sont établies ou pour l'usage des bâtimens, ou pour celui des fonds de terre.

Celles de la première espèce s'appellent *urbaines*, soit que les bâtimens auxquels elles sont dues soient situés à la ville ou à la campagne.

Celles de la seconde espèce se nomment *rurales*.

ART. 688. — Les servitudes sont ou continues, ou discontinues.

Les servitudes continues sont celles dont l'usage est ou peut être continuel sans avoir besoin du fait actuel de l'homme pour être exercées : tels sont les conduites d'eau, les égouts, les vues ou autres de cette espèce.

Les servitudes discontinues sont celles qui ont besoin du fait actuel de l'homme pour être exercées ; tels sont les droits de passage, puisage, pacage et autres semblables. — C. C. 690-692, 703 et s., 707.

ART. 689. — Les servitudes sont apparentes, ou non apparentes.

Les servitudes apparentes sont celles qui s'annoncent par des ouvrages extérieurs, tels qu'une porte, une fenêtre, un aqueduc.

Les servitudes non apparentes sont celles qui n'ont pas de signe extérieur de leur existence, comme, par exemple, la prohibition de bâtir sur un fonds, ou de ne bâtir qu'à une hauteur déterminée. — C. C. 690-692, 694, 703 et s., 707.

SECTION DEUXIÈME, COMMENT S'ÉTABLISSENT LES SERVITUDES.

ART. 690. — Les servitudes continues et apparentes s'acquièrent par titre, ou par la possession de trente ans. — C. C. 641 et s., 688, 689, 2228 et s., 2232 et s., 2262, 2264, 2265 et s., 2281. — L. 23 mars 1855.

ART. 691. — Les servitudes continues non apparentes, et les servitudes discontinues apparentes ou non apparentes, ne peuvent s'établir que par titres.

La possession même immémoriale ne suffit pas pour les établir, sans cependant qu'on puisse attaquer aujourd'hui les servitudes de cette nature déjà acquises par la possession, dans les pays où elles pouvaient s'acquérir de cette manière. — C. C. 2, 688, 689, 2232. — L. 23 mars 1855.

LIVRE III, TITRE HUITIÈME, CHAPITRE II, SECTION PREMIÈRE,
DES RÈGLES COMMUNES AUX BAUX DES MAISONS ET DES
BIENS RURAUX.

... ART. 1717. — Le preneur a le droit de sous-
louer, et même de céder son bail à un autre, si
cette faculté ne lui a pas été interdite.

Elle peut être interdite pour le tout ou partie.

Cette clause est toujours de rigueur. — C. C. 1184,
1728, 1735, 1741, 1763, 1766.

ART. 1730. — S'il a été fait un état des lieux
entre le bailleur et le preneur, celui-ci doit rendre
la chose telle qu'il l'a reçue, suivant cet état, excepté ce qui a péri ou a été dégradé par vétusté ou
force majeure. — C. C. 1728, 1731 et s., 1735, 1755.

ART. 1731.— S'il n'a pas été fait d'état des lieux,
le preneur est présumé les avoir reçus en bon état
de réparations locatives, et doit les rendre tels, sauf
la preuve contraire. — C. C. 1720, 1731, 1754 et s.

ART. 1732. — Il répond des dégradations ou
des pertes qui arrivent pendant sa jouissance, à
moins qu'il ne prouve qu'elles ont eu lieu sans
sa faute. — C. C. 1728, 1735, 1755. — L. 25 mai
1838, art. 4, 2°.

ART. 1733. — Il répond de l'incendie, à moins
qu'il ne prouve

Que l'incendie est arrivé par cas fortuit ou force
majeure, ou par vice de construction,

Ou que le feu a été communiqué par une maison voisine. — C. C. 1148, 1245, 1302 et s., 1382, 1383, 1732, 1734 et s., 1792. — C. Pén. 95, 434, 458.

ART. 1734. — S'il y a plusieurs locataires, tous sont solidairement responsables de l'incendie,

A moins qu'ils ne prouvent que l'incendie a commencé dans l'habitation de l'un d'eux, auquel cas celui-là seul en est tenu;

Ou que quelques-uns ne prouvent que l'incendie n'a pu commencer chez eux, auquel cas ceux-là n'en sont pas tenus. — C. C. 1200 et s., 1213, 1733.

ART. 1735. — Le preneur est tenu des dégradations et des pertes qui arrivent par le fait des personnes de sa maison ou de ses sous-locataires. — C. C. 1384 et s., 1953.

ART. 1736. — Si le bail a été fait sans écrit, l'une des parties ne pourra donner congé à l'autre qu'en observant les délais fixés par l'usage des lieux. — C. C. 1709, 1714 et s., 1757, 1759, 1774, 1775. — L. 25 mai 1838, art 3;(Voir *Usages locaux*, C. C. tome I, p. 325 et 326).

ART. 1737. — Le bail cesse de plein droit à l'expiration du terme fixé, lorsqu'il a été fait par écrit, sans qu'il soit nécessaire de donner congé. — C. C. 1738 et s., 1775. — C. Pr. civ. 135, 3°.

ART. 1738. — Si, à l'expiration des baux écrits, le preneur reste et est laissé en possession, il s'opère un nouveau bail dont l'effet est réglé par l'article relatif aux locations faites sans écrit. — C. C. 1736, 1759, 1776. — Décret du 28 sept.-6 oct. 1791.

SECTION DEUXIÈME, DES RÈGLES PARTICULIÈRES
AUX BAUX A LOYER.

ART. 1752. — Le locataire qui ne garnit pas la maison de meubles suffisans peut être expulsé, à moins qu'il ne donne des sûretés capables de répondre du loyer. — C. C. 1741, 1760, 1766, 2011, 2073, 2102, 1°, 2114.

ART. 1753. — Le sous-locataire n'est tenu envers le propriétaire que jusqu'à concurrence du prix de la sous-location, dont il peut être débiteur au moment de la saisie, et sans qu'il puisse opposer des paiemens faits par anticipation.

Les paiemens faits par le sous-locataire, soit en vertu d'une stipulation portée en son bail, soit en conséquence de l'usage des lieux, ne sont pas réputés faits par anticipation. — C. C. 1350, 1352, 1716, 1717. — C. Pr. civ. 820.

ART. 1754. — Les réparations locatives ou de menu entretien dont le locataire est tenu, s'il n'y a clause contraire, sont celles désignées comme telles par l'usage des lieux, et, entre autres, les réparations à faire :

Aux âtres, contre-cœurs, chambranles et tablettes des cheminées,

Au recrépiment du bas des murailles des appartements et autres lieux d'habitation, à la hauteur d'un mètre ;

Aux pavés et carreaux des chambres, lorsqu'il y en a seulement quelques-uns de cassés ;

Aux vitres, à moins qu'elles ne soient cassées par la grêle ou autres accidens extraordinaires et de force majeure, dont le locataire ne peut être tenu ;

Aux portes, croisées, planches de cloison ou de fermeture de boutiques, gonds, targettes et serrures. — C. C. 1720, 1731, 1732, 1755, 2102, 1°. — L. 25 mai 1838, art. 5, 2°.

ART. 1755. — Aucune des réparations réputées locatives n'est à la charge des locataires, quand elles ne sont occasionnées que par vétusté ou force majeure. — C. C. 1730, 1731, 1754.

ART. 1756. — Le curement des puits et celui des fosses d'aisance sont à la charge du bailleur, s'il n'y a clause contraire.

ART. 1757. — Le bail des meubles fournis pour garnir une maison entière, un corps de logis entier, une boutique, ou tous autres appartemens, est censé fait pour la durée ordinaire des baux de maisons, corps de logis, boutiques ou autres appartemens, selon l'usage des lieux. — C. C. 1159, 1736, 1737.

ART. 1758. — Le bail d'un appartement meublé est censé fait à l'année, quand il a été fait à tant par an ;

Au mois, quand il a été fait à tant par mois ;

Au jour, quand il a été fait à tant par jour.

Si rien ne constate que le bail soit à tant par an, par mois ou par jour, la location est censée faite suivant l'usage des lieux. — C. C. 1159, 1736, 1737, 1759, 1775.

ART. 1759. — Si le locataire d'une maison ou d'un appartement continue sa jouissance après l'expiration du bail par écrit, sans opposition de la part du bailleur, il sera censé les occuper aux mêmes conditions pour le terme fixé par l'usage des lieux, et ne pourra plus en sortir ni en être expulsé qu'après un congé donné suivant le délai fixé par l'usage des lieux. — C. C. 1159, 1736, 1738, 1758.

SECTION TROISIÈME, DES RÈGLES PARTICULIÈRES AUX BAUX A FERME.

..... ART. 1774. — Le bail, sans écrit, d'un fond rural est censé fait pour le temps qui est nécessaire afin que le preneur recueille tous les fruits de l'héritage affermé.

Ainsi, le bail à ferme d'un pré, d'une vigne, et de tout autre fonds dont les fruits se recueillent en entier dans le cours de l'année, est censé fait pour un an.

Le bail des terres labourables, lorsqu'elles se divisent par soles ou saisons, est censé fait pour autant d'années qu'il y a de soles. — C. C. 1736, 1775 et s.

ART. 1775. — Le bail des héritages ruraux, quoique fait sans écrit, cesse de plein droit à l'expiration du temps pour lequel il est censé fait, selon l'article précédent. — C. C. 1736, 1737, 1774, 1776.

ART. 1776. — Si, à l'expiration des baux ruraux écrits, le preneur reste et est laissé en possession, il s'opère un nouveau bail dont l'effet est réglé par l'article 1774. — C. C. 1738 et s., 1759, 1775.

ART. 1777. — Le fermier sortant doit laisser à celui qui lui succède dans la culture les logemens convenables et autres facilités pour les travaux de l'année suivante; et réciproquement, le fermier entrant doit procurer à celui qui sort les logemens convenables et autres facilités pour la consommation des fourrages, et pour les récoltes restant à faire.

Dans l'un et l'autre cas, on doit se conformer à l'usage des lieux. — C. C. 1767, 1778.

ART. 1778. — Le fermier sortant doit aussi laisser les pailles et engrais de l'année, s'il les a reçus lors de son entrée en jouissance; et quand même il ne les aurait pas reçus, le propriétaire pourra les retenir suivant l'estimation. — C. C. 524, 2062, 2102, 1°. — L. 17 avril 1832, art. 7.

FIN DE L'EXTRAIT DES ARTICLES DU CODE CIVIL.

RÉGION DU NORD

I. — LILLE

ET PARTIE DU DÉPARTEMENT DU NORD (1)

USAGES LOCAUX

(Extrait dû à la Société des Architectes du département du Nord.)

GLACES (Art. 525 C. C.).

Il faut admettre, avec l'équité et en dérogation à l'art. 525 C. C., que tout propriétaire ayant fait poser lui-même, et à ses frais, une glace avec cadre, sur simple enduit, pourra être admis à faire preuve de propriété et qu'il en sera de même pour le locataire dans le cas où celui-ci en aurait fait placer dans un cadre fixé au mur ou dans un parquet tenant à une boiserie.

BORNAGE (Art. 646 C. C.).

La borne est souvent un morceau de pierre brute et les *témoins* consistent en cailloux ou en cassons d'une même brique que l'on enterre sous la borne. Le

(1) Voir plus loin, p. 1065 et suiv., § II, III et IV, les usages locaux de *Bergues, Valenciennes* et *Douai.*

nombre de ces cailloux ou cassons est relaté au procès-verbal de bornage.

PRÉSOMPTION DE MITOYENNETÉ (Art. 653 C. C.).

La marque de mitoyenneté la plus généralement en usage pour les murs en briques, est la *bahote*, petite niche prise dans l'épaisseur du mur.

Si le mur n'est pas mitoyen sur toute sa hauteur, la limite de mitoyenneté est indiquée par un cordon non saillant en briques posées de champ.

Pour les murs en pierre, on se reporte aux indications du Code.

PIED D'AILE.

Le pied d'aile est à Lille de 0ᵐ30 ; mais n'est pas admis d'une façon générale.

OBLIGATION DE RECONSTRUIRE LE MUR PENDANT OU CORROMPU (Art. 655 C. C.).

La Coutume de Lille par Patou (t. II, p. 818, § XIV, édit. 1788-1790), porte que « si un mur n'avait qu'une brique d'épaisseur, ou qu'étant d'une brique et demie d'épaisseur, il fût pendant ou corrompu par vieillesse ou caducité, le propriétaire qui voudrait bâtir ou se loger contre ce mur pourrait obliger son voisin à le rétablir *à fundamentis* et à en faire un nouveau à frais communs, d'une brique et demie à prendre par moitié sur le point mitoyen de leurs héritages. »

SOMMIERS, POUTRES, SOLIVES (Art. 657 C. C.).

L'usage est d'asseoir les sommiers sur des *achelets*.

Les poutres obéissent aux prescriptions de l'art. 657 ; mais il est d'usage de ne faire entrer les solives que jusqu'à l'axe du mur au maximum. Les solives repo=

sent souvent sur une sablière, qui, dans ce cas, sert d'ancrage.

On emploie aussi généralement, à la place de poutres et de solives, des madriers en bois de sapin, espacés de 0ᵐ,32 d'axe en axe, entrant dans les murs mitoyens ou non, au grand préjudice de ceux-ci.

DROIT DE SURCHARGE (Art. 658 C. C.).

L'indemnité de surcharge est toujours réglée, et le plus généralement sur la base du sixième, mais en tenant compte de la valeur des matériaux employés, de l'état du mur, de l'exhaussement par rapport à la partie existante auparavant.

ÉVALUATION DU MUR A ACQUÉRIR (Art. 661 C. C.).

La valeur du mur est prise (comme en matière d'incendie), au moment de l'acquisition, en tenant compte de la différence du neuf au vieux.

Il n'est pas d'usage d'exiger le payement avant le commencement des travaux; mais il est admis que les honoraires de l'architecte doivent être compris dans la valeur du mur.

HAUTEUR DE CLÔTURE (Art. 663 C. C.).

A Lille, l'ordonnance du magistrat, en date du 25 avril 1722, dit, § 8 : « Les murailles de séparation entre cours et jardins seront faites à l'avenir de une brique et demie d'épaisseur (c'est-à-dire 0ᵐ,34) à frais communs sur les héritages respectifs des propriétaires. Elles seront au moins de dix pieds de haut hors de terre, à prendre de la superficie des rues des maisons où lesdites murailles seront construites.

« Et si l'un des propriétaires trouve bon d'élever lesdites murailles, il le pourra faire à ses frais, sans pouvoir prendre, dans lesdites murailles, aucune vue sur son voisin. »

A Armentières, la hauteur de clôture est, comme dans les villes, de trente-deux décimètres au lieu de vingt-six.

Fossé séparatif (Art. 666 C. C. et s.).

Il n'y a pas d'usage établi pour le fossé séparatif, excepté à Condé, sur l'Escaut, où l'on tient pour constant que, si l'on établit un fossé sur sa propriété, il faut laisser un espace libre de cinquante centimètres entre ce fossé et l'héritage voisin pour empêcher les éboulements. Il y a présomption de propriété de cet espace ainsi délaissé au profit du propriétaire du fossé, à moins de preuve contraire.

Haie séparative (Art. 670 C. C.).

La hauteur des haies séparatives varie de un mètre cinquante centimètres à deux mètres.

Distances réservées pour les plantations entre héritages (Art. 671 C. C.).

Dans les cantons de Lille, on plante les arbres à haute tige à 90 centimètres, et les autres, ainsi que les haies, à 45 centimètres. Cet usage ancien est même consacré pour tout l'arrondissement de Lille par la jurisprudence de la Cour de Douai. En effet, ce mode ancien est encore suivi dans les cantons de Tourcoing, Armentières, Lannoy, Haubourdin, Cysoing et Quesnoy-sous-Deule. Dans le canton de Roubaix, il existe aussi pour les anciennes plantations, mais pour les nouvelles on suit les dispositions du Code.

On suit également les prescriptions du Code dans les cantons de Douai, Arleux, Orchies et Marchiennes;

dans tous ceux des arrondissements de Cambrai et
Valenciennes, ainsi que dans le canton de Landrecies
(arrondissement d'Avesnes).

Dans quelques communes du canton de Pont-à-
Marcq, la distance des arbres à haute tige varie de
1 mètre 48 à 1 mètre 95; dans les autres, elle est ordinairement de 89 centimètres.

Il est toutefois d'usage dans l'arrondissement de
Lille de considérer comme arbres à haute tige ceux
qu'on n'étête jamais, et les autres ceux que l'on coupe
à la tête.

DE LA DISTANCE ET DES OUVRAGES INTERMÉDIAIRES REQUIS
POUR CERTAINES CONSTRUCTIONS NUISIBLES (Art. 674 C. C.).

Dans les cantons de Lille, il est d'usage d'établir un
contre-mur de 22 centimètres. Ce mur est citerné pour
les fosses d'aisances, dépôts de fumier et autres matières corrosives; il est non citerné pour les puits,
étables et remblais de terre. On laisse aussi un vide de
la même épaisseur pour les âtres, forges et fours.

Dans les autres cantons de l'arrondissement, on
suit généralement les dispositions de l'ancienne coutume de Paris.

Arrondissement de Douai, canton de Marchiennes.
— Le contre-mur est de 37 centimètres d'épaisseur,
mais les puits se creusent à la limite de la propriété.

Canton d'Orchies. — L'usage est de construire un
contre-mur lié au mur, de manière à présenter pour
le tout une épaisseur de 60 à 66 centimètres. Cet
usage s'applique aux fosses d'aisances, écuries, étables, amas de matières corrosives, ainsi qu'aux puits
joignant sans milieu l'héritage voisin. Mais pour les
fosses d'aisances, outre le contre-mur, les parois de la
fosse sont enduites d'une ou deux couches d'un ciment

imperméable fait avec la chaux de Tournay. Pour les
puits, le contre-mur s'étend du fond à la margelle ; pour
les écuries et étables, de la fondation à la mangeoire.

Arrondissement de Cambrai. — Les puits, fosses
d'aisances, fours et 'fourneaux joignant immédiatement l'héritage d'autrui, doivent être garnis d'un
contre-mur de 50 centimètres d'épaisseur. Les fosses
d'aisances ne peuvent s'établir qu'à la distance de
3 mètres 20 centimètres (dix pieds) des puits voisins.

Pour les autres constructions nuisibles au voisin,
amas de terre, le contre-mur doit être de 12 à 15 centimètres d'épaisseur.

ÉGOUTS DES TOITS (Art. 681 C. C.).

Canton de Marchiennes. — La distance de retrait
varie suivant la nature des toitures. Pour les toits en
chaume, elle est de 75 centimètres ; pour les toits en
pannes de 45 centimètres ; pour les toits en tuiles et
en ardoises, de 24 centimètres.

Arrondissement de Cambrai, canton de Cambrai. —
Chacun doit disposer son toit de manière à recevoir
les eaux sur son terrain. Les toits en chaume doivent
avoir un égout de 50 centimètres ; les toits en ardoises,
tuiles et pannes, de 33 centimètres.

Canton de Marcoing. — Toutes les constructions
sont faites de manière à ce que les égouts retombent
sur le terrain auquel le bâtiment est adhérent.

Canton de Solesmes. — Il est d'usage constant et
reconnu dans ce canton de laisser, en construisant
maisons, écuries, granges et autres bâtiments, 45 centimètres pour les égouts des toits en paille, et 15 centimètres pour les égouts des autres toits, le tout à
partir du parement extérieur et supérieur du mur sur
lequel repose la toiture.

RÉPARATIONS LOCATIVES, TANT DES MAISONS QUE DES
FERMES (Art. 1754 C. C.).

A Avesnes, on considère comme charges locatives le couronnement des toits en paille, le blanchîment annuel des murs et plafonds, le rejoin-
toiement et le récrépissage à l'extérieur comme à
l'intérieur.

Les mêmes charges existent dans le canton de
Landrecies, moins le crépissage et le blanchîment;
mais on ajoute le balayage des cheminées et des
fours et la réparation des chaînes et poulies des
puits.

Dans le canton de Bavai, on impose le blanchîment
intérieur.

Dans les cantons d'Hazebrouck et de Bailleul, on
entretient le faîte et le plâtrage des paillotis.

Dans les cantons de Merville et de Bourbourg, on
entretient les fondations et les trottoirs.

Dans le canton de Stenwoorde, on est tenu de
l'entretien de la toiture en chaume.

Dans les cantons de Bergues, Honschoote et
Wormhoudt, les locataires sont tenus des plâtrages
et des soubassements.

Dans le canton de Gravelines, de la peinture extérieure.

Dans les cantons de Lille, on impose les réparations de la pompe hors du sol, des carreaux de vitres
en trois morceaux, du balayage des cheminées et de
la vidange des fosses d'aisances.

Dans le canton de Tourcoing sont réputés réparations locatives l'entretien des râteliers et mangeoires,
pompes hors de terre, aires des fours et granges, le
curage des fossés de clôture.

Dans le canton de la Bassée, on ajoute aux charges

locatives la réparation des pompes hors de terre,
des murs en paillotis et des toitures en chaume.

Dans le canton de Condé, le locataire n'est tenu
que des dommages causés par sa faute.

Dans le canton d'Haubourdin, le locataire est chargé
de toutes les réparations qui constituent l'entretien
des murs en torchis et les toitures des fermes et
manoirs.

II. — BERGUES

SERVITUDES ET LOIS DE VOISINAGE

(Extrait dû à la Société des architectes du département du Nord.)

DES SERVITUDES (Art. 637 et s. C. C.).

L'on ne peut acquérir de servitudes par nul autre moien que de la volonté, du consentement et par convention entre les parties, ou par la possession immémoriale.

DU MUR ET DU FOSSÉ MITOYENS (Art. 653 et s. C. C.).

Chacun a la faculté de bastir, massonner, faire des édifices de charpente et de massonneries et autres sur son fonds, aussi loin, y creuser et y faire tout aussi haut qu'il veut même contre les jours, lumières et fenêtres de son voisin ; s'il n'y avait des titres au contraire ; et l'on peut néanmoins contraindre ses voisins de redresser leurs murs qui penchent et en péril de tomber ou qui sont de travers, ou qui crevent ou poussent en dehors, plus qu'il ne faut, et d'ôter tout ce qui peut faire empêchement.

Et dans la dite ville de Bergues, comme aussi dans la ville d'Honschoote, les voisins ayant des héritages tenant l'un à l'autre doivent contribuer à les affranchir par des murs communs maçonnés avec de la terre d'une brique et demi, et en chaux de l'épaisseur d'une brique, avec des claies, des haies vives ou d'autres choses convenables, au choix du propriétaire qui est le moins en état, et cela quoy qu'au temps passé il n'y ait point eu de clôture.

Néanmoins si quelqu'un ne souhaite pas agiter son voisin et qu'il veuille luy même clore son jardin ou sa cour d'une haie vive, il doit laisser un pied et demi d'espace (0ᵐ41) entre lui et son voisin du côté nord et deux pieds 0ᵐ55, du côté du sud.

Et construisant un mur sur lequel il voudrait bastir dans la suite avec des écailles, ardoises ou des tuiles, il doit laisser un demi=pied d'entre eux (0ᵐ14).

En faisant un simple mur de clôture avec le chaume, il satisfait en laissant autant d'espace pour que les pierres débordant ne s'ettendent pas sous l'héritage du voisin.

Les murs de séparations sont tenus pour murs communs, au moins jusques à neuf pieds (2ᵐ475) de hauteur; savoir deux pieds (0ᵐ55) en terre et sept pieds (1ᵐ925) au-dessus de la terre, si ce n'est qu'il y ait des autres conditions ou marque au contraire.

L'on reconnait que le mur est commun lorsqu'il y a du bois posé dedans et dessus, lorsqu'il y a des ancres, par des bornes qui poussent hors du mur, par des testes, par des corbeaux de pierre, par des fenêtres, par niches carneaux et par de petits pilliers de masonnerie, mis pour l'entretien du mur et par autres semblables marques, le tout de chaque costé.

C'est aussi une marque de communauté, lorsqu'il y a des sommiers posés d'un costé il y a des niches carneaux.

Et au contraire, les sommiers, les testes, corbeaux ou les autres pierres, qui avancent dehors, d'un seul costé, marquent que le mur est de l'héritage de l'autre costé.

Les gouttières, l'égout qui tombent du toit, d'ardoises, d'écailles, ou de tuilles fait connaître aussi que le propriétaire de la maison a un demi-pied (0ᵐ14) d'héritage en dehors des murs et d'un toit de paille un pied (0ᵐ275).

Les arbres qui sont au milieu des petits fossés, des petits videaux, des haies ou d'autres clostures, sont et demeurent communs ; nonobstant que l'un ou l'autre puisse les avoir plantés.

Les murs communs de séparations, haies, fossés, ruisseaux ou digues, sont à frais communs et doivent être entretenus en commun, ou faits, rafraîchis ou creusés de nouveau en aiant besoin.

En un mur commun l'un des propriétaires ne peut rien faire sans le consentement et la volonté de l'autre, comme de faire quelques fenêtres, y poser des gouttières ou y autrement bastir et massonner, y frapper des crochets, des grands clous, pour pendre quelque chose de pesant si ce n'était que le mur fut suffisant et destiné pour pareil ouvrage; de sorte que par là la partie ne fut point endommagée; le tout plus amplement entendu selon le droit.

Comme l'on peut bien poser des sommiers ou d'autres bois et des ancres en un mur commun, suffisant et destiné pour cela, en rebouchant les trous, l'ouvrage étant fait de même l'on peut bien démolir de dessus son fonds un mur qui y est.

DES OUVRAGES INTERMÉDIAIRES REQUIS POUR CERTAINES CONSTRUCTIONS (Art. 674 C. C.).

Personne ne peut faire contre un mur mitoyen aucune citerne, puits de pierre ou privés, mettre aucun pillier de bois, ni fumiers, y jeter des boues ou fanges et y faire autre chose dont il arrive du

péril, de la vilainie, de l'humidité, de la puanteur, ou
qui détériorerait le mur si ce n'est qu'il fasse et qu'il
entretienne un mur entre les deux fait de ciment ou
d'autre chose ainsi qu'il convient, en sorte qu'il n'en
arrive aucun dommage ou que son voisin ne souffre
par là aucun intérêt; bien entendu que toutes pilles
de bois doivent être posées à cinq pieds de touts
toits.

En la susdite ville et en la ville de Honschoote, nuls
bois ne peuvent être maçonnés dans ou au travers des
cheminées ; à peine d'amende et d'estre ostés.

Toutes les cheminées doivent être massonnées cinq
pieds au moins au-dessus des toits, en sorte que le
voisinage ne souffre nul intérêt de la fumée, des estin-
celles et de pareils inconvénients.

Tous privés ou ruisseaux communs doivent être net-
toiés et vuidés par les voisins à frais communs ; une fois
par l'héritage ou la maison de l'un et une autre fois par
l'héritage ou la maison de l'autre ; s'il n'y avait justes
titres au contraire ou que le ruisseau fut rempli par
le fait d'un seul ayant basti, massonné ou couvert.

Par dessus cela les privés étant vuidés, l'un des voisins ne voulant demeurer plus longtemps en commun,
il peut fermer la moitié de la fosse par un mur séparatif convenablement établi.

Celui qui veut maçonner, édifier, ou faire des réparations joignant les héritages de ses voisins, il peut faire
son échafaud et mettre dessus et par dessus les dits
héritages de ses voisins et au travers comme aussi au
travers de la maison s'il en est besoin pour avoir le
passage pour tout ce qui est dit ci-devant ; si tant est
qu'il ne le puisse faire de son héritage pourvu qu'il
récompense le voisin du dommage, et l'ordure de
l'ouvrage venant aussi à ses frais.

De l'égout des toits (Art. 681 C. C.).

Un chacun est tenu de faire conduire toutes les eaux de quelque manière que ce soit dans et pardessus son héritage s'il n'y a titre au contraire.

Quiconque a un égout par dedans la maison ou l'héritage de son voisin il doit mettre un treillis de fer dans le trou de son mur ou de l'héritage où passe (l'eau) à petits trous et faire un bassin en mortier devant le treillis du costé dont l'eau vient.

III. — VALENCIENNES

ET PARTIE DE L'ARRONDISSEMENT DE VALENCIENNES.

USAGES LOCAUX (1)

(Extrait dû à la Société des architectes du département du Nord.)

TAILLIS (Art. 590 C. C.).

La coupe des taillis a lieu suivant l'aménagement que chaque propriétaire veut lui donner. Pas d'usage à cet égard dans l'arrondissement, non plus que pour le remplacement des arbres dans les pépinières.

SAULES A TÊTE.

L'usage, dans l'arrondissement, est que le fermier ou l'usufruitier les coupe tous les cinq ans.

Quant aux autres arbres, il n'existe pas d'usages.

BORNAGE (Art. 646 C. C.).

On emploie le plus souvent pour les bornes des grès ou des pierres bleues, sous lesquelles on place des morceaux de tuile, de brique ou de silex, qu'on désigne comme témoins dans le procès-verbal de bornage.

On ne saurait d'ailleurs trop insister sur la nécessité de rédiger cet acte avec soin et d'y joindre un plan des lieux.

(1) Valenciennes, Lemaître, in-8, 1872.

Les témoins ne sont pas toujours employés dans le canton de Saint-Amand.

HAUTEUR DE CLÔTURE (Art. 663 C. C.).

Il n'existe dans l'arrondissement de Valenciennes aucun usage particulier et reconnu pour la hauteur des clôtures. On suit les prescriptions de l'art. 663 du Code civil (32 décimètres de hauteur, compris le chaperon, dans les villes de 50,000 âmes et au-dessus, 26 décimètres dans les autres.)

FOSSÉS SÉPARATIFS OU DE CLOTURE (Art. 666 C. C.).

Une jurisprudence constante (Perrin et Rendu N° 2239 et la note, Demolombe t. II, N° 464) décide que les usages locaux concernant la distance à observer au delà du fossé de clôture d'un héritage, pour prévenir l'éboulement des terres, sont maintenus sous le Code civil, et que, par suite, dans les localités où tels usages existent, il y a, au profit du propriétaire du fossé, une présomption de propriété des francs bords, berge, repare ou porte-rouelle.

Il n'y a, dans l'arrondissement, d'usage constaté à ce sujet que dans le canton de Condé, où le franc-bord à laisser entre le talus du fossé et l'héritage voisin doit être de 50 centimètres (1 pied 1[2).

Les propriétaires des autres cantons, qui, pour éviter les éboulements, et, par suite, les réclamations du voisin, laisseraient un franc bord à leur fossé devront donc en faire constater la largeur contradictoirement avec ce voisin par un procès-verbal de bornage. — Dans l'intérêt du bon voisinage on ne saurait trop recommander d'ailleurs la pratique du franc-bord.

HAIE SÉPARATIVE (Art. 670 C. C.).

A Condé, la tonte des haies et saules étêtés se fait tous les ans.

La hauteur d'usage des haies y est de 1ᵐ33.

A Saint-Amand, la tonte des haies se fait tous les ans et celle des saules étêtés tous les trois ans.

Aucun autre usage n'a été constaté dans l'arrondissement.

ÉLAGAGE.

Dans les cantons de Saint-Amand et de Condé, l'usage est de faire, tous les trois ans, l'élagage des bois montants.

Il n'est pas d'usage à ce sujet dans les autres cantons de l'arrondissement.

PLANTATIONS ENTRE HÉRITAGES (Art. 671 C. C.).

Distance. — Dans l'arrondissement de Valenciennes on suit les prescriptions du Code civil, (2 mètres pour les arbres à haute tige et 0ᵐ,50 pour les autres arbres et les haies).

DE LA DISTANCE ET DES OUVRAGES INTERMÉDIAIRES REQUIS POUR CERTAINES CONSTRUCTIONS (Art. 674 C. C.).

Celui qui veut faire creuser un puits ou une fosse d'aisance près d'un mur mitoyen ou non, ou qui veut adosser à ce mur une étable, un magasin à sel ou un amas de matières corrosives, doit d'après l'usage, ériger tout d'abord de son côté un contre-mur de 0ᵐ,50 d'épaisseur, sans préjudice des travaux supplémentaires à faire si ce contre mur était reconnu insuffisant.

Celui qui veut y construire cheminée, âtre ou fourneau, doit donner à ce mur une épaisseur de 0ᵐ,25 au moins. S'il est seul propriétaire du mur, il peut y encastrer sa cheminée, mais de 0ᵐ,11 seulement et en ayant soin de laisser toujours au mur une épaisseur de 0ᵐ,25.

La règle générale appliquée dans le canton de Condé est que la construction litigieuse ne soit pas nuisible au voisin.

Fours de boulanger et autres. — Pour les fours, il est d'usage de laisser entre le four et la muraille séparative, mitoyenne ou non, un vide ou passe-chat de 0ᵐ15.

Fours à briques et à chaux. — L'usage est de laisser une distance minimum de 50 mètres entre ces fours et les routes, fossés ou habitations, sauf une certaine tolérance dans des cas exceptionnels, comme pour la fabrication des briques à consommer sur place, ou encore lorsque ces fours sont entourés de murs de 2 mètres de hauteur.

La loi du 6 octobre 1791 portant défense d'allumer du feu à moins de cent mètres des habitations n'a pas eu en vue les fours à briques où l'on emploie un combustible non flambant et ne produisant pas d'étincelles. (Avis de M. le Préfet du Nord à M. le Sous-Préfet de Valenciennes, le Conseil de salubrité consulté, 13 septembre 1864).

Cet avis confirme l'arrêté préfectoral du 22 juin 1812, art. 50, qui s'appliquait également aux fours à chaux.

Il faut, dans tous les cas, l'autorisation préalable exigée par le décret de 1810 pour les établissements dangereux.

Moulins à vent. — Une ordonnance des trésoriers de France du 2 décembre 1773 défend de construire des moulins à vent à une distance moindre de 74 mètres 44 centimètres des routes.

L'arrêté préfectoral du 30 septembre 1854, art. 377, fixe cette distance à 70 mètres pour les chemins vicinaux.

EAUX PLUVIALES (Art. 681 C. C.).

Dans l'arrondissement de Valenciennes, il est d'usage de considérer le terrain sur lequel l'égout d'un toit s'effectue sans gouttière comme dépendant de la maison jusqu'à 0^{m}50 (un pied et demi à partir de la muraille.

DU DROIT DE PASSAGE (Art. 682 C. C.).

Le passage, en cas d'enclave, est ordinairement fixé à la largeur nécessaire pour un train de chariot, (2 mètres 70 environ).

CONGÉS (Art. 1736 C. C.).

Bail à ferme. — Ce bail cesse de plein droit à l'expiration du terme pour lequel il est censé fait (art. 1774 et 1775 C. C.) ou pour lequel il a été fait, s'il est écrit (art. 1737 C. C.). Il n'est pas nécessaire de donner congé à l'avance.

Bail à loyer. — L'usage constant, dans l'arrondissement, pour le délai des congés, est de se prévenir réciproquement de la manière suivante, avant l'expiration du bail :

1° *Cantons de Bouchain, Saint-Amand et Valenciennes.*

3 mois à l'avance pour les locations à l'année ;

6 semaines, pour celles de moins d'un an et de plus d'un mois, (la durée du bail, dans ce cas, ne peut résulter que d'un titre ou de l'aveu des parties) ;

Et 15 jours pour les locations au mois.

En d'autres termes, les baux à loyer sans écrit y sont réputés faits pour une série non interrompue de mois ou d'années, dont le nombre est indéterminé, mais avec faculté pour le preneur ou le bailleur de faire cesser ce bail à l'expiration de chaque mois ou de chaque année en prévenant 15 jours avant cette expiration pour les baux au mois et 3 mois pour ceux à l'année.

2° *Canton de Condé.* — Cette présomption existe également dans le canton de Condé, mais le délai de congé pour toutes les locations verbales (quelles que soient leur durée et l'importance des loyers) y est invariablement fixé à un mois. — Cet usage est assez singulier pour qu'on y insiste ; en donnant congé d'un appartement (au mois) on aura toujours au minimum 2 mois de loyer à payer : le mois courant et celui du délai.

Ces délais doivent être francs.

3° *Exception.* — Il y a exception à ces règles pour les militaires ou autres fonctionnaires publics. Ils peuvent, lorsqu'ils ont reçu un ordre de départ ou de changement, faire cesser leur bail n'importe à quelle époque, en se conformant toutefois aux délais ci-dessus pour prévenir leurs propriétaires.

A Condé, aucun délai n'est alors nécessaire ; le loyer se règle à ras de temps.

BAIL A LOYER (Art. 1738, 1753, 1758 et s. C. C.).

Durée du bail verbal. — Tout bail dont le prix se paye au mois est réputé fait au mois.

Quand il ne peut être justifié de termes de payement au mois, les petites locations (200 francs et au-dessous) sont réputées faites au mois et les autres à l'année.

Par exception, les maisons louées, dans l'intention commune des parties, à usage de commerce, même au-dessous de 200 francs, sont réputées louées à l'année.

La jurisprudence du Tribunal civil de Valenciennes

a étendu cette présomption à toutes les petites maisons avec jardin.

Le bail des appartements meublés est réputé fait au mois.

Ces règles sont appliquées dans tout l'arrondissement.

Entrée en jouissance. ═ Pour les baux à loyer, il n'y a pas d'époque fixe d'entrée en jouissance ; c'est le fait même de l'occupation qui détermine cette époque.

Termes de payement. ═ Les locations à l'année se payent par trimestre.

Toutefois, dans le canton de Saint-Amand, elles se payent par trimestre ou par an.

Il n'est pas d'usage de faire de paiements par anticipation.

RÉPARATIONS LOCATIVES (Art. 1754 C. C.).

Pour les réparations locatives ou de menu entretien, on suit la nomenclature de l'art. 1754 du Code civil, considérée comme énonciative et non comme limitative.

BAIL A FERME (Art. 1774 et C. C.).

Durée. ═ Entrée en jouissance. ═ On ne pratique pas l'assolement dans l'arrondissement. Tout bail à ferme sans écrit y est réputé fait à l'année.

Ce bail commence après l'enlèvement de la récolte et finit dans les cantons de Valenciennes et de Bouchain, au plus tard au 1er octobre de l'année suivante; dans le canton de Saint-Amand, au 1er octobre pour les terres labourables et au 1er novembre pour les prairies ; dans le canton de Condé, au 30 novembre pour les terres labourables et au 1er octobre pour les prairies.

On laisse toutefois au preneur le temps nécessaire pour l'enlèvement de quelques récoltes tardives, telles que betteraves et chicorées.

Termes de payement. — Les fermages se payent le 30 novembre de chaque année dans tout l'arrondissement, à l'exception des cantons de Saint-Amand, où ils se payent le 1ᵉʳ octobre.

TACITE RÉCONDUCTION (Art. 1738, 1759 et 1776 C. C.).

La tacite reconduction est réglée par les art. 1738, 1759 et 1776 du Code civil. C'est un nouveau bail qui s'opère lorsque le preneur reste et est laissé en possession à l'expiration d'un bail écrit.

Ces articles ne s'en réfèrent à aucun usage. Toutefois, la commission de Bouchain a constaté, dans son procès-verbal de 1855, qu'il était d'usage dans ce canton, pour empêcher la tacite reconduction, en matière de bail à ferme, de notifier congé six semaines avant le 1ᵉʳ octobre, auquel doit expirer le bail.

Nous avons cru devoir mentionner cet usage tout en pensant qu'il ne saurait prévaloir contre le texte formel des articles précités, d'après lesquels il suffit, pour éviter la tacite reconduction, de donner congé au moment même de l'expiration du bail écrit.

DOMESTIQUES ET OUVRIERS DE FERME (Art. 1779 C. C.).

Ils se louent ordinairement de la Saint-Jean à la Toussaint (du 26 juin au 1ᵉʳ novembre) et de la Toussaint à la Saint-Jean. Toutefois ce louage a lieu aussi quelquefois au mois ou à l'année, surtout chez les agriculteurs qui joignent l'industrie à l'agriculture.

Ces engagements prennent fin de plein droit à leur expiration et on ne peut les faire cesser avant cette époque par un congé.

II   69

Dans les cantons de Saint-Amand, les domestiques de ferme se louent, soit au mois, soit à l'année.

Ouvriers de fabrique. — A défaut de règlement d'usine, ces ouvriers sont loués à la semaine dans les cantons de Saint-Amand et au mois dans le reste de l'arrondissement. Le congé doit leur être donné comme aux domestiques de ville huit jours avant la sortie.

Des règlements d'usine et l'usage immémorial interdisent aux ouvriers verriers de quitter le four avant qu'il soit éteint. D'autres fixent à trois mois le délai de congé pour les ouvriers mineurs, etc.

Canaux et rivières (L. du 14 floréal an XI, art. 1er).

Il n'a été constaté dans l'arrondissement aucun usage local ayant pour objet le curage des canaux et rivières non navigables et l'entretien des ouvrages d'art qui s'y trouvent.

Chemins vicinaux.

Pour tout ce qui concerne les chemins vicinaux, consulter l'Instr. minist. très-complète des 4 août et 6 décembre 1870.

(Recueil des actes de la Préfecture, année 1870, p. 569).

Trottoirs (L. du 7 juin 1845).

Une loi du 7 juin 1845 met à la charge des propriétaires riverains la moitié des frais de premier établissement des trottoirs déclarés d'utilité publique, dans les rues et places dont les plans d'alignement ont été arrêtés par ordonnances royales.

Cette même loi réserve toutefois l'application des usages locaux qui imposeraient aux riverains de supporter la dépense dans une plus forte proportion.

Aucun usage n'a été constaté pour l'arrondissement de Valenciennes, où d'ailleurs les trottoirs ne sont pas déclarés d'utilité publique.

VAINE PATURE (L. du 28 septembre et 6 octobre 1791, tit. 1ᵉʳ, art. 3).

Aucun usage n'existe dans l'arrondissement concernant la vaine pâture, qui est d'ailleurs prohibée sur les bords des chemins par l'art. 373 de l'arrêté préfectoral du 30 septembre 1854.

GLANAGE ET RATELAGE (L. du 6 octobre 1791, titre 2, art. 21).

Le glanage est réglé par les conseils municipaux. Il faut, pour l'exercer dans les communes de l'arrondissement, une permission du maire ou la présence du garde-messier.

IV. — DOUAI

RÈGLEMENT CONCERNANT LES MAISONS ET BATIMENS (1)

(Extrait dû à la collaboration de M. Meurant, membre de la Société des architectes du Nord et ancien architecte de la ville de Douai.)

OBLIGATION DE RÉCONSTRUIRE LE MUR DE PAILLEUX OU DE PLANCHES (Art. 655 C. C.).

... Comme aussi, tous propriétaires de bâtimens, dont les murailles de séparation ne sont que de pailleux ou de planches, et par ainsi très-dangereuses, en cas d'incendie ou en temps de peste, seront obligés, à l'avenir, à faire toutes lesdites clôtures et séparations d'une muraille mitoyenne, de l'épaisseur de brique et demie, sans la pouvoir diminuer en quelque endroit pour y pratiquer dans ladite épaisseur des cheminées ou d'autres commodités; et, si quelqu'un, dès à présent, se trouve exposé à quelque danger ou inconvénient, par tels pailleux ou séparations de planches, il peut se pourvoir par-devant nous, pour, sur un seul procès-verbal de visite, y être pourvu sans frais.

Et, s'il se trouvait deux séparations de planches ou de pailleux adossées, elles seront toutes deux, à l'avenir, démolies, et les propriétaires tenus de faire une muraille de brique et demie, à frais communs, avec la même faculté qu'en l'article précédent, en

(1) Douai, impr. Devignaucourt, in-12, 1828.

cas de danger ou inconvénient dès-à-présent ; ce qui sera exécuté ainsi que le contenu en l'article précédent à peine de cent florins d'amende.

L'expérience ayant fait connaître plusieurs inconvénients que causent les vides qui sont entre deux bâtimens, nous défendons à tous propriétaires de maisons qui se joignent, de faire murailles contre murailles, et à ceux qui en ont, de les faire rétablir ou raccommoder sans avoir obtenu notre permission expresse par écrit, laquelle nous n'accorderons que sur le procès-verbal qui sera dressé à cet effet.

Quant aux réparations et ouvrages qui se font entre deux héritages voisins et contigus l'un l'autre, si le parois séparant et faisant la clôture auxdits héritages, est situé sur l'un d'iceux, le propriétaire d'icelui héritage doit, à ses dépens, payer et mettre en œuvre les seuils, pannes, étaux et loyens que l'on dit gros membres ; mais tout ce qui touche les porteaux, paillotages, volages, pelles, lattes, plaquage, clous et autres choses que l'on dit clôture, se paye par les propriétaires desdits deux héritages contigus, moitié par moitié, aussi avant que le parois fait clôture au propriétaire voisin.

AUGMENTATION DE L'ÉPAISSEUR DU MUR MITOYEN (Art. 659 C. C.).

Toutes les murailles de séparations ne pourront être faites, à l'avenir, de moindre épaisseur que de brique et demie ; et, en cas que l'un des propriétaires voudrait la faire de deux briques et plus, il le pourra sur son terrain, payant seul ce qui excédera brique et demie.

FACULTÉ DE RENDRE MITOYEN UN MUR SÉPARATIF (Art. 661 C. C.).

Tous propriétaires de maisons en cette ville, pourront, quand bon leur semblera, acquérir la moitié des murailles qui séparent leurs maisons, cours et jardins, en payant à leurs voisins propriétaires de la totalité desdites murailles de séparations, la moitié du prix qu'icelles seront estimées en l'état qu'elles sont, et le prix de la moitié du terrain sur lequel lesdites murailles sont bâties, suivant l'estimation qui en sera faite, par rapport seulement à la valeur du reste de l'héritage dudit voisin propriétaire, sans avoir égard à la commodité ou incommodité que les parties y rencontreront.

OBLIGATION ET HAUTEUR DE CLOTURE (Art. 663 C. C.).

Les murailles de séparations entre cours et jardins, qui sont mitoyennes, ou qui le seront par achat de la moitié d'icelles, suivant la faculté accordée en l'article précédent, pourront être élevées, à frais communs, à la hauteur de dix pieds (1) au moins hors de terre, à prendre de la superficie des rues où lesdites maisons sont situées, à la seule réquisition de l'un des propriétaires d'icelles maisons.

Pourra aussi l'un des propriétaires d'héritages voisins, non renfermés de murailles, obliger l'autre propriétaire à une muraille mitoyenne de séparation, conformément à l'article précédent.

Et, au cas que l'un des deux propriétaires d'une muraille de séparation aurait besoin de l'élever au-dessus de dix pieds, il le devrait faire de toute son épaisseur, à ses frais, sans répétition de la moitié de la dépense contre son copropriétaire ; mais, si celui-

(1) Le pied à Douai valait 0ᵐ,298.

ci venait à se servir de ladite muraille ainsi élevée, il sera tenu de rembourser lors la moitié de la dépense à celui qui l'aura haussée au delà de dix pieds, à proportion qu'il s'en servira.

Pour exciter les habitants de cette ville à rebâtir ou améliorer leurs maisons, nous avons résolu de leur procurer toutes sortes de facilités, auquel effet nous ordonnons que tous propriétaires et les locataires des maisons voisines, en tant que la chose les regarderait, seront tenus de laisser un passage libre à celui qui fera bâtir pour élever les murailles mitoyennes de séparation à la hauteur nécessaire, soit en retirant leurs poutres, gîtes, gouttières plates, quenettes et autres choses qui empêcheraient l'élévation desdits murs mitoyens, sans que lesdits propriétaires ou locataires des maisons voisines puissent prétendre, pour raison de ce, aucun dédommagement, non plus que pour remettre leurs maisons en état.

Toutes murailles portant sommiers en dedans les édifices ne pourront être moindres que de brique et demie d'épaisseur.

DES VUES SUR LA PROPRIÉTÉ DE SON VOISIN (Art. 675 et s., C. C.).

Si un propriétaire veut, en sa maison, faire ériger quelque fenêtre, fente ou bahotte en quelque muraille, pour recouvrer vue sur l'héritage de son voisin, tel propriétaire, en ce faisant, est tenu d'ériger et élever sesdites fenêtres et vues, sept pieds de hauteur du pavement ou plancher du lieu où se font lesdites fenêtres, et icelles fenêtres et vues garnir de treillis de fer et vitres dormantes, en sorte que, par icelles il puisse seulement profiter de ladite vue, sans autre dommage de sondit voisin.

Il est licite à un propriétaire édifier, ériger et élever les combles et édifices de son héritage, de telle hauteur que bon lui semble, contre l'héritage de son voisin, sans que ledit voisin puisse audit propriétaire donner empêchement pour causes de vues et portemens d'eaux, dont sondit voisin aurait joui sur l'héritage d'icelui propriétaire, n'était que ledit voisin eût titres au contraire.

Il n'est permis à personne édifier ou construire aucuns édifices sur flégard et waréchais de ladite ville, à lui arrenté accordé ou donné en préjudice des vues, regards et commodités des propriétaires voisins y ayant anciens héritages, n'est de leur consentement et accord.

Si, sur ledit flégard et waréchais, tels édifices sont construits et érigés sans consentement desdits propriétaires voisins, il est permis aux échevins de ladite ville, de sommairement et de plein, à la simple doléance et remontrance desdits héritiers voisins, ou du procureur de ladite ville, faire promptement, et sans délai, démolir lesdits édifices, et le tout remettre au premier état dû, parties toutefois à ce appelées et ouïes en leurs défenses.

EAUX PLUVIALES (Art. 684 C. C.).

Par ladite coutume, un propriétaire ayant le droit d'issue d'eaux, procédant tant du ciel, comme de son héritage par en bas en l'héritage de son voisin, n'est tenu recevoir lesdites eaux en et parmi sondit héritage, n'était qu'icelles eaux passent par un gril de fer, qui soit de raisonnable ouverture, en boujons de fer, si comme de l'épaisseur de trois pièces d'argent ensemble, ou de platine à trous, en sorte que lesdites aux puissent passer sans quelques ordures ou immondices, lequel [gril de fer ou platine est tenu faire celui ayant droit d'issue d'eaux sur l'héritage de son voisin, à ses dépens.

En cas de débat de réfection d'héritages pour la retenue d'icelles entre les propriétaires ou viagers, quand œuvre y échet, l'héritier ou propriétaire est tenu livrer, à ses dépens, seuils, étaux et gros poteaux, entretoises, tous gittaires, pennes, colonnes, poutres et bracons, baux montans, ventrières, surchuirons, limons de montées, pannes, combles, baux, faîtes, nocquères, façons de puits, tous étançons pour rejoindre et rebouter pierres et tous gros fers ; c'est à savoir, les étriers, bandes et grosses chevilles, et toutes icelles étoffes livrer sur le lieu, aux dépens desdits héritiers ou propriétaires.

Si, sur l'héritage et charpentage de la maison d'aucune personne, située audit échevinage, est mise et assise une nocquère portant les eaux du comble de la maison de son voisin, telle personne n'est tenue à souffrir, si bon ne lui semble, et où qu'elle le veuille souffrir, icelui voisin, ce requérant, est tenu de payer les deux tiers de la coûtance et retenue d'icelle nocquère, et de tout labeur à ce servant en quoi que ce soit, s'il n'y a lettres ou fait spécial au contraire ; mais, si telle nocquère était mise sur l'héritage tant de l'un que de l'autre, et que les combles de l'héritage de chacun soient pareils et égaux, aussi grand l'un que l'autre, ladite coûtance se ferait par moitié ; et, si l'un des combles est plus grand l'un que l'autre, et qu'elle y ait à porter plus d'eaux, et avoir plus grand cours et issue par icelle nocquère que n'ait l'autre partie de son voisin, les maîtres desserreurs et cerquemaneurs sermentés des héritages de la Ville y aviseront, et modéreront et en ordonneront comme ils trouveront convenir.

SOUS-LOCATION (Art. 1717 C. C.).

Le conducteur voulant bailler en arrière-ferme la
maison et héritage qu'il tient en louage, le doit faire
signifier à son locateur, lequel peut reprendre à soi ladite maison et héritage, en préférence et à l'exclusion
de tous autres arrières-fermiers ou louagers.

OBLIGATIONS DU SOUS-LOCATAIRE (Art. 1753 C. C.).

L'occupeur d'une maison et héritage est poursui-
vable pour le dû du louage, durant son occupation,
comme le propre louager, au choix du propriétaire ou
usufruitier icelle maison.

RÉPARATIONS FAITES PAR LE LOCATAIRE (Art. 1730
C. C.).

Si un louager a fait aucuns ouvrages nécessaires en
la maison louée (après avoir, sur ce, sommé le propriétaire ou usufruitier, et qu'icelui a été en faute de
les faire), il les peut défalquer de son louage.

Si un louager a fait aucuns autres ouvrages en la
maison louée, n'est que le propriétaire ou usufruitier
les veuille retenir, pour tel prix qu'ils seroient estimés
à emporter, tel louager les peut lever à son département de ladite maison, en remettant icelle maison en
premier état.

CONGÉS (Art. 1736 et s. C. C.).

Le conducteur ayant pris à ferme et à louage maison et héritage séant en cette ville et échevinage, pour
en jouir l'espace de trois, six ou neuf ans, suivant la
coutume de ladite ville, a faculté et puissance de
renoncer à ladite ferme et louage, moyennant qu'il le
fasse signifier au locataire un demi an auparavant
l'expiration desdits trois ou six ans. Et, en ce cas, le-

dit locateur est tenu de reprendre sa dite maison et héritage au bout desdits trois ou six ans. Et, si le propriétaire s'est retenu la faculté de reprendre la maison et héritage qu'il a baillée à louage, il pourra sem-
blablement ce faire, le faisant savoir et signifier trois
mois auparavant à son conducteur.

V. — MONTREUIL-SUR-MER

ET PARTIE DU DÉPARTEMENT DU PAS-DE-CALAIS.

USAGES LOCAUX.

(Extrait dû à la collaboration de M. Lavezzari, architecte de l'hôpital de Berck-sur-Mer.)

GLACES (Art. 525 C. C.).

Les glaces dont le cadre est scellé sont les 'seules reconnues immeubles.

TAILLIS (Art. 590 C. C.).

L'aménagement des bois taillis varie selon le nombre d'hectares appartenant au même propriétaire dans une ou plusieurs communes voisines.

L'usage ordinaire est de régler les coupes à dix ans; mais certains particuliers laissent dix-sept ou dix-huit ans entre les coupes. Alors l'usufruitier est tenu à se conformer à l'usage constant du propriétaire, en laissant généralement deux cent trente baliveaux par hectare de l'âge du taillis.

Les arbres tirés d'une pépinière par l'usufruitier doivent être remplacés dans l'année.

SAULES A TÊTE.

L'émondage des arbres épars dans les manoirs s'opère tous les trois ans. Il en est de même pour l'étêtement des saules.

CURAGE DES EAUX (Art. 644, 645 C. C.). — L. du 14 floréal an XI.

Le curage des rivières et des ruisseaux est à la charge des propriétaires riverains.

BORNAGE (Art. 646 C. C.).

Les bornes sont faites de grès aujourd'hui ; mais on en voit encore d'isolées consistant en pieds d'épine-noire.

PRÉSOMPTION DE MITOYENNETÉ (Art. 653 C. C.).

Le chaperon à deux pentes et les ancres sur les deux parements du mur sont les marques de mitoyenneté les plus généralement en usage. De petites niches, prises dans l'épaisseur des murs, indiquent la non mitoyenneté.

PIED D'AILE.

Le pied d'aile est de rigueur, mais varie de $0^m,66$ à 1 m. 20.

OBLIGATION DE RECONSTRUIRE LE MUR PENDANT OU COR-ROMPU (Art. 655 C. C.).

Un mur est condamnable lorsqu'il y a surplomb de la moitié de l'épaisseur, et une séparation en pans de bois doit être refaite en maçonnerie aux frais de celui ou de ceux qui en resteront propriétaires.

POUTRES, SOLIVES (Art. 657 C. C.).

Les poutres, portant solives (*gîtes*), sont presque toujours parallèles aux murs mitoyens, et les solives sont encastrées de $0^m,11$ (une demi-brique) dans ce mur.

DROIT DE SURCHARGE (Art. 658 C. C.).

A Montreuil=sur-Mer, l'indemnité de surcharge n'est pas de règle, mais constitue une exception.

ÉVALUATION DU MUR A ACQUÉRIR (Art. 661 C. C.).

Le remboursement de la valeur de la mitoyenneté est dû suivant les prix établis à l'époque de la con= struction ; mais il n'est pas d'usage d'en exiger le payement avant le commencement des travaux.

Quand le mur à acquérir est neuf, l'architecte qui en a surveillé l'exécution doit dresser le compte de mitoyenneté dans lequel sont compris les honoraires relatifs à la construction du mur.

HAUTEUR DE CLÔTURE (Art. 663 C. C.).

Dans la ville de Montreuil-sur-Mer, la clôture entre bâtiments, cours et jardins est toujours exigée.

Cette clôture doit être, suivant l'usage, de huit pieds (vingt-six décimètres) de hauteur, compris le chaperon du côté le plus élevé, et d'une épaisseur de trente=trois centimètres pour les murs en briques et et de quarante-cinq centimètres pour ceux en cail= loux.

La profondeur de la fondation est de trente=trois centimètres pour un mur de six mètres de hauteur, et de quarante-cinq centimètres pour un mur dépassant cette hauteur.

PLANTATION DES ARBRES DE HAUTE TIGE ET DES HAIES (Art. 671 C. C.).

Dans le canton de Montreuil, pour les plantations d'arbres de haute tige auprès des voisins, on observe la distance de cinq pieds ($1^m,62$).

Pour les plantations de haies vives, il faut laisser

un pied et demi (pied de onze pouces, soit quarante-
cinq centimètres) entre son héritage et celui de son
voisin du côté de l'ouest et du nord, et deux pieds et
demi (soixante=quinze centimètres) du côté de l'est
et du midi, excepté dans la commune de Neuville.

Cependant, depuis la promulgation du Code civil,
beaucoup d'arpenteurs ne s'attachent plus à l'orien-
tation et font, du consentement des intéressés, planter
les haies vives à cinquante centimètres de l'héritage
voisin.

De la distance et des ouvrages intermédiaires requis pour certaines constructions (Art. 674 C. C.).

Puits, Fosses d'aisances. — Celui qui veut construire
contre un mur mitoyen doit faire contre-mur d'un
pied (0^m,325) de maçonnerie d'épaisseur, s'il y a puits
de chaque côté, ou puits d'un côté et aisances de
l'autre.

Celui qui veut faire fosse à latrines ou retrait doit
laisser entre ladite fosse et la terre deux pieds et demi
de franche terre.

Cheminées ou âtres. — Celui qui veut faire cheminée
ou âtre doit y placer une plaque en fonte.

Forges, fours ou fourneaux. — Celui qui veut faire
forge, four ou fourneau contre un mur mitoyen, doit
laisser un vide de 0 m. 163, nommé tour de chat,
entre le mur mitoyen et le mur du four ou forge,
lequel doit avoir 0^m,325 d'épaisseur.

*Adossement d'Étables et Dépôt de fumier contre un
mur mitoyen.* — Celui qui veut adosser une étable ou
établir un dépôt de fumier contre un mur mitoyen
doit faire un contre-mur de 0^m,217 à partir du rez-de-
chaussée jusqu'à la mangeoire pour l'étable et de
la hauteur nécessaire pour le dépôt de fumier.

Magasins à sel. — Pour les magasins à sel, il faut laisser un vide de 0^m,11 entre le mur mitoyen et le contre-mur.

ÉGOUTS DES TOITS (Art. 681 C. C.).

Il est d'usage, dans toutes les communes du canton de Montreuil-sur-Mer, sauf dans celle de Neuville, de laisser un espace de deux pieds et demi (pied de onze pouces, soit soixante-quinze centimètres) entre les murs, lorsque l'égout du toit est du côté de l'héritage voisin et lorsque la couverture est en chaume.

Si la couverture est en tuiles ou en pannes, l'espace à laisser est seulement de quarante-cinq centimètres.

Dans la commune de Neuville, cet espace réservé doit être de deux pieds et demi (pied de roi, soit quatre-vingt-un centimètres) pour les couvertures en chaume et d'un pied et demi (cinquante centimètres).

S'il y a coyettes aux couvertures en pannes, on laisse, dans toutes les communes du canton, une distance égale à la largeur des coyettes.

Pour les ailes en chaume des pignons droits, on laisse au rejet un espace de 0^m,30.

CONGÉS, BAUX, DÉLAIS A OBSERVER, etc. (Art. 1736 et s. C. C.).

Le bail sans écrit des maisons et appartements vides, avec ou sans jardin, est censé fait pour un terme.

Il y a dans l'année deux termes : l'un commence le 15 mars et finit le 1er octobre; l'autre commence le 1er octobre et finit le 15 mars, et, quoique les deux termes soient d'inégale durée, le loyer en est d'égale somme et se paye à l'échéance du terme.

L'une des parties ne peut faire cesser la jouissance qu'en faisant signifier un congé six mois avant l'expi=

ration du terme courant, de manière que le congé donné pour le terme finissant le 15 mars doit être signifié avant le 15 septembre, et celui donné pour le terme qui finit le 1er octobre doit être notifié avant le 1er avril.

Quant à la location d'un appartement meublé, si rien ne constate que le bail soit fait à tant par an, par mois ou par jour, elle est censée faite pour un mois, et pour la faire cesser, il faut donner congé quinze jours avant l'expiration du terme courant.

TACITE RECONDUCTION (Art. 1738, 1759, 1776 C. C.).

La tacite reconduction a lieu si l'une des parties ne donne pas congé à l'autre l'un des jours ci-dessus indiqués suivant l'usage.

RÉPARATIONS LOCATIVES (Art. 1754 C. C.).

Les réparations locatives consistent en celles dési-gnées par le Code civil, et en outre à faire faire tous les trois ans, aux bâtiments loués et couverts en chaume, un couronnement aux couvertures, à entre-tenir les murs en torchis et les solives en bon état, et enfin à faire faire tous les travaux qui n'excèdent pas une journée de travail pour les petites locations, et cinq francs quand le prix du loyer est d'une certaine importance.

VI. — ABBEVILLE.

USAGES LOCAUX.

(Extrait dû à la collaboration de M. Dingeon, membre de la Société et architecte des hospices d'Abbeville.

GLACES (Art. 525 C. C.).

Les glaces placées dans des cadres enchâssés dans la boiserie sont seules considérées comme immeubles par destination.

BORNAGE (Art. 646 C. C.).

Dans les campagnes, des bornes de grès font foi lorsqu'il existe un procès-verbal régulier; de simples tas de cailloux servent aussi d'indication pour délimiter la culture des terres; enfin, des épines sont également employées pour les héritages clos par des haies.

MARQUE DE MITOYENNETÉ (Art. 653 C. C.).

Lorsqu'un mur est mitoyen le chaperon a deux ailes en forme d'A; lorsqu'il ne l'est pas, le chaperon n'a qu'une aile dont la pente est du côté du propriétaire.

MUR CONDAMNABLE (Art. 655 C. C.).

Un mur est condamnable lorsqu'il est deversé de la moitié de son épaisseur, ou lorsque les matériaux (briques ou pierres) le composant peuvent se retirer à la main, et, qu'en un mot, la réparation en est impossible.

PAN DE BOIS.

A Abbeville, une séparation, faite en pan de bois, lors même qu'elle est en bon état, est condamnable, et doit être refaite en briques, sur la demande de l'une des parties.

PLANTATION D'ARBRES A HAUTE TIGE ET DE HAIES EN CHARMILLE (Art. 671 C. C.).

La distance de deux mètres, prescrite par le Code civil pour la plantation d'arbres à haute tige et celle d'un demi-mètre pour les haies est généralement appliquée.

CONGÉS (Art. 1736 C. C.).

Suivant l'usage des lieux, le congé doit être donné six mois à l'avance pour une maison louée au prix de 1,000 francs et au-dessus, et quatre mois à l'avance pour les locations au-dessous de ce chiffre.

VII. — AMIENS

ET PARTIE DU DÉPARTEMENT DE LA SOMME (1).

USAGES LOCAUX.

Extrait dû à la collaboration de M. J. Herbault, architecte du Palais de Justice d'Amiens).

GLACES (Art. 525 C. C.).

Les glaces étamées, incorporées dans les lambris ou simplement appliquées dans des cadres fixés sur les murs, sont toujours, à moins de stipulations contraires, considérées comme immeubles par destination.

Il en est de même pour les glaces sans tain des devantures de boutiques et magasins.

BORNAGE (Art. 646 C. C.).

Dans les champs, la seule délimitation pratiquée est le bornage fait à frais communs au moyen de pierres dures, mais le plus souvent brutes.

PRÉSOMPTION DE MITOYENNETÉ (Art. 653 C. C.).

Autrefois, en Picardie, on pouvait facilement renaître la mitoyenneté de tout ou partie d'un mur à la simple inspection de petits renfoncements d'un pied de roi carré environ pratiqués à moitié de l'épaisseur du mur de l'un et de l'autre côté. Ces renfoncements étaient appelés armoirettes.

Voir plus haut, p. 1094, VI, les usages locaux d'*Abbeville*.

PIED D'AILE.

Le pied d'aile est, à Amiens, de 0ᵐ,32.

OBLIGATION DE RECONSTRUIRE UN MUR INSUFFISANT (Art. 655 C. C.).

La ville d'Amiens interdit tous travaux, même de simples réparations non confortatives, quand les murs séparatifs n'ont pas l'épaisseur obligée d'une brique et demie (0ᵐ,36).

PAS DE CHEVAL (Art. 667 C. C.).

Le pas de cheval est, à Amiens, de 0ᵐ,50 de largeur.

HAIE SÉPARATIVE (Art. 670 C. C.).

Celui qui veut se clore, dans les campagnes, par une haie séparative, doit la planter à 0ᵐ,50 en arrière de la ligne séparative.

DE LA DISTANCE ET DES OUVRAGES INTERMÉDIAIRES REQUIS POUR CERTAINES CONSTRUCTIONS NUISIBLES (Art. 674 C. C.).

Fosses d'aisances. — Les fosses d'aisances ne peuvent être établies qu'à 2 mètres de distance des puits existant dans le voisinage.

Fours, forges et fourneaux. — Les murs de contour ou d'adossement, les âtres et les voûtes, auront au moins 0ᵐ,35 d'épaisseur. — Ces constructions seron isolées par un vide de 0ᵐ,16 des murs mitoyens.

CONGÉS (Art. 1736 C. C.).

Les termes à Amiens sont au nombre de trois, d'inégale durée, échéant aux fêtes de Pâques, Assomption et Noël, et, en l'absence de bail, il suffit de donner congé un terme à l'avance.

RÉGION DE L'OUEST

VIII. — LE HAVRE

USAGES LOCAUX

DANS LES CANTONS NORD ET SUD DU HAVRE (1).

(Extrait dû à la collaboration de M. Émile Platel, membre de la Société et ancien architecte de la ville du Havre.)

TITRE II. — SUR LES SERVITUDES

CHAP. II. — *Clôtures.* — *Murs, haies, fossés, banques, lisses ou barrages* (Art. 663 C. C.).

1. Le propriétaire qui se clot par un mur est-il obligé, dans tous les cas, de laisser une distance entre le pied de son mur et la propriété de son voisin? — Non. — Ou n'y est-il obligé que lorsque le mur a un égout du côté du voisin? — Oui.

2. Dans tous les cas, quelle est la distance à observer? — Suffisante, pour que l'eau ne tombe pas sur le voisin.

3. Est-ce l'usage qui règle la hauteur du mur de clôture dans les villes et faubourgs, dans les bourgs,

(1) La Commission chargée d'éditer ce Manuel a cru devoir conserver, dans la publication de cet extrait des *Usages locaux de la ville du Havre,* l'ordre et les divisions du Recueil administratif auquel est dû cet extrait. (*N. d. l. C.*)

dans les hameaux dépendant des villes et bourgs ? — Non, c'est le Code civil.

4. Quelle doit être, d'après l'usage, la hauteur des haies vives dans les villes et faubourgs, dans les bourgs et dans les communes rurales ? — Deux mètres au *maximum*.

5. Cette hauteur varie-t-elle suivant la nature des propriétés auxquelles la haie sert de clôture ? — Non.

6. Existe-t-il un usage qui détermine l'épaisseur de la haie vive mitoyenne. ? — Non.

7. A quelle époque, suivant l'usage, doit-on tondre les haies vives servant de clôture ? — Tous les ans.

8. Cette époque varie-t-elle suivant la nature des propriétés ? — Non, elle ne varie pas.

9. N'y a-t-il pas aussi des variations suivant l'essence de la haie ? — Non.

10. Ou suivant qu'il s'agit de clôture dans les villes, faubourgs, hameaux en dépendant ou communes rurales ? — Non.

11. L'usage détermine-t-il la hauteur des haies sèches, lisses ou barrages servant de clôture ? — Il n'existe pas d'usage.

12. Lorsqu'un propriétaire s'est clos par une haie, le propriétaire voisin est-il obligé à quelque mesure pour la protection de cette haie ; par exemple la construction d'un barrage ou toute autre chose ? — Aucune obligation n'est imposée au voisin.

13. De quel côté doit-on faire les nœuds des liens qui fixent les haies de clôtures ? — Il n'y a pas d'usage.

14. Lorsque la clôture est faite par une banque de fossé, l'usage exige-t-il, comme pour un fossé creux (1),

(1) L'art. 18 de l'arrêt du règlement du 17 août 1751 exige que

qu'on laisse une distance entre le pied de la banque ou le fonds du voisin? — Oui, 50 centimètres.

15. L'usage détermine-t-il la largeur, la profondeur et le talus des fossés? — Il n'y a pas d'usage.

CHAP. III. — *Plantations* (Art. 691 C. C.).

16. La distance de 2ᵐ,33 est-elle toujours exigée pour les arbres fruitiers, soit que les propriétés soient closes ou qu'elles ne le soient pas, ou qu'elles soient closes de murs? — Cette distance n'est exigée que dans la partie rurale, et non dans la partie urbaine, où il suffit d'ébrancher les arbres pour qu'ils ne s'étendent pas sur la propriété du voisin.

17. La distance de 2ᵐ,33 pour les arbres de haute-futaie est-elle la même lorsque les plantations sont faites dans des terres closes, ou le long de terres de labour, ou entre masures ou herbages, ou entre terrains vagues, ou sur des banques ou dans des haies entre herbages ou masures? — On observe les différences fixées par le règlement du 17 août 1751.

18. Y a-t-il une distance particulière à observer pour les plantations d'arbres aquatiques, soit qu'il y ait des fossés de séparation, soit qu'il n'y en ait pas? — C'est encore ce même règlement qui est suivi.

19. Toutes les distances prescrites par les règlements ou par l'usage pour les plantations doivent-elles être observées, même quand les propriétés sont séparées

« celui qui fait construire un fossé sur son fonds laisse du côté du voisin, et au delà du creux dudit fossé, *un pied et demi* (0ᵐ,50) *de séparation*, et si la terre voisine est en labour, il doit laisser au moins deux pieds (0ᵐ,63) de séparation au delà du creux, et, de plus, il faut que le fossé soit fait en talus du côté du voisin. »

par une voie publique ayant une largeur moindre que
la distance à garder? — Oui.

CHAP. IV. — *Constructions susceptibles de nuire au
voisin.*

I⁰ SECTION. — *Puits, fosses d'aisance et, par analo-
gie, citernes, caves, mares, cloaques, fosses à fumier*
(Art. 674 C. C.).

NOTA. — L'article 613 de la Coutume de Normandie
exige que l'on fasse un contre-mur tout à l'entour de
la citerne ou fosse d'aisance que l'on établit près d'un
mur mitoyen ou non; que ce contre-mur ait un mètre
d'épaisseur en bas et au-dessus du rez de terre, et
qu'il soit construit en pierre, chaux et sable.

20. La construction d'une cave, d'une mare, d'un
cloaque ou d'une fosse à fumier, est-elle soumise aux
mêmes prescriptions en ce qui concerne le contre-mur?
— Oui, pour le cloaque et la fosse à fumier; non, pour
la cave ou la mare.

21. Est-il indispensable que le contre-mur soit construit en pierre, chaux et sable? L'usage autorise-t-il
à employer d'autres matériaux, pourvu que l'on évite
toute infiltration et toute atteinte à la solidité du mur
de séparation? — On emploie le ciment ou la chaux
hydraulique; quant aux autres matériaux, on emploie
encore le caillou silex ou la brique grézée.

22. Si l'on veut se dispenser de faire un contre-mur,
quelle distance doit-on laisser entre le fonds voisin et
le puits, ou la citerne, ou la cave, ou la fosse d'aisance,
ou la mare, ou la fosse à fumier? — Deux mètres pour
tous les objets, moins la cave.

IIᵉ SECTION. — *Cheminées, âtres, forges, fours et fourneaux.*

23. Quelles sont les précautions que l'on est obligé de prendre pour la construction de l'âtre et du contre-cœur d'une cheminée adossée à un mur mitoyen ou non ? — Enchevêtrure en charpente, voûte en briques et plaque de contre-cœur ; tablette portant sur des barres de fer.

24. L'usage a-t-il déterminé la hauteur des tuyaux d'une cheminée au-dessus des combles ? — 50 centimètres au-dessus du faîtage, dans la partie urbaine ; dans la partie rurale, *ad libitum.*

25. Quand on construit ou reconstruit une cheminée dans une maison moins élevée que la maison voisine, est-on obligé d'élever la cheminée jusqu'au-dessus du comble de cette maison ? — Non.

26. Quand on élève et que l'on surélève une maison à côté d'une autre maison dont la cheminée est plus basse, qui doit faire la surélévation de la cheminée ? — Celui à qui appartient la cheminée.

27. Aux termes de l'art. 614 de la Coutume de Normandie, celui qui veut faire forge, four ou fourneau contre un mur mitoyen est obligé de laisser 17 centimètres d'intervalle, et de donner 33 centimètres d'épaisseur au mur de la forge, four ou fourneau qui, de plus, doit être en pierre, brique ou moellon ; mais jusqu'à quelle hauteur le mur doit-il avoir cette épaisseur de 33 centimètres ? — Jusqu'à 2 mètres de hauteur, mais l'épaisseur n'est habituellement que de 22 centimètres.

28. Le vide entre les deux murs peut-il être fermé ? — Non, il faut que l'air y circule.

29. Ces précautions suffisent-elles pour les forges, fours ou fourneaux, comme ceux des poteries et des verreries, dans lesquelles on entretient un feu considérable et continu ? — Les fourneaux des poteries et des verreries sont isolés.

III° SECTION. — *Étables ou écuries.*

30. Lorsque l'on construit une étable ou une écurie contre un mur, mitoyen ou non, est-on obligé de faire un contre-mur en maçonnerie ? — Non, d'après l'usage.

IV° SECTION. — *Magasins de sel, amas de matières corrosives.*

31. Celui qui établit contre un mur mitoyen ou non, un magasin de sel ou un amas de matières corrosives, est-il obligé, par l'usage de faire un contre-mur ? Quel est cet usage ? — Il n'existe pas d'usage qui soit contraire à la loi.

32. L'épaisseur, la longueur et la hauteur de ce mur sont-elles déterminées par l'usage ? — Non.

CHAP. V. — *Servitudes diverses.*

33. Lorsqu'un propriétaire a le droit de *tour d'échelle* sur le fonds de son voisin, quelle est l'étendue du terrain affecté à l'exercice de ce droit ? — Un mètre.

34. Lorsqu'un propriétaire a le droit d'établir l'égout de ses toits sur le fonds de son voisin, quelle doit être, d'après l'usage, la largeur du larmier sur le fonds voisin, soit qu'il s'agisse de couverture en paille, soit qu'il s'agisse de couverture en ardoises ? — De 40 à 50

centimètres pour la couverture en paille, de 33 centimètres au maximum pour celle en ardoises.

35. A-t-on le droit de ramasser les fruits de ses arbres lorsqu'ils tombent sur la propriété du voisin, soit que cette propriété soit close, soit qu'elle ne le soit pas ? — Oui ; mais si la propriété est close, on doit demander la permission au voisin qui ne peut la refuser.

TITRE III. — SUR LE CONTRAT DE LOUAGE.

CHAP. Ier — *Du louage des choses.*

Ire SECTION. — *Biens dans les villes et bourgs.*

§ Ier. — Époques d'entrée en jouissance.

36. Quelle est à défaut de convention, et suivant l'usage, l'époque d'entrée en jouissance pour la location d'une maison seule, d'une maison avec cour, jardin et plantations, ou avec cour ou jardin seulement, d'une partie de maison formant logement complet, avec ou sans jardin, d'une boutique avec chambre, d'une chambre à feu seule, d'un cabinet, d'un magasin, d'une cave, d'un grenier, d'une écurie, d'une remise ou hangar, d'un chantier, d'une partie de magasin ou chantier, d'un jardin seul avec arbres fruitiers, sans arbres fruitiers, d'une maison meublée, d'une partie de maison meublée, d'une chambre meublée, des logements pendant la saison des eaux, des maisons formant établissement de commerce ou d'industrie, tels que pensionnats, hôtels ou auberges, cafés, etc. ? — Pâques, Saint-Jean, Saint-Michel et Noël pour tout ce qui est désigné dans cet article, moins les magasins, écuries, remises, chantiers, mai-

sons ou chambres meublées et logements pendant la
saison des eaux; pour ces objets, à toute époque;
qnand aux jardins seuls, avec ou sans arbres fruitiers,
à Noël.

§ II. ═ Durée des locations verbales. (Art. 1758 et 1759 C. C.).

37. Quelle est, à défaut de convention, et d'après
l'usage, la durée de la location des maisons et de chacun des objets dont la nomenclature se trouve dans
la 36ᵉ question? ═ Les magasins, maisons meublées et
logements pour la saison des eaux, au mois; tout le
reste, à l'année.

38. Cette durée est-elle toujours déterminée par la
nature de la location? ═ Non. ═ Ne l'est-elle pas
quelquefois par le temps qui a été pris pour base de
la fixation du loyer, par exemple, lorsque la location
a été faite à tant par an ou à tant par mois? ═ Oui;
quant aux magasins et appartements meublés, la location en a lieu au mois ou à l'année, suivant que cette
location est faite à tant par an, ou à tant par mois.

39. N'est-elle pas aussi déterminée quelquefois par
le chiffre du loyer? ═ Non.

§ III. ═ Termes de payement des loyers.

40. Quelles sont les époques ou termes de payement
des loyers fixés par l'usage, à défaut de convention,
pour la location des maisons, logements et autres objets
énumérés dans la 36ᵉ question? ═ Pour les magasins
ou appartements meublés, au mois; pour les petites
locations (celles de la compétence des justices de
paix), par trimestre; pour les autres locations, par
semestre.

41. Les époques de payement sont-elles déterminées

par la nature ou l'importance de la location, ou par sa durée ? — Oui, conformément à la réponse qui précède.

42. L'art. 1753 du Code civil fait supposer que l'*usage* autorise des payements de loyers par anticipation ou d'avance. Existe-t-il des usages à cet égard ? — Non.

§ IV. — Délais à observer pour les congés. — Sortie du locataire.
(Art. 1736 C. C.).

43. Les délais à observer pour donner congé des locations des maisons, logements et autres objets énumérés dans la 36e question, sont-ils déterminés par la nature ou l'importance de la location, ou par sa durée, ou par le prix ? — Par l'importance de la location.

44. Quel est, dans chacun de ces cas, le délai à observer ? — Pour les objets loués à l'année le congé doit être de six mois, pour les boutiques, magasins et corps de logis en entier, de trois mois pour une partie de maison, et de six semaines pour une chambre, excepté pour les chambres meublées qui sont louées au mois et pour lesquelles il suffit d'un avertissemunt de quinze jours ; toutefois, le bail verbal des bâtiments qui, à défaut d'une durée spéciale, se tiennent à l'année, finit de droit à l'expiration de la première année, sans qu'il soit besoin d'un avertissement préalable entre le propriétaire et le locataire, suivant la règle : *fin d'année, fin de jouissance.*

45. Les délais pour les congés sont-ils des délais francs ? — Oui ; par conséquent, le congé doit être donné au plus tard la veille du dernier terme de six mois, de six semaines ou de quinze jours, suivant la nature de la location, comme il est expliqué ci-dessus.

Quant au délai de six ou de trois mois, il est toujours compté, non d'après le calendrier, mais suivant les époques désignées dans la réponse à la 36ᵉ question, quand même il s'en faudrait de quelques jours pour que le délai ci-dessus fût complet.

46. Quel jour et à quelle heure la sortie du locataire doit-elle être effectuée? = Le locataire a jusqu'à midi pour effectuer sa sortie le jour même de l'expiration de la jouissance; à Pâques, à Noël et quand les autres termes tombent à des jours fériés, le locataire ne peut être contraint que le lendemain à la même heure. Toutefois, s'il s'agit d'une maison entière ou au moins d'une location importante, le locataire doit s'arranger de façon à ce que celui qui le remplace puisse commencer son déménagement quatre jours d'avance, parce que, réciproquement, ce locataire a quatre jours après l'échéance du terme pour terminer le sien.

47. Le locataire peut-il laisser des récoltes dans le jardin après la cessation de sa jouissance? = Oui, jusqu'à l'époque de leur maturité.

48. Peut-il enlever des plantes, arbustes ou arbres fruitiers? = Oui, s'il est reconnu que ces objets sont sa propriété; pour les plantes, la présomption est en faveur du locataire; pour les arbres, elle est en faveur du propriétaire; le délai pour l'enlèvement est jusqu'à Noël. Dans les jardins occupés par des pépiniéristes ou des horticulteurs, la présomption ci-dessus est en faveur du locataire, et le délai pour l'enlèvement se prolonge, quant à eux, jusqu'au mois de *février*.

§ V. = Tacite reconduction. (Art. 1738 et 1759 C. C.).

49. Pendant combien de temps la jouissance du locataire doit-elle continuer après l'expiration du bail écrit,

pour que l'on puisse en induire qu'il y a tacite reconduction, toujours lorsqu'il s'agit des locations énumérées
dans la 36ᵉ question? — Aucun temps n'est fixé par
l'usage, tout résulte des circonstances.

50. La continuation de la jouissance qui opère la
tacite reconduction doit-elle résulter seulement du
fait par le locataire de rester et d'être laissé dans les
lieux? — L'usage n'indique pas d'autre fait.

Réparations locatives. (Art. 1754 C. C.).

51. Quelles sont, *dans tous leurs détails*, les réparations locatives à la charge des locataires des maisons,
bâtiments, jardins et autres locations énumérées dans
la 36ᵉ question, en tenant compte de chaque nature
de location? — Ce sont d'abord celles indiquées dans
l'art. 1754 du Code civil, avec observation que le
locataire est tenu : 1° de la rupture de la plaque de
fonte placée comme contre-cœur de la cheminée,
qu'on suppose cassée par l'excès du feu ; 2° du remplacement des croissants qui retiennent les pelles et
les pincettes, quand ils sont perdus ou brisés ; 3° de la
réparation des chambranles et tablettes de cheminées
sans distinction de ce qui est en maçonnerie, menuiserie, pierre ou marbre, sauf l'avant-foyer dont la
réparation reste à la charge du propriétaire ou du locataire, selon les circonstances. — En second lieu, l'usage
met à la charge du locataire les objets suivants : 1° le
ramonage des cheminées ; 2° le carrelage des réchauds,
le scellement des boîtes en fonte et leur remplacement quand elles sont cassées autrement que par vétusté ; 3° l'aire, c'est-à-dire la partie carrelée des fours ;
4° les pierres à laver ainsi que la grille du tuyau, quand
elles sont cassées; 5° les trous aux mangeoires des

écuries ; 6° la réparation des râteliers et des barres de séparation des chevaux; 7° celle des auges; 8° l'entretien des cordes, poulies et seaux des puits ; 9° dans les jardins, le sable des allées, l'entretien des bordures et plate-bandes, de la tonte des gazons, la taille des arbres et le fouissage des carrés et plate-bandes.

52. Le locataire a-t-il un délai après sa sortie pour faire les réparations locatives? — Il est d'usage que les réparations qui peuvent être différées jusqu'à la fin du bail soient faites au moment de la sortie des lieux.

53. Y a-t-il un délai après lequel le locataire, faute de réclamation de la part du propriétaire, est pleinement déchargé des réparations locatives? — On considère que le locataire est complètement déchargé des réparations locatives quand le propriétaire accepte volontairement et sans réserve la remise des clefs.

II° SECTION. — *Moulins, usines, fabriques, établissements et ateliers industriels.*

54. Quel est le mode de location des moulins, usines, fabriques, établissements industriels et ateliers divers *en général?* — La location de ces objets est toujours précédée d'un inventaire.

55. Quel est le mode de location *spécialement* en ce qui concerne les moulins à blé, les moulins à tan, les moulins à foulon, les moulins à papier, les moulins à huile, les filatures, les tissages, les indienneries, les teintureries, les papeteries, les tanneries, les poteries, les verreries, les brasseries, les imprimeries, les forges, fours et fourneaux, les moulins à vent, et en un mot les diverses usines, soit hydrauliques, soit à vapeur qui peuvent exister dans chaque localité? — Même réponse que pour le n° 54.

II   71

56. La location a-t-elle lieu à la prisée, ou sans prisée ? — Avec prisée.

57. Quels sont les établissements qui se louent à la prisée ? — Ceux désignés sous le n° 55.

58. Quels sont, dans chaque genre d'établissement, les objets que comprend la prisée ? — L'outillage et les moteurs.

59. Quelle est, à défaut de convention, et d'après l'usage, la durée de la location pour chaque genre d'établissement ? — Au moins un an.

60. Quelle est l'époque d'entrée en jouissance ? — Il n'y a d'époque fixe que pour les briqueteries et les tuileries : cette époque est à Pâques.

61. Quelles sont les époques ou termes de payement des loyers ? — Par semestre, à partir de l'entrée en jouissance.

62. Est-il d'usage que les loyers se paient d'avance ? — Non.

63. Le locataire a-t-il, d'après l'usage, un délai après l'expiration du bail pour faire les réparations qui sont à sa charge ? — Non.

64. Quels sont les délais à observer pour les congés des locataires d'usines, établissements et ateliers industriels en général ? — Six mois.

66. Y a-t-il des usines ou industries particulières qui exigent, pour les congés, des délais particuliers ? — Non.

66. Quel jour et à quel moment le locataire sortant doit-il vider les lieux ? — Le jour même où sa jouissance expire et le lendemain si ce jour est férié. — Et à quelle heure ? — A midi.

67. Le locataire sortant est-il tenu de déménager *complètement* au jour fixé pour la fin du bail ? — Voir la réponse faite à la question n° 46.

68. Le locataire entrant est-il autorisé par l'usage à commencer son emménagement avant le jour fixé pour son entrée en jouissance? — Voir la réponse faite à la question n° 46.

69. Indépendamment du fait matériel de la continuation de la jouissance, y a-t-il des faits particuliers qui, d'après l'usage, peuvent faire présumer la tacite reconduction? — Non.

III° SECTION. = *Biens ruraux.*

§ Ier. = Durée des locations sans écrit.

70. Quelle est, à défaut de conventions, et d'après l'usage, la durée des locations de biens ruraux *en général*? Et *spécialement* lorsqu'il s'agit : 1° de corps de ferme? — Trois ans. — 2° De terres de labours louées sans bâtiment, c'est-à-dire de terres dites *écalées*, lorsqu'elles sont soumises à un assolement, lorsqu'elles n'y sont pas soumises? — Assolement, trois ans; sans assolement, un an. — 3° De masures ou vergers seuls? — Un an. — 4° De prairies ou herbages seuls? — Un an. — 5° De bois taillis seuls? — Suivant l'aménagement. — 6° De maisons seules? — Un an. — 7° De maisons avec jardin? — Un an. — 8° De maisons avec masure ou verger? — Un an. — 9° De jardins seuls pour l'usage personnel du locataire? — Un an. — 10° De jardins exploités par l'industrie de jardinier maraîcher, fleuriste ou pépiniériste? — Un an. — 11° De bâtiments seuls ou parties de bâtiments, tels que granges, écuries, remises, greniers? — Un an.

§ II. = Époques d'entrée en jouissance.

71. Quelle est, à défaut de conventions, et d'après l'usage, l'époque d'entrée en jouissance des diverses

locations de biens ruraux énumérées dans la 70ᵉ question? — Saint-Michel pour terres, masures et corps de ferme ; Noël pour les jardins.

§ III. — Époques de payement des fermages.

72. Quelles sont les époques ou termes de payement consacrés par l'usage pour chacune des locations ci-dessus, soit que ces époques soient déterminées par la nature ou l'importance de la location, ou par sa durée, ou par le prix? — Pâques et Saint-Michel pour les fermes ; Noël et Saint-Jean-Baptiste pour les herbages, terres nues et jardins.

73. Y a-t il un usage qui exige que les fermages ou certains fermages se paient d'avance? — Non.

74. L'usage des *longs termes* existe-t-il ? — Non.

75. N'y a-t-il pas certaines locations pour lesquelles il est d'usage que la dernière année ou le dernier terme de fermage soit payé avant l'expiration du bail? — Pour les biens ruraux, le dernier semestre est exigible le jour de Saint-Jean (24 juin).

§ IV. — Délais à observer pour les congés.

76. Les délais à observer pour donner congé des locations des biens ruraux sont-ils déterminés par la nature ou l'importance des objets loués, ou par la durée de la location, ou par le prix? — Il n'y a pas lieu à congé pour les biens ruraux, la jouissance cesse de plein droit à l'expiration de chaque période de tacite reconduction.

§ V. — Tacite reconduction (Art. 1776 C. C.).

77. Quels sont les faits qui doivent, d'après l'usage, faire présumer que le fermier *reste et est laissé en pos-*

session, et que, par conséquent, il y a tacite reconduction? — Occupation et culture sans fraude, postérieures à l'expiration du bail.

78. Ces faits ne diffèrent-ils pas suivant la nature de chacune des diverses locations énumérées dans la 70ᵉ question ? — Néant, sauf que l'ensemencement du trèfle dans les avoines ne peut pas être considéré comme un fait entraînant la tacite reconduction.

79. Quels sont les labours, les ensemencements ou autres faits de culture qui font présumer la continuation de la jouissance après l'expiration du bail, soit contre le bailleur, soit contre le preneur? — Il n'y a pas d'usage fixe : on consulte les circonstances.

§ VI. — Entretien et réparations. — Obligations diverses du fermier.

80. Indépendamment des travaux d'entretien et de réparation que le fermier doit faire aux bâtiments d'habitation et à leurs accessoires, comme le locataire en est tenu dans les villes, le fermier est-il obligé de réparer et entretenir les aires de tous les bâtiments de service et d'exploitation, même dans les greniers? — Oui, mais le propriétaire fournit le palet.

81. Quelles réparations doit-il faire aux murailles des bâtiments en général? — Terrage et maçonnage à la hauteur d'un mètre.

82. N'y a-t-il pas une hauteur particulière pour les réparations à faire aux murailles des granges? — Non, c'est toujours un mètre.

83. Les aires planchéiées des granges doivent-elles être réparées par le fermier? — Oui, mais pour les réparations d'entretien seulement.

84. Le fermier est-il obligé d'entretenir et réparer les mangeoires, râteliers, porte-harnais, établis, lits

et autres ustensiles qui garnissent une écurie? — Oui.

85. Est-il obligé d'entretenir et réparer l'aire de l'écurie, même lorsqu'elle est pavée, soit en caillou soit en brique ? — Oui.

86. Quels sont les objets composant le mécanisme ou les ustensiles d'un pressoir qui doivent être entretenus et réparés par le fermier? — Tous indistinctement.

87. Quels sont, pour les fours, les objets que le fermier doit réparer et entretenir, soit quant au four en lui-même, soit quant à ses ustensiles? — Quant au four, l'aire ; quant aux ustensiles, ils appartiennent au fermier.

88. Le fermier est-il tenu de l'entretien ou de la réparation de toute espèce de couvertures des bâtiments, couvertures en paille, en ardoise, en tuile ou en zinc, ou de quelques-unes seulement de ces couvertures ? — Oui, pour la couverture en paille, mais il n'existe pas d'usage constant pour les autres espèces de couvertures.

89. Le fermier est-il toujours obligé d'entretenir et réparer les couvertures en paille, ou bien n'y est-il obligé que lorsque la ferme produit des pailles? — Il n'existe pas dans le canton Nord du Havre de ferme qui ne produise des pailles.

90. Même dans le cas où la ferme produit des pailles, cette obligation est-elle indéfinie, ou n'est-elle pas déterminée, soit par la quantité des terres formant l'exploitation, ou par le prix du bail, ou la quantité de paille récoltée? — L'obligation est indéfinie.

91. Indépendamment de l'entretien et de la réparation des couvertures, et même lorsque l'entretien et la réparation sont en entier à la charge du fermier, celui-

ci n'est-il pas également tenu, d'après l'usage, au renouvellement d'une certaine partie de la couverture des bâtiments? — Oui, pourvu que la ferme produise des pailles en quantité suffisante.

92. La quantité de couverture à renouveler par chaque année est-elle déterminée par la quantité de paille récoltée, ou bien est-elle d'une quantité fixe par chaque année, en proportion avec la totalité des couvertures, par exemple, d'un dixième, d'un douzième, d'un quinzième ou d'un dix-huitième ? — Cette quantité est d'un quinzième chaque année.

93. Lorsque le fermier n'est tenu qu'à l'emploi d'une certaine quantité de bottes de paille, les bottes doivent-elles avoir un poids ou une circonférence déterminés ? — Oui, quant au poids, qui est de 14 à 15 kilogrammes ; non quant à la circonférence, qui n'est pas déterminée.

94. Lorsque le fermier n'est tenu chaque année qu'à la confection d'une quantité déterminée de mètres de couverture, quelle quantité de bottes de paille, ayant un poids ou une grosseur déterminés, doit-il employer par chaque mètre de couverture pour que la couverture soit convenablement faite? — Deux bottes de 14 à 15 kilogrammes par chaque mètre.

95. Quelle épaisseur doit avoir une couverture en paille bien conditionnée ? — 33 centimètres au moins.

96. Le fermier, soit qu'il fasse des travaux de réparation ou de renouvellement, est-il tenu de la fourniture des accessoires, tels que le clou, les lattes ou gaulettes, la ronce, etc., qui sont nécessaires pour la couverture? — Oui, pour tout ce qui est l'accessoire de la couverture en paille.

97. Le fermier est-il obligé d'entretenir et réparer les barrières et palis, les échelles à couvrir, les mar-

ches des montées servant d'accès aux greniers, les per-
choirs ? — Le fermier n'est tenu d'entretenir et réparer
que les barreaux des échelles seulement.

98. Quelles sont les obligations du fermier relativement à l'entretien et à la réparation des clôtures, soit
en barrages en bois ou fil de fer, soit en haies vives et
spécialement en haies d'épine, soit en haies sèches ? —
De réparer les murs à l'intérieur à la hauteur d'un
mètre ; pour le surplus, néant.

99. Est-il tenu d'arracher les mauvaises plantes,
telles que chardons, orties, ronces, etc., dans les masures, herbages ou prairies ? — Oui, annuellement.

100. Quelles sont ses obligations relativement aux
arbres fruitiers ? Est-il tenu de la taille des arbres d'es-
palier ou autres dans les jardins ? — Oui. — Est-il tenu
de l'élagage des pommiers et autres arbres fruitiers
dans les masures et herbages ? — Non.

101. Est-il obligé de les sarfouir à certaines époques
périodiques ? — Oui, tous les trois ans.

102. Quand des pommiers, poiriers ou autres arbres
fruitiers viennent à périr, le fermier est-il obligé de les
remplacer ? — Non, parce qu'il ne profite pas des
arbres à remplacer.

103. Le fermier est-il obligé d'armer les entes dans
tous les cas, c'est-à-dire soit quand elles sont plantées
par lui, soit lorsqu'elles sont plantées par le propriétaire ? — Oui, dans tous les cas.

104. Est-il tenu de la réparation des chemins et
chaussées qui dépendent de la ferme ? — Oui, pour les
chemins et les chaussées.

105. Quelles sont les obligations du fermier en ce
qui concerne l'entretien et la réparation des parties de
rivières, canaux, rigoles, ponts et vannages qui dépendent de sa location ? — Ces obligations se réduisent,

dans le canton Nord du Havre, au curage des rigoles.

106. Toutes les réparations doivent-elles être faites pour le jour de l'expiration du bail, ou, au contraire, pour les réparations ou pour quelques-unes d'entre elles, le fermier a-t-il un délai après le jour de l'expirtion du bail? — Le fermier doit faire sans délai les réparations à sa charge ; le propriétaire a, de son côté, une année pour les exiger.

107. Le fermier est-il obligé par l'usage, de nourrir les ouvriers que le bailleur emploie sur la ferme? — Non.

108. Lorsque le fermier est obligé à certaines fournitures ou faisances par chaque année envers le bailleur, ces fournitures ou faisances s'arréragent-elles? En d'autres termes, lorsque les fournitures ou faisances n'ont pas été faites dans le cours de l'année pour laquelle elles sont dues, le bailleur peut-il les exiger en sucroît l'année suivante? — Oui, excepté pour les charrois.

109. Lorsque le fermier est obligé de faire des charrois pour le bailleur, celui-ci est-il obligé, par l'usage, de donner une gratification au charretier? — Non.

IX. — ALENÇON

ET LE DÉPARTEMENT DE L'ORNE.

USAGES LOCAUX.

(Extrait dû à la collaboration de M. Arnoul, membre de la Société, architecte du département.)

GLACES (Art. 525 C. C.).

A moins d'état des lieux indiquant que les glaces appartiennent aux locataires, elles sont réputées immeubles par destination, quel que soit leur mode d'attache.

BORNAGE (Art. 646 C. C.).

Les bornes sont le plus souvent de grosses pierres sous lesquelles on place des tuiles brisées ou des morceaux de pierre, en spécifiant, dans le procès-verbal de bornage, le nombre et la nature de ces fragments.

PRÉSOMPTION DE MITOYENNETÉ (Art. 653 C. C.).

Un mur est réputé mitoyen si le chaperon est à deux versants, si il y a des niches, généralement de dimensions restreintes, entourées de pierres de taille des deux côtés, ou des corbeaux.

La Coutume ajoute encore : s'il y a des armoires ou des fenêtres des deux côtés.

PIED D'AILE.

Le pied d'aile est, à Alençon, 0^m,33.

SOMMIERS, POUTRES, SOLIVES (Art. 657 C. C.).

La Coutume de Normandie dit (art. 611) que chacun des voisins peut s'aider et percer ledit mur, tout outre, pour asseoir poutres et sommiers, en bouchant les pertuis, y asseoir les courges et consoles des cheminées. Dans la pratique, on ne fait entrer les poutres et solives que jusqu'à l'axe du mur au maximum.

ENFONCEMENTS DANS LE MUR MITOYEN, TUYAUX DE CHEMINÉE (Art. 662 C. C.).

On peut pratiquer, dans un mur mitoyen, des armoires, des âtres et des tuyaux de cheminée, jusqu'au tiers de l'épaisseur du mur mitoyen.

HAUTEUR DE CLÔTURE (Art. 663 C. C.).

A Tinchebrai seulement, il est d'usage de donner aux clôtures une hauteur de 2^m,33, y compris le chaperon.

DISTANCES RÉSERVÉES POUR LES PLANTATIONS ENTRE HÉRITAGES (Art. 671 C. C.).

Plusieurs cantons du département se conforment encore aux dispositions des art. 5, 6 et 10 de l'arrêt du Parlement de Normandie du 14 août 1751, lesquels articles fixent, pour les arbres à haute tige, une distance de sept pieds du fonds voisin et, pour les haies, une distance de un pied et demi.

DE LA DISTANCE ET DES OUVRAGES INTERMÉDIAIRES REQUIS POUR CERTAINES CONSTRUCTIONS NUISIBLES (Art. 674 C. C.).

Voir extraits de la *Coutume de Normandie* (art. 612, 614 et 615), tome I, Ire partie, art. 674 C. C., p. 243.

CONGÉS (Art. 1736 C. C.).

L'usage est de se prévenir, à Carrouges et à Sées,

trois mois pour les locations d'un an et six mois pour les autres; à Argentan, nn an pour les hôtels et maisons importantes; six mois pour les maisons ayant caves et greniers, et trois mois pour celles qui en sont dépourvues; un an pour les fermes et six mois pour les prairies; à Vimoutiers et dans l'arrondissement de Domfront, trois mois pour les locations de peu d'importance et six mois pour les autres.

RÉPARATIONS LOCATIVES, TANT DES MAISONS QUE DES FERMES (Art. 1754 C. C.).

A Alençon seulement, en plus de la nomenclature des réparations portées à l'art. 1754 du Code civil, le locataire est tenu, à sa sortie, de faire blanchir les plafonds à l'eau de chaux, à moins que le bail ne porte que ce travail n'a pas été fait, lors de son entrée en jouissance.

A Tinchebrai, le fermier doit réparer à ses frais les couvertures en chaume, en tant que les pailles de sa récolte peuvent y suffire.

X. = ANGERS

ET PARTIE DU DÉPARTEMENT DE MAINE-ET-LOIRE.

USAGES LOCAUX.

(Extrait dû à la collaboration de M. A. Demoget, membre de la Société, architecte de la ville d'Angers.)

BORNAGE (Art. 646 C. C.).

Les bornes sont toujours accompagnées de témoins consistant en deux ou plusieurs briques ou débris de poterie.

POUTRES, SOLIVES (Art. 637 C. C.) ET TUYAUX DE CHE-MINÉES (Art. 662 C. C.).

Les poutres, les solives et les tuyaux de cheminées se logent dans l'épaisseur du mur mitoyen qui doit être de 0^m,60.

CONGÉS (Art. 1736 C. C.).

Pour donner congé, on doit, dans la ville d'Angers, prévenir trois mois d'avance sur la rive droite de la Maine et six mois sur la rive gauche.

XI. — QUIMPER

ET LE DÉPARTEMENT DU FINISTÈRE.

USAGES LOCAUX.

(Extrait dû à la collaboration de M. Bigot, architecte des édifices diocésains.)

GLACES (Art. 525 C. C.).

Les glaces encadrées dans les boiseries sont généralement considérées comme immeubles; seules, celles
fixées par des pattes, sont considérées comme meubles.

BORNAGE (Art. 646 C. C.).

Dans certains cantons, le bornage se fait à l'aide de
deux pierres que l'on place en forme de T.

PRÉSOMPTION DE MITOYENNETÉ (Art. 653 C. C.).

Lorsqu'il existe, d'un seul côté d'un mur, des trous
carrés de $0^m,33$ de côté sur $0^m,20$ de profondeur, le
mur appartient au propriétaire du côté duquel se
voient ces trous.

PIED D'AILE.

Le pied d'aile comprend $0^m,33$ de largeur de chaque
côté.

DROIT DE SURCHARGE (Art. 658 C. C.).

L'indemnité pour la surcharge est fixée au sixième
de la valeur de l'exhaussement, mais en prenant pour

base d'appréciation la valeur de l'ancien mur portant charge.

ÉVALUATION DU MUR A ACQUÉRIR (Art. 661 C. C.).

Le remboursement de la valeur de la mitoyenneté est dû suivant le prix établi à l'époque de l'acquisition, c'est-à-dire suivant la valeur du mur au moment où l'on demande à acquérir la mitoyenneté.

HAUTEUR DE CLÔTURE (Art. 663 C. C.).

L'usage est de donner à la clôture entre bâtiments, cours ou jardins, une hauteur de 2ᵐ,66 en élévation plus 1ᵐ,00 de profondeur en fondation.

DISTANCE A RÉSERVER ENTRE UN FOSSÉ ET L'HÉRITAGE VOISIN (Art. 667 C. C.).

Cette distance est de un pied et demi (0ᵐ,82).

CONGÉS (Art. 1736 C. C.).

L'usage est de donner congé six mois à l'avance.

XII. — NANTES

ET PARTIE DE L'ANCIENNE PROVINCE DE BRETAGNE (1).

USAGES LOCAUX.

Extrait dû à la Société des Architectes de Nantes.

GLACES (Art. 525 C. C.).
Les glaces sont considérées comme immeubles par destination seulement lorsque le parquet sur lequel elles sont attachées fait corps avec la boiserie.

BORNAGE (Art. 646 C. C.).
De chaque côté des bornes (pierres enfoncées d'un bout en terre) et au-dessous de ces bornes, sont placés des témoins consistant en morceaux de briques ou de pierres que l'on réunit pour attester le bornage.
Si les propriétés sont séparées par des fossés en terre, on plante des plants d'aubépine sur la ligne séparative.

PRÉSOMPTION DE MITOYENNETÉ (Art. 653 C. C.).
Les fenêtres et ouvertures pratiquées dans un mur ont toujours été regardées en Bretagne comme des marques certaines de mitoyenneté dès qu'on les voyait des deux côtés ; ordinairement, le fond de ces ouvertures est fait d'une pierre formant cloison et placée de champ dans l'axe du mur.

(1) Voir SIBILLE, *Usages locaux et règlements du département de la Loire-Inférieure,* Paris, Nantes, 1861.

PIED D'AILE.

Le pied d'aile, de rigueur à Nantes, est de 0ᵐ,33 de chaque côté.

OBLIGATION DE RECONSTRUIRE LE MUR PENDANT OU COR-
ROMPU (Art. 655 C. C.).

Murailles et pans de bois ou terrasses qui ne sont droits ; mais sont pendants, ventrus ou contreplombés, doivent être redressés aux dépens de ceux à qui ils appartiennent (*Usement de Nantes,* art. xv).

ÉVALUATION DU MUR A ACQUÉRIR (Art. 661 C. C.).

La valeur de la mitoyenneté à acquérir est prise au moment de l'acquisition.

TUYAUX DE CHEMINÉES DANS L'ÉPAISSEUR DES MURS MI-
TOYENS (Art. 662 C. C.).

Il existe à Nantes un usage particulier, mais profon-
dément enraciné : c'est celui d'encastrer les cheminées des deux côtés dans le mur mitoyen. On construit alors un mur de 0ᵐ,88 d'épaisseur, savoir : de chaque côté de l'axe du mur, 0ᵐ,11 de contrefeu, 0ᵐ,22 de tuyau et 0ᵐ,11 de briquage.

HAUTEUR DE CLÔTURE (Art. 663 C. C.).

Tous murs sont communs entre voisins jusques à neuf pieds ; c'est assavoir deux pieds en terre et sept pieds au-dessus (*Usement de Nantes,* art. VI).

DE LA DISTANCE ET DES OUVRAGES INTERMÉDIAIRES REQUIS POUR CERTAINES CONSTRUCTIONS NUISIBLES (Art. 674 C. C.).

(*Usement de Nantes,* art. XX, XXI et XXIV). — Voir tome I, Iʳᵉ partie, art. 674, p. 242.

II   72

OUVERTURES DANS UN MUR SÉPARATIF NON MITOYEN
(Art. 676 C. C.).

Celui qui veut faire vue sur l'héritage d'autrui la
doit faire à sept pieds et demi haut de terre ou de
plancher où il les fait et doit tenir celles vues fermées
à barreaux de fer et vairres dormants et non ouvrant.
(*Usement de Nantes*, art. III).

CONGÉS (Art. 1736 et suiv. C. C.).

Si, dans un bail écrit, les contractants stipulent que
le bail sera de trois, six ou neuf ans, sans autre stipulation, le locataire seul a droit de donner congé.

Quand le bail est sans écrit, le bail finit de plein
droit à la fin de la première année, sans qu'il soit
besoin de donner congé ; mais si, après cette première
année, le preneur est laissé en possession des lieux, le
bail se prolonge indéfiniment et ne prend fin que s'il
y a congé donné.

Tout congé doit être signifié, à Nantes, trois mois
avant la Saint-Jean, sans aucune distinction. La notification du congé doit être faite le 24 mars au plus
tard, ou la veille de ce jour, si le 24 mars est jour
férié.

XIII. — LA ROCHELLE

USAGES LOCAUX.

(Extrait dû à la collaboration de M. Massiou, architecte de la ville de La Rochelle.)

GLACES (Art. 525 C. C.).

Les glaces ne sont considérées comme immeubles par destination que si elles sont encastrées dans un trumeau en menuiserie.

OBLIGATION DE RECONSTRUIRE UN PAN DE BOIS MITOYEN (Art. 655 C. C.).

Une séparation en pan de bois ne pouvant recevoir de tuyaux de cheminées, même accolés, doit être refaite en maçonnerie à frais communs et sur la demande motivée de l'un des intéressés.

PIED D'AILE (Art. 653 C. C.).

Le pied d'aile, de rigueur, est de 0^m,30.

DROIT DE SURCHARGE (Art. 658 C. C.).

L'indemnité de surcharge est du sixième de la dépense que nécessiterait la construction d'un mur plein de 0^m,50 d'épaisseur et quelle que soit la nature des matériaux employés (cloisons en briques ou en bois exceptées).

RÉGION DU CENTRE.

XIV. — ORLÉANS

USAGES LOCAUX.

(Extrait dû à la collaboration de M. W. Cloüet, architecte du département du Loiret.)

GLACES (Art. 525 C. C.).

Sont seules immeubles les glaces incrustées dans des parquets se reliant à la décoration, et la Coutume d'Orléans dit, au sujet des glaces : ustensiles d'hostels qui se peuvent transporter sans fraction et détérioration sont réputés meubles ; mais s'ils tiennent à fer et à clou ou sont scellés en plâtre ou chaux et ne peuvent être transportés sans fraction ou détérioration, ils sont réputés immeubles (Voir un intéressant commentaire de Pothier à ce sujet).

BORNAGE (Art. 646 C. C.).

Un usage assez répandu est de graver, sur la tête des bornes, des lignes indiquant les directions des limites des propriétés.

PRÉSOMPTION DE MITOYENNETÉ (Art. 653 C. C.).

La présence des corbeaux ou pierres encastrées dans le mur et faisant saillie indique la mitoyenneté, et, d'après la Coutume, si ces corbeaux ou pierres sont accamusés par dessus, la mitoyenneté est jusqu'aux corbeaux ou pierres; s'ils sont accamusés par dessous, cela démontre la mitoyenneté de tout le mur. D'après Pothier, on reconnaît encore la mitoyenneté à la présence de jambages de cheminée, lanciers et autres pierres assises en murailles et faisant saillie; et aussi bées et ouvertures de cheminée démontrent, du côté où ces choses sont assises, que le mur est commun.

Pied d'aile.

Le pied d'aile est de rigueur, mais seulement pour les tuyaux de cheminée adossés, sa largeur est de 0",33, et elle est prise parallèlement aux arêtes des tuyaux, ceux-ci fussent-ils inclinés.

Obligation de reconstruire le mur pendant ou corrompu (Art. 655 C. C.).

La Coutume d'Orléans dit : murailles qui ne sont droites et pendent en danger de ruine se doivent redresser et faire aux dépens de ceux à qui appartiennent lesdites murailles.

Pan de bois.

L'usage local est que si le pan de bois est en bon état, l'un des deux co-propriétaires ne peut forcer l'autre à la reconstruction, parce qu'il y a présomption de destination de père de famille; mais, si le pan de bois est en mauvais état, il doit être remplacé par un mur de 0",50 d'épaisseur.

Poutres, solives (Art. 657 C. C.).

La Coutume dit : En mur mitoyen et commun, chacune des parties peut percer tout outre ledit mur pour y asseoir des poutres et solives et autres bois en rebou-

chant le pertuis, sauf à l'endroit des cheminées où
l'on ne peut mettre aucun bois. Mais l'usage veut
qu'on ne scelle plus dans un mur mitoyen toutes les
parties des solives d'un plancher et que l'on n'y scelle
que les poutres, les solives boiteuses et les corbeaux.
Exception cependant est faite pour les planchers en
fer dont les écartements des solives sont assez considérables pour ne pas nuire à la solidité du mur.

DROIT DE SURCHARGE (Art. 658 C. C.).

L'usage est de payer l'indemnité de surcharge à
raison du sixième de la valeur du cube surchargeant,
celui-ci estimé en maçonnerie de moellon hourdé en
mortier de chaux grasse et sable de Loire.

HAUTEUR DE CLÔTURE (Art. 663 C. C.).

Voir extrait de la *Coutume d'Orléans* (art. 236), tome I,
Iʳᵉ partie, art. 663 C. C., p. 217.

Aujourd'hui on fait les murs de clôture en moellon
et mortier de chaux et sable de 0,40 ou 0ᵐ,45 d'épaisseur, et de 2ᵐ,30 de hauteur au-dessus du sol le plus
élevé.

PAS DE CHEVAL (Art. 667 C. C.).

Dans quelques parties de l'ancienne province d'Or-
léanais, une distance de 0ᵐ,50 entre le fossé servant de
clôture et l'héritage du voisin est conservée sous le
nom de *sabotée*.

DISTANCES RÉSERVÉES POUR LES PLANTATIONS ENTRE
HÉRITAGES (Art. 671 C. C.).

Voir extrait de la *Coutume d'Orléans* (art. 269) tome I,
Iʳᵉ partie, art. 671 C. C., p. 227.

Aujourd'hui cependant, on observe la distance de

deux mètres pour les arbres à haute tige et celle de
0ᵐ,50 pour les autres arbres et les haies. Il n'est fait
exception dans les vignobles que pour les noyers.

DE LA DISTANCE ET DES OUVRAGES INTERMÉDIAIRES REQUIS
POUR CERTAINES CONSTRUCTIONS NUISIBLES (Art. 674 C. C.).

Voir extraits de la *Coutume d'Orléans* (art. 233, 243,
246 et 248), tome I, Iʳᵉ partie, art. 674 C. C., p. 244.

CONGÉS (Art. 1736 C. C.).

Pour les garnis loués au mois, l'usage est de donner congé huit jours avant le terme.

Pour les biens de faubourgs produisant fruits et
loués à bail pour trois, six ou neuf années, c'est six
mois avant l'échéance de la période, celle-ci datant
ordinairement des 1ᵉʳ mai et 1ᵉʳ novembre.

Quant aux maisons de villes, les termes sont les
24 juin et 24 décembre, et les locations ne se font que
pour trois, six ou neuf années; le congé doit en être
donné, pour les deux premières périodes, six mois
avant leur échéance.

XV. — VERSAILLES

USAGES LOCAUX.

(Extrait dû au Conseil des Architectes du département de Seine-et-Oise.)

GLACES (Art. 525 C. C.).

Toute glace, posée sur une cheminée ou sur un mur qui lui fait face, et avec cadre semblable, paraît devoir être immeuble, sauf preuve du contraire par un titre.

PRÉSOMPTION DE MITOYENNETÉ (Art. 653 C. C.).

Aux marques habituelles, le Conseil des Architectes de Versailles ajoute, comme signe suffisant de mitoyenneté, une tablette horizontale avec saillie et larmier des deux côtés.

PIED D'AILE.

La largeur du pied d'aile doit être de 0^m,30 ; mais il n'est pas d'usage de le réclamer lorsqu'il s'agit des murs perpendiculaires.

DROIT DE SURCHARGE (Art. 658 C. C.).

Cette indemnité est ordinairement fixée au sixième du prix de la construction faite en surélévation.

OUVERTURES DANS UN MUR SÉPARATIF (Art. 676 C. C.).

Ces ouvertures doivent être garnies de barreaux espacés de 0^m,15 d'axe en axe et d'un grillage à mailles de 0^m,05 d'écartement.

Congés (Art. 1736 C. C.).

A Versailles, les termes de locations sont les 1er janvier, 1er avril, etc., et les délais à observer entre la date des congés et celle des sorties sont ainsi fixés : 1° Pour les lieux autres que les boutiques et les maisons entières dont le prix est au-dessous de deux cents francs, il sera observé un délai de six semaines, les congés seront donnés les 14 novembre, 14 février, etc., et les clés seront remises le 8 à midi ; 2° pour les locations de deux cents francs et au-dessus, autres que les boutiques et les maisons entières, le délai sera de trois mois, les congés seront donnés fin décembre, fin mars, etc., les clés seront remises le 8 à midi pour les locations au-dessous de quatre cents francs et le 15 à midi pour celles au-dessus de ce prix ; 3° pour les boutiques et les maisons ou corps de logis entiers, le délai sera de six mois, les clés seront remises le 15 à midi. Enfin, pour les jardins avec pavillons ne servant pas d'habitation, les marais, les pépinières avec ou sans habitation, le délai est de six mois, mais le congé ne peut être donné que pour le 1er janvier. Dans ce dernier cas, les locataires auront encore trois mois pour enlever leurs produits ; néanmoins, ils devront livrer chaque portion de terrain au fur et à mesure qu'elle sera libre.

Réparations locatives (Art. 1754 C. C.).

A Versailles, on ajoute aux réparations locatives les plus habituelles l'entretien de l'encaustiquage et le frottage des appartements qui ont été livrés cirés et frottés.

XVI. — CLERMONT-FERRAND

USAGES LOCAUX.

(Extrait dû à la collaboration de M. A. Mallay, membre de la Société, Architecte du département du Puy-de-Dôme.)

BORNAGE (Art. 646 C. C.).

Les propriétés sont bornées par des pierres, quelquefois taillées, le plus souvent brutes; ces pierres sont entourées de témoins, posés à la base dans la partie enterrée et mentionnés au procès-verbal de bornage.

PIED D'AILE (Art. 653 C. C.).

Le pied d'aile est de $0^m,33$ de largeur de chaque côté des gaînes de cheminées adossées.

DROIT DE SURCHARGE (Art. 658 C. C.).

L'indemnité de surcharge est variable et son règlement se fait à dire d'experts.

HAUTEUR DE CLÔTURE (Art. 663 C. C.).

A Clermont, la hauteur des murs de clôture entre cours ou jardins est de $2^m,666$; dans plusieurs parties du département, cette hauteur n'est que de $2^m,50$, 2 mètres et même $1^m,67$.

DISTANCES RÉSERVÉES POUR LES PLANTATIONS ENTRE HÉRITAGES (Art. 671 C. C.).

Ces distances varient suivant les cantons et suivant

les essences d'arbres, entre trois et deux mètres, sauf pour les noyers qui sont plantés de six à quatre mètres du fonds voisin.

Une haie vive doit être plantée à 0^m,30 de la ligne séparative, une haie sèche peut la toucher.

OUVERTURES DANS UN MUR SÉPARATIF (Art. 676 C. C.).

Ces ouvertures doivent être garnies de barreaux droits de 0^m,16 d'écartement et d'un treillis en fil de fer dont les mailles ont 0^m,03 sur 0^m,02.

CONGÉS (Art. 1736 C. C.).

Pour un bail d'une durée de trois, six ou neuf an-années, on doit donner congé six mois avant la fin de chaque période.

XVII. — TROYES

ET LE DÉPARTEMENT DE L'AUBE.

USAGES LOCAUX.

(Extrait dû à la Société des architectes du département de l'Aube et à M. Dormoy, membre de la Société, architecte de la ville de Bar-sur-Aube).

GLACES (Art. 525 C. C.).

Les glaces ne sont considérées comme immeubles par destination que lorsqu'elles sont encadrées dans la menuiserie et que leur parquet fait partie intégrante de cette menuiserie.

PRÉSOMPTION DE MITOYENNETÉ (Art. 653 C. C.).

Il y a marque de mitoyenneté pour un mur, lorsque la couverture ou chaperon du mur est à deux pentes ou lorsque des bois de construction sont encastrés dans le mur de l'un et de l'autre côté; pour un pan de bois, lorsque les pièces principales du pan de bois font saillie sur l'une et l'autre face.

PIED D'AILE.

Le pied d'aile, de rigueur pour les tuyaux adossés, est de $0^m,32$.

OBLIGATION DE RECONSTRUIRE UN MUR CONDAMNABLE (Art. 655 C. C).

Suivant les usages locaux, une séparation en pan de

bois n'est pas condamnable et peut être réparée ou même remplacée par une autre de même nature; mais ce mode de construction tend à disparaître et les murs mitoyens neufs sont établis en moellons de 0ᵐ,50 d'épaisseur ou en briques de 0ᵐ,22 ou 0ᵐ,35 suivant les circonstances.

DROIT DE SURCHARGE (Art. 658 C. C.).

L'indemnité de surcharge est calculée dans la proportion du sixième au dixième de la valeur de la partie en exhaussement.

ÉVALUATION DU MUR A ACQUÉRIR (Art. 661 C. C.).

La valeur de la mitoyenneté à acquérir est prise au moment de son acquisition et eu égard à l'état de vétusté du mur.

HAUTEUR DE CLÔTURE (Art. 663 C. C.).

Pour la hauteur de clôture, elle est réglée par le Code et la partie en fondation a généralement de 0ᵐ,50 à 1ᵐ,00 de profondeur.

DISTANCES RÉSERVÉES POUR LES PLANTATIONS ENTRE HÉRITAGES (Art. 671 C. C.).

Dans le premier canton de Troyes, les arbres à haute tige ne peuvent être plantés qu'à la distance de cinq pieds (un mètre soixante-quatre centimètres) de la ligne séparative des deux héritages, et les arbres à basse tige à dix-huit pouces (quarante-neuf centimètres).

Dans les autres cantons de Troyes, la distance pour les arbres à haute tige est de un mètre soixante-six centimètres et, pour ceux à basse tige, de cinquante centimètres.

Congés (Art. 1736 C. C.).

Dans le premier canton de Troyes, l'usage veut que les congés soient signifiés, savoir : six semaines pour une simple chambre, trois mois pour une portion de maison dont le loyer n'excède pas trois cents francs, et six mois lorsqu'il s'agit d'un appartement ou partie de maison d'un loyer supérieur à trois cents francs, ou d'une maison entière bourgeoise ou marchande.

Dans les trois cantons, on suit la maxime : *Bail verbal, bail annal*, et même, dans les deuxième et troisième cantons, l'usage dispense de donner congé pour les loyers annuels.

En outre, pour les congés, les délais ne doivent prendre date utile et courir que des termes de Pâques, Saint-Jean-Baptiste, Saint-Rémi, et Noël, époques généralement admises à Troyes pour la location des maisons.

A Bar-sur-Aube, le congé, de part ou d'autre, doit être donné trois mois à l'avance.

XVIII. — METZ

ET LE PAYS MESSIN.

USAGES LOCAUX.

(Extrait dû à la collaboration de M. A. Demoget, membre de la Société, ancien architecte de la ville de Metz.)

PIED D'AILE (Art. 653 C. C.).
Le pied d'aile, de 0ᵐ,30, est de rigueur.

OUVERTURES DANS LE MUR MITOYEN. OBLIGATION DE RÉ-
CONSTRUIRE UN MUR CONDAMNABLE (Art. 655 C. C.).

« Muraille mitoyenne peut être creusée jusqu'à la moitié de son épaisseur, pour y dresser tuyau de cheminée, armoire ou autres commodités, moyennant que le voisin n'ait au même endroit creusé de son côté. » (*Coutume de Metz*, titre XIII, art. 8).

« Si murs, parois ou autres séparations menacent ruine, les propriétaires comparsonniers peuvent être contraints à les refaire pour leurs parts et portions ; si ce n'est que la ruine soit avenue par le défaut de l'un d'eux ; ne peut toutefois le voisin être contraint de contribuer pour hausser le mur mitoyen, s'il ne veut ne faire de rehaussement. » (*Coutume de Metz*, titre XIII, art. 14). .

DROIT DE SURCHARGE (Art. 658 C. C.).

L'indemnité de surcharge est égale au sixième du prix de la surcharge et remboursable en cas d'acquisition de mitoyenneté ultérieurement.

CONGÉS (Art. 1736).

A Metz, on loue à l'année et, pour les congés, on prévient six mois à l'avance par simple lettre suivie d'accusé de réception.

XIX. — STRASBOURG

ET BANLIEUE DE CETTE VILLE.

USAGES LOCAUX.

(Extrait dû à la collaboration de M. Ch. Morin, membre honoraire de la Société, ancien architecte du département du Bas-Rhin).

CONGÉS (Art. 1736 C. C.).

La location d'une maison ou d'un appartement non meublé, lorsqu'il n'y a pas de bail écrit, est censée faite par trimestres lesquels commencent les 25 mars, 24 juin, 29 septembre et 25 décembre.

Les délais de dénonciation varient d'après le loyer annuel, savoir : six semaines pour un loyer qui n'excède pas quatre cents francs; trois mois pour un loyer compris entre quatre cents francs et mille francs, et six mois pour un loyer au-dessus de mille francs.

La dénonciation doit être faite la veille du délai fixé.

Les délais sont doubles, lorsqu'il s'agit de magasins, ateliers à feu, débits et professions débitant directement sur la rue avec enseigne; néanmoins, les petits débits ou cabarets dont le débitant achète par petites parties ce qu'il vend, ne comptent pas dans cette dernière catégorie.

Les caves louées séparément des logements et servant de magasins de vins ou autres marchandises, et les greniers loués séparément comme magasins, ont aussi un délai double.

II   73

La durée du bail d'un appartement meublé est, sauf convention écrite, d'un mois et la dénonciation doit être faite quinze jours à l'avance.

RÉPARATIONS LOCATIVES (Art. 1754 C. C.).

Le ramonage des coffres de cheminées est supporté par le propriétaire; le motif de cet usage est qu'un même coffre reçoit presque toujours un certain nombre de tuyaux de poêle (mode ordinaire de chauffage) provenant de divers locataires.

Le nettoyage des poêles et de leurs tuyaux incombe aux locataires.

XX. — BESANÇON

ET LE DÉPARTEMENT DU DOUBS.

USAGES LOCAUX.

(Extrait dû à la Société des Architectes du département du Doubs).

GLACES (Art. 525 C. C.).

A Besançon, tout objet scellé au mur ou encadré dans une boiserie est considéré comme immeuble, à moins de conventions écrites contraires.

BORNAGE (Art. 646 C. C.).

On place ordinairement, sous chaque borne séparative, une tuile que l'on casse en trois morceaux. Le point de rencontre des trois fragments indique la limite précise des propriétés.

PRÉSOMPTION DE MITOYENNETÉ (Art. 653 C. C.).

Au-dessus de la hauteur de 2^m,80, le droit de mitoyenneté est dessiné par des corbeaux en pierre établis suivant un règlement contenu dans les anciennes ordonnances de la Cité.

PIED D'AILE.

A Besançon, on ne compte pas de pied d'aile.

DROIT DE SURCHARGE (Art. 658 C. C.).

On paie toujours une indemnité de surcharge estimée

en moyenne au sixième de la valeur du mur construit en surélévation.

POUTRELLES ET TUYAUX DE CHEMINÉES DANS L'ÉPAISSEUR DES MURS MITOYENS (Art. 662 C. C.).

Le droit de percer les murs mitoyens n'existe pas, sauf dans une certaine limite, pour les tuyaux de cheminées et pour les encastrements de poutrelles, ces derniers n'occupant pas plus de la demi-épaisseur du mur.

ÉPAISSEUR DU MUR MITOYEN (Art. 663 C. C.).

A Besançon, le mur mitoyen doit dans tous les cas voir 0^m,60 d'épaisseur au-dessus des fondations.

RÉGION DU SUD-OUEST.

XXI. — BORDEAUX.

ET PARTIE DE L'ANCIENNE PROVINCE DE GUIENNE.

USAGES LOCAUX.

(Extrait dû à la Société des Architectes de Bordeaux.) (1).

GLACES (Art. 525 C. C.).

Les glaces incorporées à la construction par un lambris ou un encadrement qu'il faudrait briser pour les en sortir sont considérées comme immeubles : s'il en existe d'autres appartenant au fonds, l'usage est d'en faire mention explicite et détaillée dans le bail.

BORNAGE (Art. 646 C. C.).

Dans les campagnes, on emploie généralement des bornes sans formes précises, ayant environ 0^m,80 de longueur et faisant, sur le sol, une saillie de 0^m,16 environ. Sur le dessus de ces bornes, on grave profondément une ligne, indiquant la direction de la ligne séparative.

Quand la borne est posée sur un angle, on y repro-

(1) Voir *Coutumes du ressort du Parlement de Guienne,* 2 in-4°, Bordeaux, Labottière frères, 1768.

duit. au moyen de gravures, la direction des côtés de
l'angle.

PRÉSOMPTION DE MITOYENNETÉ (Art. 653 C. C.).

On lit dans les *anciens Statuts de Bordeaux*, titre des
Maçonneries, art. XXXV, XXXVI, XL, et XLI.

« Que toutes murailles qui seront trouvées près
d'aucunes places, vuides d'un côté et que de l'autre il
y eût bâtiment, en forme de corbeaux ou corbellages,
affigez lorsque ladite muraille aurait été faite, sans y
être ajoutez depuis, clandestinement et par surprise;
si lesdits corbeaux regardent le visage en sus, dénotent
à icelui qui aurait la place vuide, qu'il se pourra aider
de ladite muraille et bâtir sans pouvoir être empêché
comme y ayant droit et étant ladite muraille commune;
et si le corbeau regardait le visage en bas, cela dénote,
au contraire, que ledit voisin n'a aucune part en droit
à ladite muraille.

« Aussi, en cas semblable, quand du côté où est
ladite place, y a éguier ou autre signe dénotant communauté affigé d'ancienneté et non clandestinement,
au dedans une muraille, pour cela est signifié que
celui à qui est ladite place se peut aider de ladite
muraille.

« Aussi, pour garder la possession de celui qui
aurait fait faire ladite muraille, et pour dénoter que
icelle muraille lui compète et appartient, sera tenu de
faire deux petites fenêtres orbes (bouchées) en quarré,
l'une de l'un bout d'icelle muraille et l'autre de l'autre;
au dedans chacune desquelles fenêtres y sera mis et
affigé un corbeau de pierre qui regardera en bas; et
seront mis lesdits corbeaux du côté de celui qui n'aura
rien de ladite muraille, lesquels corbeaux ne passeront
plus outre que la ligne de ladite muraille; et si lesdits

corbeaux sortaient un pied, ou demi, plus que la ligne de ladite muraille, celui qui aurait fait faire ladite muraille pourra alléguer y avoir endrome ou demi-endrome.

« Et quand il conviendra fermer aucuns jardins, de bois ou de *taulat* (planches), si le voisin de celui qui ferme, ne veut contribuer pour faire ladite fermeure ou clôture, celui qui voudra fermer sondit jardin, faire le pourra, à ses dépens ; et ès tables qui seront mises pour fermer ledit jardin, quand le clou sera mis et battu du côté de son voisin, cela dénotera que ledit voisin n'a aucun droit à ladite clôture et taulat ; et qu'il ne s'en pourra aider ni affiger aucune chose dessus, en façon que ce soit. »

PIED D'AILE.

Le pied d'aile est de rigueur pour les cheminées et dosserets ; sa largeur est de 0ᵐ,325. Il n'est pas d'usage pour les murs de refend.

PAN DE BOIS (Art. 655 C. C.).

Il existe encore quelques séparations en pans de bois fort anciens, notamment à La Réole. On ne les détruit que par suite de vétusté ; mais on les remplace alors par des murs en pierre, ayant l'épaisseur habituelle à chaque localité et faits à frais communs.

POUTRES, SOLIVES (Art. 657 C. C.).

Les *Statuts de Bordeaux* portent, art. xxv, xxvi et xxvii :

« Quand aucune muraille sera commune, les parties se pourront aider de ladite muraille, pour affiger ca=dènes (poutres), corbeaux et choses semblables.

« Et quant aux soliveaux passans, les pourront

affiger aux galetas seulement, sans porter préjudice à
ladite muraille.

« Et audit cas qu'aucun voulût poser, asseoir et
mettre aucune cadène (poutre), manteau de cheminée
ou autres pièces de bois. en et au dedans aucune muraille commune, ne le pourra faire entièrement en
et au dedans icelle muraille commune; ains, s'en faudra la quarte partie d'icelle franche, aussi que ladite
muraille eût deux pieds d'épaisseur; et là où ladite
muraille n'aurait d'épaisseur qu'un pied et demi, s'en
faudra l'épaisseur d'une brique, pour l'inconvénient
du feu qui en pourrait advenir. »

L'arrêté municipal du 5 mai 1865 n'admet, pour
Bordeaux, de murs mitoyens qu'à 0^m,56 d'épaisseur et
n'a, par conséquent, pas à se préoccuper des pièces
de bois dans des murs plus faibles.

Cet arrêté porte, art. XXIV :

« Dans tout mur de 0^m,56 d'épaisseur, la portée
des soliveaux d'un plancher ne peut avoir lieu que sur
une face. On placera, du côté opposé, un ligneul ou
des solives d'enchevêtrure pour les recevoir, afin de
ne pas trancher le mur. »

DROIT DE SURCHARGE (Art. 658 C. C.).

L'indemnité de surcharge se règle du sixième au
dixième de la valeur de la partie en surhaussement;
mais n'est pas toujours réclamée.

TUYAUX DE CHEMINÉES DANS L'ÉPAISSEUR DES MURS MI-
TOYENS (Art. 662 C. C.).

D'après l'art. XXVIII des *Statuts :*

« Quand l'une desdites parties aura aucunes cheminées dedans une muraille commune, si l'autre
partie veut bâtir et édifier cheminées et éguiers contre

les cheminées et éguiers de son voisin premièrement édifiés, faire ne le pourra ne affaiblir ladite muraille anciennement faite ; mais sera tenu de les mettre en un autre endroit et lieu commode, sans porter dom= mage à son voisin. »

Et l'art. xxix ajoute qu'il est interdit de surprendre et enfoncer aucune muraille commune, en faisant en icelle cheminées et éguiers, si ce n'est jusques à la tierce partie de ladite muraille...

HAUTEUR DE CLOTURE (Art. 663 C. C.).

Par *transaction*, on réduit quelquefois le mur de clôture à six ou sept pieds (2^m,00 ou 2^m,33) au-dessus du sol le plus élevé.

PAS DE CHEVAL (Art. 667 C. C.).

Cette dénomination de pas de cheval n'est pas usitée, mais si l'un des voisins veut en outre du mur, de la haie ou de la barrière séparative, ajouter un fossé, il doit laisser, sur son terrain, entre la clôture existante et la berge du fossé, un espace vide de 0^{m}50.

CONGÉS (Art. 1736 C. C.).

Lorsque le congé est amiable, il consiste en la men- tion, inscrite sur le dernier reçu, que le locataire devra quitter le local loué, à l'expiration du dernier terme duquel il reçoit quittance (le loyer se paie habituelle= ment d'avance).

RÉPARATIONS LOCATIVES (Art. 1754 C. C.).

Une tendance assez marquée se produit, à Bordeaux, pour mettre à la charge des locataires la réparation des appareils de gaz, des eaux et des sonneries élec- triques.

XXII. — PAU.

ET LE DÉPARTEMENT DES BASSES-PYRÉNÉES.

USAGES LOCAUX.

(Extrait dû à la collaboration de M. G. Lévy, architecte du département des Basses-Pyrénées.)

BORNAGE (Art. 646 C. C.).

Quelquefois, à Pau et dans les environs de cette ville, des pierres faisant saillie sur le parement extérieur d'un mur, indiquent la propriété d'une parcelle de terre en dehors de la partie construite.

PIED D'AILE (Art. 653 C. C.).

Le pied d'aile n'est pas de rigueur pour les cheminées adossées et les murs perpendiculaires.

OBLIGATION DE RECONSTRUIRE UN MUR CONDAMNABLE (Art. 655 C. C.).

Un règlement municipal interdisant les séparations des maisons en pan de bois, elles doivent être refaites en maçonnerie ordinaire du pays (galets et libages en grès micacé), de 0^m,50 d'épaisseur et à frais communs.

DROIT DE SURCHARGE (Art. 658 C. C.).

Il est d'usage de payer une indemnité de surcharge qui se règle arbitrairement à dire d'experts.

TUYAUX DE CHÉMINÉES DANS L'ÉPAISSEUR DES MURS MI-
TOYENS (Art. 662 C. C.).

A Pau, les tuyaux de cheminées sont généralement
engagés dans les murs mitoyens.

CONGÉS (Art. 1736 C. C.).

L'usage est, à Pau, de donner congé trois mois à
l'avance.

RÉGION DU SUD-EST.

XXIII. — LYON.

ET LE DÉPARTEMENT DU RHÔNE.

USAGES LOCAUX.

(Extrait dû à la Société académique d'architecture de Lyon) (1).

GLACES (Art. 525 C. C.).

On n'admet, comme immeubles par destination, que les glaces scellées au mur ou formant panneau dans la boiserie.

BORNAGE (Art. 646 C. C.).

Le bornage des champs a lieu par bornes fichées en terre et accotées de pierres dites témoins. Dans les bois, il a lieu par troncs dits pieds corniers.

PIED D'AILE (Art. 653 C. C.).

L'usage du pied d'aile existait à Lyon ; à la suite d'une décision prise par la Société d'architecture, il a été abandonné.

(1) Voir plus loin, p. 1154 et suiv., les *Coutumes du bâtiment* rédigées par la Société académique d'architecture de Lyon.

Solives (Art. 657 C. C.).

On ne peut mettre en prise toutes les solives d'un plancher, mais seulement une sur trois ou environ, lorsqu'elles sont distantes de $0^m,30$ à $0^m,40$.

État des lieux (Art. 1731 C. C.).

L'état des lieux est établi aux frais du propriétaire qui en bénéficie.

Congés (Art. 1736 C. C.).

On avertit trois mois d'avance, quand le bail est par semestre, comme c'est l'usage à Lyon, et six semaines, si il est par trimestre.

COUTUMES DU BATIMENT

RÉDIGÉES

PAR LA SOCIÉTÉ ACADÉMIQUE D'ARCHITECTURE DE LYON (1).

(Commission du contentieux).

I. Construction du pilier mitoyen. — II. Estimation d'un mur
séparatif. — III. Construction d'un mur séparatif avec sols
inégaux. — IV. Invétison pour les murs de clôture. — V. Des
limites de la clôture obligatoire. — VI. Travaux préservatifs
pour la construction des fosses contre le mur mitoyen. —
VII. Construction des tuyaux de latrines. — VIII. Travaux
préservatifs pour écuries, étables, etc. — IX. Vide à laisser
entre les foyers, fours, fourneaux et les murs mitoyens. —
X. Des encastrements dans les murs mitoyens. — XI. De la
contribution aux réparations des murs mitoyens. — XII. De
cette même contribution dans certains cas exceptionnels.

Art. 1er. — *La construction du pilier en pierres de
taille, formant la tête d'un mur mitoyen sur la voie publique, doit toujours être combinée dans l'intérêt des deux
propriétaires.*

*L'adoption des moyens à employer, suivant les divers
cas qui se présentent, doit être soumise à la décision
d'experts amiablement choisis ou nommés par la justice.*

Commentaire. — Deux maisons étant contiguës, l'une
d'elles devant être démolie et reconstruite, quelles
sont les règles à suivre pour le placement de la jambe

(1) Lyon, imp. L. Perrin, in-8°, MDCCCLXVIII. — Voir plus
haut, p. 1152.

étrière, dans l'intérêt des deux propriétaires, en dis=
tinguant les cas suivants?

« 1° Lorsque les deux maisons sont sur le même
alignement et que cet alignement est maintenu;

« 2° Lorsque la maison à reconstruire est frappée
d'un reculement qui ne dépasse pas un mètre à partir
de la tête du mur de face;

« 3° Lorsque le reculement s'étend au delà d'un
mètre. »

Avant de répondre à ces diverses questions, la Com=
mission pose en principe que la jambe étrière doit
toujours être placée dans l'intérêt commum, sans se
préoccuper des voies et des moyens.

Sur la première question. — Lorsque les deux maisons sont placées sur le même alignement et que cet
alignement doit être maintenu, la voirie ne peut
exercer aucune action contre le propriétaire voisin du
constructeur; le débat se réduit donc à une action
purement civile d'un propriétaire contre l'autre, et doit
se régler selon les lois et usages établis en pareil cas.

Lorsque la tête du mur mitoyen est mauvaise, sa
réparation ou reconstruction, s'il y a lieu, doit être,
conformément à l'article 655 du Code civil, exécutée à
frais communs; et, dans ce cas, on pose un pilier
double portant de chaque côté les saillies qu'il convient aux propriétaires d'y établir; la partie seule for=
mant l'épaisseur du mur mitoyen doit être payée de
compte à demi.

Lorsque la tête du mur mitoyen est bien construite
et en bons matériaux, le propriétaire voisin n'a nul intérêt à ce qu'il y soit fait aucun changement; le constructeur seul peut, dans l'intérêt de la décoration de
sa façade, désirer y faire quelque pénétration; alors il
doit, préalablement, se faire autoriser, soit par un

règlement amiable fait par des gens de l'art, soit judiciairement. Dans ce cas, les experts doivent combiner les pénétrations à faire avec l'appareil du pilier existant, de manière à ne porter aucune atteinte à la solidité de ce dernier, et le propriétaire constructeur doit être astreint à modifier ou supprimer sa décoration et y suppléer par des applications de plâtre ou de ciment plutôt que d'être autorisé, même à ses périls et risques, à faire aucun travail qui soit de nature à nuire à la solidité de la maison voisine. Dans tous les cas, la Commission repousse unanimement la prétention de certains propriétaires d'avoir le droit de pousser leurs travaux jusqu'à la limite de leur terrain, soit à l'axe du mur mitoyen, ce droit n'étant justifié par aucune loi ni aucun usage écrit.

Il pourrait arriver que la maison voisine n'ayant qu'un ou deux étages, la tête du mur fût d'une solidité suffisante pour cette maison, mais qu'elle dût être reconstruite pour supporter la charge d'une construction beaucoup plus élevée que le constructeur aurait le projet d'édifier.

Dans ce cas, le propriétaire constructeur doit être autorisé, toujours à ses périls et risques, à remplacer la tête du mur par un pilier double en pierres de taille, et les experts constatent le coût de ce changement, afin que, le cas échéant où le propriétaire voisin viendrait à son tour exhausser sa maison, on pût lui répéter le remboursement de la moitié de la somme dépensée pour le changement du pilier mitoyen.

Sur la seconde question. — Lorsque la maison à reconstruire est frappée de reculement, la question se complique et prend beaucoup de gravité. La tête du mur appelée à rester en saillie sur la voie publique cesse d'être mitoyenne par l'abandon du terrain sur lequel elle repose; le propriétaire qui construit n'a donc plus aucun droit et doit placer sa jambe étrière en retraite, avec d'autant plus de ménagement que, s'il endommage la partie en dehors de l'alignement, il ne peut pas la réparer, les règlements de Voirie interdisant formellement toute consolidation dans la partie *retranchable*. Il y a donc lieu à examiner toutes les circonstances qui peuvent se présenter en pareil cas, et invoquer les moyens à prendre pour établir le bâtiment à construire dans les conditions voulues de solidité, sans compromettre la maison qui doit rester en saillie sur la voie publique.

1° Si la tête du mur mitoyen est en mauvais état, ou que, par la disposition des ouvertures du rez-de-chaussée, la maison ne puisse rester debout lorsqu'elle sera privée de l'appui de la maison qui doit être démolie, le propriétaire constructeur doit faire constater ce fait et être exonéré de toute recherche de la part du propriétaire voisin, qui doit subir les conséquences du mauvais état de sa maison;

2° Si la tête du mur mitoyen est bien construite.

Deux cas se présentent. Lorsque le reculement n'excède pas un mètre environ, à partir du parement extérieur du mur de face et lorsqu'il s'étend au delà, c'est-à-dire lorsque la tête d'un mur mitoyen est bien construite, et se compose d'assises en pierres de taille s'étendant à un mètre environ dans le mur; si la jambe étrière doit être placée contre ces assises, le mode à employer ne peut être le même que si elle se pose au delà et dans la maçonnerie.

Dans le premier cas, le constructeur ne doit que s'appliquer contre cette tête de mur, et, s'il lui convenait d'y faire quelque pénétration, il ne le pourrait qu'avec l'autorisation d'experts nommés amiablement ou par voie de justice, qui en régleraient les conditions et sous aucun prétexte ne devraient autoriser des travaux de nature à compromettre la tête du mur, même aux périls et risques du constructeur, qui a intérêt à faire reculer la maison voisine et serait dans l'impossibilité de réparer le mal qu'il aurait fait.

Dans le second cas, si la jambe étrière se trouve placée devant une partie de mur en maçonnerie, les experts décideront, suivant l'état de la construction, si les règles de l'art exigent que le mur soit percé à jour et qu'une nouvelle tête en pierres de taille, se reliant à l'intérieur avec le mur mitoyen, soit établie par le constructeur, dans la hauteur du rez-de-chaussée, en se bornant, pour les étages supérieurs, à faire pénétrer quelques lancis à mi-mur. Par ce moyen, la partie en saillie sur la voie publique reste isolée et détachée de la nouvelle façade; elle n'éprouve aucun des tiraillements que l'adjonction d'une construction neuve fait toujours subir à une ancienne maison; et, lorsque le propriétaire veut à son tour se placer sur l'alignement, il n'éprouve aucune difficulté, le travail fait dans le mur mitoyen étant préparé pour recevoir la nouvelle façade.

Toutefois, la Commission constate en principe que, dans chaque construction, il peut se présenter des conditions différentes qui doivent modifier les moyens à employer pour concilier les intérêts des propriétaires avec les lois de voisinage et les règles de la bonne construction; que le silence du Code civil sur cette question ne peut être interprété autrement. Le législateur a sagement pensé que la nature des matériaux, qui varie dans chaque localité, leur appareil, qui doit varier également à chaque construction, n'ont pas permis d'établir une règle fixe, qui serait

tantôt insuffisante, tantôt trop rigoureuse ; il a considéré les décisions de cette nature comme des questions qui devaient être examinées et résolues par des
gens de l'art, et il serait imprudent aujourd'hui d'apporter des entraves à cette liberté d'action, qui, sous
le prétexte de simplifier les difficultés, viendraient
peut-être les compliquer et faire naître des abus dont
les conséquences seraient plus graves que ne peut
l'être l'hésitation qui résulte quelquefois de l'état
actuel des choses.

ART. 2 — *Lorsqu'un expert estime la valeur d'un mur
séparatif, dont on veut acquérir la mitoyenneté, il doit
l'apprécier à sa valeur réelle, en tenant compte des
pierres d'angle dites* ENCHANTS, *ainsi que des allèges et
liaisons reliant la maçonnerie.*

COMMENTAIRE. — Un propriétaire faisant élever sur
son terrain un mur séparatif appelé à devenir mitoyen,
doit le faire construire suivant les règles de l'art et
avec les matériaux nécessaires pour en assurer la solidité.

Lorsque le propriétaire voisin veut en acquérir la
mitoyenneté, il doit la moitié de la valeur du mur,
sans pouvoir opposer que, pour son usage, un mur
d'une valeur inférieure serait suffisant.

Supposons d'abord que le premier propriétaire,
faisant construire le mur séparatif, soit qu'il n'ait eu
besoin que d'une simple clôture, soit qu'il n'ait eu à
y appuyer que des bâtiments de peu d'importance,
ait, par économie, donné à son mur en fondation une
épaisseur et des matériaux insuffisants pour supporter
un bâtiment d'une certaine élévation.

Le propriétaire voisin, qui a l'intention de con-

struire une maison, refusera de payer la mitoyenneté
d'un mur trop légèrement construit, exigera sa démolition, et le fera reconstruire à ses frais, s'en réservant la propriété pour réclamer plus tard la mitoyenneté lorsque son voisin voudra remplacer ses bâtiments par d'autres plus importants.

Le premier propriétaire a donc mal opéré en construisant un mur insuffisant, puisqu'il n'a pu se faire
rembourser la mitoyenneté; qu'il a dû supporter tous
les inconvénients d'une reconstruction ; qu'il doit plus
tard acquérir la mitoyenneté du mur reconstruit.

Admettons maintenant que le premier propriétaire
ait construit son mur séparatif dans toutes les conditions voulues de solidité, on ne pourra disconvenir
qu'il n'ait agi sagement et que toutes les éventualités
ne doivent tourner en sa faveur. Il ne pouvait pré-
voir quelle serait la nature de la construction que,
plus tard, on élèverait contre son mur, et partant
quelles seraient les exigences du propriétaire voisin,
prudemment il s'est mis en mesure de répondre à toute
espèce de prétentions, laissant à des experts le soin
de fixer la valeur de son mur en cas d'acquisition de la
mitoyenneté. Sur ce point, la Commission est d'avis :

Que, s'il s'agit d'une simple clôture, la mitoyenneté
soit évaluée conformément aux dispositions qui vont
être indiquées dans l'article suivant;

Et que, s'il s'agit d'un bâtiment, quelle qu'en soit
l'importance, l'acquéreur doit payer la moitié de la
valeur du mur avec tous les matériaux qu'il comporte, tels que : liaisons et allèges, pierres d'angle, etc.,
et toute la profondeur et épaisseur des fondations.
Toutefois, l'appréciation des pierres de taille devra
se rapporter, non pas à leur valeur réelle, mais à la
valeur utile au mur mitoyen.

Quant au remboursement de la moitié de la valeur des pierres d'angle, il ne doit être effectué que lorsque la façade à construire est sur le même alignement que celle déjà construite.

Le premier constructeur, par le seul fait qu'il est isolé, est obligé de faire l'angle de sa maison en pierres de taille; le second n'en est dispensé que parce qu'il trouve un appui tout préparé; il est donc juste qu'il en tienne compte à son vendeur, qui a évidemment droit au remboursement de la moitié d'une dépense faite dans l'intérêt commun.

Il n'en serait pas de même si l'acquéreur ne plaçait pas sa façade sur le même alignement que celle de son vendeur : s'il avançait sa façade au delà de celle de son voisin, il serait tenu lui-même, vu son isolement, de faire un angle en pierres de taille. Dans ce cas, ne profitant pas de celui établi par le premier constructeur, il ne peut être obligé de lui en tenir compte.

Et si, au lieu d'avancer, il se tenait en retraite, n'acquérant pas la mitoyenneté de la partie du mur où les angles sont placés, il ne peut être appelé à y contribuer.

L'objection que l'enchant ne relie pas la maison nouvelle ne saurait être admise; le droit d'y pratiquer des prises étant acquis au propriétaire constructeur.

ART. 3. — *Tout mur mitoyen séparant deux bâtiments doit être fondé au solide, avoir une épaisseur de 80 centimètres depuis le sol des fondations jusqu'au niveau de la voie publique et 50 centimètres au-dessus.*

Tout mur mitoyen ne servant que de clôture doit être fondé à un mètre en contre-bas du sol naturel, avec 60 centimètres d'épaisseur jusqu'à la recoupe, et 50 centimètres au-dessus.

Il doit comporter la hauteur légale au-dessus du sol le plus élevé.

COMMENTAIRE. — Les dimensions qui viennent d'être indiquées sont plus que suffisantes pour la presque totalité des constructions, et l'usage les a consacrées d'une manière générale.

Néanmoins, on rencontre quelquefois des natures de terrain tellement mouvantes et compressibles, que les moyens ordinaires sont insuffisants pour asseoir avec sécurité les fondations d'un bâtiment ; il devient alors nécessaire ou d'élargir la base des fondations ou de les établir sur pilotis.

Dans ces cas exceptionnels, des experts amiablement ou judiciairement nommés décrivent le mode de construction à employer, et chaque propriétaire doit fournir sa moitié, soit du terrain, soit des matériaux jugés utiles pour l'exécution des travaux ordonnés par les experts.

A l'égard des murs de clôture plusieurs cas se présentent.

La voie publique est souvent en contre=haut ou en contre-bas du sol naturel, même de plusieurs mètres ; c'est le cas de faire l'application de la répartition adoptée pour la contribution à la clôture lorsque les sols sont inégaux.

Nous avons dit que les fondations des murs de clôture devaient être établies à un mètre en contre-bas du terrain naturel, et nous avons indiqué la hauteur légale obligatoire à partir de la recoupe.

Or, que la voie publique soit élevée ou abaissée dans son rapport avec le sol naturel, si l'un des deux propriétaires veut se raccorder avec ce nivellement, le mur séparatif est appelé à soutenir les terres ; il y a donc nécessité qu'il soit fondé et construit dans les conditions suffisantes pour servir à cette destination.

Quelle sera maintenant la contribution de chaque propriétaire?

Si la voie publique est plus élevée que le sol primitif, le mur séparatif devra soutenir les remblais du propriétaire qui voudra s'élever à ce niveau et qui alors sera tenu de supporter seul tout l'excédant du prix d'un mur de clôture ordinaire. Dans ce cas, il doit prendre l'initiative, le faire construire suivant les dimensions exigées pour mur de soutènement; et le propriétaire voisin viendra ensuite y contribuer suivant les dimensions indiquées pour clôture.

Si, au contraire, la voie publique est en contre-bas du terrain naturel, l'excédant pour le mur de soutènement devra être payé par celui qui exécute des déblais pour se mettre au niveau de la voie publique.

Il enlève à son voisin un point d'appui naturel qui lui était acquis, il doit donc le remplacer par un mur capable de soutenir son terrain et qui comporte les dimensions nécessaires; le voisin ne sera tenu d'y contribuer que suivant les dimensions d'un simple mur de clôture.

Dans l'un et l'autre cas, si le propriétaire qui n'a contribué que pour simple clôture voulait élever ou abaisser son terrain pour le mettre en rapport avec la voie publique ou encore appuyer un bâtiment contre le mur, il devrait tenir compte au propriétaire voisin de la moitié de la valeur dudit mur, déduction faite de la somme primitivement payée pour clôture.

Art. 4. — *Dans les villes où la clôture est obligatoire, l'axe des murs mitoyens doit être sur la ligne séparative.*

Hors des villes où la clôture est facultative un mur sé-

*paratif doit être juxtaposé sur la limite des deux pro-
priétés ou distant d'un mètre pour le tour de l'échelle.*

COMMENTAIRE. — Nous avons déterminé dans le chapitre précédent toutes les dimensions en épaisseur et
profondeur à donner aux murs mitoyens, soit qu'on
veuille les destiner à porter des bâtiments, soit qu'on
n'en fasse que des murs de clôture. Quant à leur plantation, elle est naturellement fixée par la ligne sépa-.
rative qui doit passer dans l'axe du mur à construire.

L'obligation pour chaque propriétaire de contribuer
immédiatement à la clôture suffit pour interdire la
construction d'un mur séparatif entièrement sur le
terrain du propriétaire constructeur ; le voisin est ensuite obligé d'acquérir non-seulement la mitoyenneté
du mur, mais encore la moitié du terrain sur lequel il
repose, ce qui complique inutilement les règlements de
mitoyenneté ; tandis que lorsqu'un propriétaire a fourni
une part égale de terrain, il ne reste plus que le mur
à évaluer, ce qui peut avoir lieu, même sans expert,
sur la simple production des comptes.

A l'égard des murs de clôture dans les campagnes,
où la clôture n'est pas obligatoire, nous avons dit qu'ils
doivent être ou juxtaposés sur la limite ou distants
d'un mètre.

Lorsqu'un propriétaire fait clore son terrain par des
murs, il doit les placer de manière à ce que les voisins
puissent en acquérir la mitoyenneté, ou, s'il veut leur
interdire cette faculté, se tenir à la distance du tour
d'échelle pour pouvoir l'entretenir et le réparer sans
passer sur le terrain de son voisin.

Il existe dans diverses localités nombre d'usages tout
différents pour les invétisons en dehors des murs
de clôture ; les uns laissent 10 centimètres, représen-

tant la saillie des tuiles du chaperon; les autres 34 centimètres, d'autres 50 centimètres, et nulle part ces
usages ne sont écrits; ils se transmettent de génération en génération, en consultant toujours les praticiens les plus expérimentés. Jusqu'à ce jour l'application de ces coutumes n'a pu se faire autrement.

C'est dans le but de faire cesser toutes ces divergences
d'opinions que nous avons posé une règle fixe, basée
sur l'intérêt réciproque des deux propriétaires.

Supposons, par exemple, qu'un propriétaire ait
construit son mur en laissant une invétison de 10, de
30 ou même de 50 centimètres, son mur ainsi construit
ne joignant plus sans moyens l'héritage voisin, il peut
se refuser à vendre sa mitoyenneté, et si l'autre propriétaire veut se clore et profiter de tout son terrain,
il s'établira sur la limite, et il en résultera une ruelle
ou plutôt un espace entre les deux murs où un homme
ne pourra pas pénétrer, qui deviendra un cloaque;
ajoutez à cela l'impossibilité d'entretenir et de réparer
les deux murs sur leurs parements extérieurs.

Un tel inconvénient est plus que suffisant pour con-
damner un pareil système, qui nuit aux deux propriétaires et n'a d'autre résultat que de les constituer
en double dépense pour la clôture et de faire naître
entre eux des difficultés de toute sorte.

En résumé, tous ces usages n'ont plus leur raison
d'être, s'ils en ont jamais eu, et il suffit, pour s'en
convaincre, d'examiner quelle est l'utilité d'une clôture pour une propriété.

Lorsqu'un propriétaire veut se clore, il est de son
intérêt de placer son mur sur la limite, afin de pouvoir, au besoin, céder la mitoyenneté à son voisin, ce
qui le fait rentrer dans la moitié de sa dépense, tout en
conservant les avantages de la clôture.

Mais si ce propriétaire veut absolument posséder le mur à lui seul, il est rationnel qu'il reste seul chargé de son entretien ; c'est pour ce motif qu'il doit laisser le tour d'échelle dont la largeur est d'un mètre.

Qu'arrivera-t-il si le propriétaire voisin veut aussi se clore ? Il se mettra sur sa limite, et pour entretenir le parement extérieur de son mur, il viendra demander le passage par le tour d'échelle qui est en entier sur la propriété voisine.

Le propriétaire de cette invétison se trouve par le fait grevé d'une servitude par l'obligation où il s'est placé de permettre le passage à son voisin pour les réparations de son mur ; mais il serait d'autant moins fondé à s'en plaindre que ce passage temporaire ne peut lui causer aucun préjudice ; qu'il est du reste la conséquence forcée d'un état de choses qu'il a créé lui-même et enfin, qu'il a toujours le droit de démolir son mur, d'acheter la mitoyenneté de celui construit par son voisin et de rentrer ainsi dans le droit commun relatif à tout mur de clôture mitoyen entre deux propriétés.

ART. 5. — *Dans les villes, la clôture est obligatoire pour toutes les propriétés renfermées dans les limites de l'octroi.*

Hors de ces limites, la clôture est facultative.

COMMENTAIRE. — L'article 663 du Code civil impose l'obligation de se clore à tous les propriétaires possédant un immeuble dans les villes et faubourgs.

Cette délimitation qui n'est autre que celle de l'article 206 de la Coutume de Paris, a été conservée lors de la promulgation du Code civil, les circonscriptions administratives n'ayant pas subi à cette époque les changements qui existent aujourd'hui et qui permettent, par la précision de leur tracé, de lever toute équivoque.

La dénomination de *villes et faubourgs* est, en effet, tellement vague, que des difficultés sans nombre devaient surgir lorsqu'il s'agissait de propriétés à l'extrémité des faubourgs, pouvant être indistinctement classées en dehors ou en dedans de la limite. Aussi, pour prévenir ces difficultés, des bornes ont été placées en vertu des déclarations du Roi des 18 juillet 1724, 29 janvier 1726, 17 mars et 18 septembre 1728, afin de déterminer exactement la limite de Paris et de ses faubourgs ; un état de ces bornes a été dressé indiquant les rues et les maisons où avait été placée chaque borne.

Le texte de la Coutume était applicable dans toute la France, mais la délimitation, par des bornes, n'existait qu'à Paris.

Aujourd'hui, les faubourgs eux-mêmes, agglomérés à la ville, n'existent plus, le texte de la loi seul subsiste encore avec l'impossibilité d'en faire une application quelconque.

Il y a donc nécessité absolue d'adopter une limite qui rentre dans l'esprit de la loi et satisfasse aux exigences du nouvel état de choses.

Or, la clôture n'a été rendue obligatoire que comme mesure de sûreté générale dans tous les centres de populations assez nombreuses pour que la police doive y exercer sa surveillance. Toutes ces villes ou communes ont des octrois décrivant une ligne de ceinture par des chemins publics et formant une zone en dedans de laquelle toutes les propriétés doivent être assujetties à la clôture, et celles en dehors affranchies de cette obligation.

Le principe étant admis que, dans toutes les villes où il existe un octroi, la clôture est exigible, on doit comprendre dans cette catégorie :

1° Tous les chefs-lieux de département ;

2° Tous les chefs-lieux d'arrondissement ;

3° Toutes les agglomérations délimitées par des boulevards, fossés, remparts ou fortifications.

En ce qui concerne l'agglomération lyonnaise, les limites de l'octroi étant tracées d'une manière très précise, toutes les propriétés incluses doivent être assujetties à la clôture, et comme la population excède cinquante mille âmes, la hauteur légale des murs doit être, suivant l'article C63 du Code civil, de trente-deux décimètres.

ART. 6. — *Les contre-murs exigés dans l'ancienne Coutume pour les fosses d'aisance ne sont plus obligatoires; il suffit d'un enduit en ciment appliqué suivant les règles de l'art.*

COMMENTAIRE. — Il y a trente ans au plus que la composition et l'application des ciments a pris les proportions d'une industrie, et les résultats obtenus jusqu'à ce jour justifient pleinement le développement donné à cette partie de nos travaux.

Avant cette époque, les constructeurs employaient, pour prévenir les infiltrations des fosses, les moyens dont ils disposaient ; ils plaçaient à 33 centimètres (un pied) du parement du mur mitoyen, une cloison en planches, dans toute l'étendue de la fosse, et jetaient derrière un béton venant se lier avec celui formant l'aire de la fosse : ce système ayant réussi à préserver le mur contigu de la pénétration des matières, fut généralement adopté et fut ensuite consacré par l'ar-

ticle 191 de la Coutume de Paris. De très longs détails
sur ce genre de construction ont été donnés par les
commentateurs de la Coutume. Leurs ouvrages datent
d'un siècle, et comme, pendant cette période de temps
il s'est fait peu de constructions, les praticiens se sont
renfermés dans les prescriptions de ces commentaires
qui, en définitive, remplissaient le but de la loi,
puisqu'elles indiquaient les moyens les plus sûrs de
rendre les fosses imperméables.

De nos jours, la loi est toujours la même ; un propriétaire peut établir une fosse contre un mur mitoyen,
à la condition expresse qu'il la construira de telle façon que la matière ne puisse pénétrer au travers du
mur ni causer aucune incommodité à la propriété
voisine. Mais on parvient au même but par l'exécution des travaux d'une autre nature. Nous entrerons
dans quelques détails pour établir une règle à suivre
dans ce nouveau genre de construction.

Les fosses d'aisance étant toujours placées en contre-bas du sol, les murs mitoyens doivent comporter,
dans cette partie, une épaisseur de quatre-vingts centimètres, ce qui forme une recoupe de 15 centimètres
sur chaque propriété; elles sont couvertes par des
voûtes en maçonnerie comportant un orifice fermé
par un tampon pour la vidange.

Les règlements administratifs de la Voirie im-
posent à chaque propriétaire l'obligation d'établir
dans le fond des fosses une aire en béton recouverte
par un carrelage au ciment, et d'enduire les parois et
la voûte d'une forte couche de ciment; ces travaux
sont surveillés par des inspecteurs, afin de s'assurer
de leur bonne exécution.

On ne comprendrait pas qu'un propriétaire qui s'est
conformé à toutes ces dispositions, et dont la fosse ne

donne lieu à aucune infiltration ni à aucune incommodité pour la maison du voisin, puisse être recherché par ce dernier, sous le prétexte que le contre-mur
prescrit par les anciens usages n'existe pas.

La Commission est donc d'avis qu'un constructeur
qui a établi la fosse suivant les conditions imposées
par les règlements de Voirie, ne peut être contraint
par un propriétaire voisin à faire plus, lorsque celui-ci
ne peut justifier d'aucun inconvénient.

Reste le cas où, nonobstant l'exécution de ces travaux, des infiltrations ou de l'odeur viendraient à se
manifester. La jurisprudence est fixée sur ce point, et
le propriétaire de la fosse doit, sans avoir égard aux
usages, faire les travaux nécessaires pour faire cesser
l'incommodité, fût-il obligé de supprimer sa fosse et
de la transporter dans une autre partie de sa propriété.

ART. 7. — *Les tuyaux de latrines doivent être isolés
de trois centimètres au moins du mur mitoyen, sauf la
prise des colliers. Le parement du mur devra être recouvert d'un enduit en ciment sur une largeur de soixante
centimètres en face du tuyau.*

COMMENTAIRE. — Dans nos constructions modernes,
les tuyaux de latrines sont ordinairement en poterie
et juxtaposés contre le mur mitoyen, recouverts d'une
enveloppe en rocaille liée avec du ciment et souvent
avec du mortier; et le plus ordinairement cette enveloppe n'entoure pas le tuyau et se fixe à droite et à
gauche, contre le parement du mur mitoyen.

Il est facile de comprendre tout ce que ce système
comporte de vicieux, en examinant en détail ce genre
de construction.

Le tuyau étant appliqué contre le mur, le garnissage au ciment des joints vient se boucler sur la tangente et y laisse un vide qui livre passage aux infiltrations et à l'odeur. Ce défaut est immédiatement caché sous l'enveloppe en rocaille qui vient se fixer de chaque côté du mur mitoyen ; dès lors, impossibilité de vérifier le travail, et on ne s'aperçoit de ce vice d'exécution qu'après un certain laps de temps, lorsque la matière et l'odeur sont parvenues à se faire jour à travers le mur mitoyen qui, bien qu'on fasse ensuite les réparations avec tous les soins possibles et qu'on parvienne à faire cesser tous les inconvénients, n'en reste pas moins, et pour toujours, imprégné de salpêtre.

Le but que nous devons nous proposer est d'indiquer, d'une manière claire et précise, un système de construction qui préserve le mur mitoyen de toute pénétration, afin qu'en cas de rupture du tuyau, ou de tout autre accident, les inconvénients se manifestent seulement dans la maison où sont les tuyaux, et puissent se réparer sans être obligé de pénétrer dans la maison voisine :

Or, le seul moyen réellement préservatif est l'isolement du tuyau, moyen indiqué par Desgodet, à l'article 191 de la Coutume de Paris, dont nous rapportons le texte :

« Il doit y avoir un espace de trois pouces de vide
« entre le dehors de la chemise de la chausse et le
« mur mitoyen, aussi dans toute la largeur et hauteur
« ce que l'on nomme *isolement;* le mur mitoyen doit
« être bien enduit vis-à-vis la chausse, et l'isolement
« doit être tout ouvert et apparent par le devant et
« non fermé d'une languette, afin que l'on puisse
« s'apercevoir s'il arrivait des suintiers à la chausse
« par le côté de l'isolement.

« Ainsi jugé à la seconde chambre des enquêtes, le 27 avril 1648. »

Ce mode de construction présentait tous les avantages d'un résultat certain, il a été confirmé par un jugement ; tous les auteurs qui ont successivement traité de la Coutume après Desgodet ont maintenu ces dispositions, et on ne s'explique pas qu'il soit tombé en désuétude pour être remplacé par un genre de construction où la moindre négligence produit de graves inconvénients et fait naître des procès entre propriétaires.

Il n'y a donc rien de plus logique que de rentrer dans les conditions de l'ancien usage, l'isolement du tuyau, ce que la Commission propose, en modifiant quelques détails de construction pour se mettre en rapport avec les matériaux qu'on emploie aujourd'hui et les changements qui en ont été la conséquence :

1° Au-devant du tuyau, il sera établi dans chaque plancher une enchevêtrure d'une largeur et d'une saillie suffisante pour que le siège repose en entier dessus et soit isolé des pièces de bois du plancher ;

2° Le mur derrière le tuyau sera enduit en ciment dans toute la hauteur du bâtiment depuis la base jusqu'au sommet, sur soixante centimètres de largeur ;

3°·Le tuyau sera fixé par des colliers en fer scellés dans le mur mitoyen, les joints seront garnis par des bourrelets en ciment, et ils seront ensuite investis par une enveloppe en rocaille, montée au ciment et de quatre centimètres d'épaisseur ;

4° Le tuyau ainsi investi devra comporter un isolement de trois centimètres entre sa paroi extérieure et la face du mur mitoyen ;

·5° Enfin, l'enchevêtrure sera bouchée par une voûte, en briques bâtie au ciment.

Une colonne construite dans ces conditions serait évidemment, sauf le cas d'un choc imprévu, à l'abri de toute rupture; ce cas échéant, la filtration se manifesterait immé*.*atement sur la colonne elle-même, et la réparation pourrait s'exécuter sans faire d'autres dégâts que ceux nécessaires au remplacement du tuyau cassé et sans causer aucun dommage à la maison voisine.

ART. 8. — *Tout propriétaire qui veut établir contre un mur mitoyen des écuries, des étables, ou entreposer du fumier ou toute autre matière corrosive, ou encore y placer des rigoles pour l'écoulement des eaux, doit préalablement faire enduire son mur d'une forte couche de ciment, de deux centimètres d'épaisseur et d'un mètre au moins de hauteur.*

Cette hauteur sera augmentée si la nature ou le volume des objets adossés contre le mur l'exigent.

COMMENTAIRE. — Ayant admis qu'un enduit en ciment est suffisant, et même ayant reconnu qu'il est le moyen le plus efficace pour préserver les murs mitoyens des infiltrations des fosses d'aisance, il ne serait pas logique d'exiger plus pour l'adossement des crèches, rigoles ou entrepôts de matières corrosives.

L'article 188 de la Coutume de Paris exige, dans ces différents cas, un contre-mur de huit pouces; or, l'expérience a prouvé qu'un contre-mur aussi faible, construit avec les mêmes matériaux que le mur, ne fait qu'en augmenter l'épaisseur sans empêcher l'infiltration, qui traverse d'abord le contre-mur puis ensuite le mur mitoyen.

On gagne du temps, mais on n'atteint pas le but

qu'on s'était proposé : la préservation abolue pour le mur mitoyen de toute pénétration par l'humidité, tandis que le résultat d'un enduit en ciment est assuré.

La hauteur d'un mètre à partir du sol est suffisante pour tous les travaux ordinairement appuyés contre les murs mitoyens.

Pour les rigoles conduisant les eaux pluviales et ménagères des maisons d'habitation par les cours et allées jusque sur la voie publique, il est évident que cet écoulement continuel d'eau souvent corrompue, contre des murs privés d'air et de soleil, engendre une humidité constante qui, avec le temps, imprègne la maçonnerie, la désagrège et rend inhabitables les locaux contigus.

Alors le propriétaire voisin intente un procès et il obtient la réfection en sous-œuvre du mur salpétré et l'application d'un enduit en ciment au-dessus de la rigole.

Il est donc rationnel que cet enduit en ciment d'un mètre de hauteur soit exigible immédiatement pour tout propriétaire faisant placer une rigole contre un mur mitoyen et que la rigole soit posée à bain de ciment. Cette mesure est toute dans son intérêt; il prévient le mal par une légère dépense, au lieu de le laisser se produire, s'aggraver et d'être entraîné ensuite à des réparations dispendieuses et à des difficultés avec ses voisins.

Pour les écuries et les étables, la Coutume exige le contre-mur de huit pouces, depuis le pavé jusque sous les mangeoires. L'enduit en ciment, à un mètre de hauteur, est incontestablement préférable, et préserverait mieux de l'humidité, s'il devait s'en produire. Or, en examinant attentivement la disposition du pavé des écuries, on reconnaîtra aisément que les murs mitoyens contre lesquels sont appuyés les mangeoires et les râteliers ne peuvent être altérés par l'humidité, le ruisseau qui dirige les eaux dans la fosse à purin étant toujours placé derrière la croupe des animaux, et ne pouvant en aucun cas se déverser contre le mur mitoyen ; un enduit en ciment d'un mètre de hauteur est donc surabondamment préservatif de toute humidité, et on ne peut rien exiger de plus d'un propriétaire.

Dans les cours contiguës aux écuries sont toujours des amas de fumier placés dans des fosses ou adossés contre les murs. Lorsque ces murs sont mitoyens, il est indispensable de faire enduire en ciment toutes les parties du mur contre lesquelles le fumier doit être adossé, soit dans les fosses, soit au-dessus du sol de la cour, de manière à ce qu'en aucun cas le fumier ne puisse être en contact avec les parties de mur non enduites.

Les mêmes mesures préservatrices sont exigibles pour les industries exposées à faire entasser des matières corrosives ou seulement imprégnées d'humidité, et pouvant altérer la solidité des murs, ou rendre insalubres les locaux de la propriété contiguë.

ART. 9. — *Le vide à laisser entre les forges, les fours et fourneaux et les murs mitoyens, doit être conforme aux dimensions suivantes :*

1° *Dans les forges et fours ordinaires de boulangers et pâtissiers, le vide doit avoir seize centimètres de largeur par la hauteur du foyer ;*

2° *Dans les fourneaux de restaurant ou calorifères, le vide de seize centimètres doit exister dans toute la hauteur du fourneau ou calorifère, et de la gaine depuis le carrelage jusqu'au plancher supérieur ;*

3° *Dans les fours de potiers, teinturiers et autres grandes usines, où le feu est continuel, l'isolement doit être de rente-deux centimètres et de toute la hauteur de l'étage; la gaîne même doit être isolée du mur mitoyen dans toute sa hauteur.*

4° Tous ces vides doivent être ouverts par les côtés, afin de laisser circuler l'air.

COMMENTAIRE. — L'article 190 de la Coutume de Paris exigeait que l'isolement des fours et fourneaux ordinaires, dit *tour du chat*, fût établi dans toute la largeur et hauteur du four ou forge et non bouché par les bouts. Cet usage, quoique conforme aux règles de l'art et de la prudence, s'est modifié à tel point que, pour les fours, on ne fait plus le vide que de seize centimètres de largeur par seize centimètres de hauteur, et pour les fourneaux et forges le vide est entièrement supprimé.

Les inconvénients qui résultent de cette inobservation des lois de voisinage doivent ramener les constructeurs à l'exécution des règlements, seul moyen de prévenir les difficultés entre propriétaires et, ce qui est le plus important, de diminuer les chances d'incendie.

Afin de motiver les différentes dimensions fixées pour ces isolements, nous entrerons dans quelques détails sur la nature des constructions de fours, fourneaux, etc., et sur leur fonctionnement.

De toutes les constructions où la chaleur peut produire des inconvénients et des dangers, les fours ordinaires de boulangers et pâtissiers sont établis dans les conditions les plus favorables : il suffit, pour s'en convaincre, de se rendre compte de leur disposition et de la manière dont ils fonctionnent.

Ces fours se composent d'une voûte demi-sphérique,

placée sur une aire élevée de quatre-vingts centimètres environ au-dessus du dallage de la pièce; ils ne comportent qu'une seule ouverture servant à enfourner, au-dessus de laquelle est l'orifice de la gaîne. La fumée s'échappe donc à l'extérieur par la bouche du four et rentre dans la gaîne, qui traverse par une couchée le dessus du four et rejoint ensuite la gaîne montante adossée au mur mitoyen.

La fumée sortant par le côté du four opposé au mur mitoyen se refroidissant un instant à l'air extérieur, et traversant ensuite toute l'épaisseur du four avant d'aller rejoindre le mur mitoyen, il est impossible qu'après tout ce parcours elle conserve un degré de chaleur qui puisse se faire sentir, de manière à incommoder sur le parement opposé.

La chaleur la plus forte est donc dans le four même. C'est pour ce motif que la Commission a fixé toute la hauteur du foyer comme dimension obligatoire à laisser à l'isolement légal dit *tour du chat*.

Il n'en est pas de même des fourneaux de restaurants ou calorifères. Les gaînes adossées contre les murs mitoyens descendent jusque sur le carrelage, où l'on place ordinairement une porte de ramonage. La flamme sortant du foyer circule avec la fumée dans tous les compartiments réservés, et pénètre brûlante dans la gaîne de fumée, à tel point que, dans toute la hauteur de l'étage, on ne peut tenir la main contre cette gaîne, et que, sur le parement opposé du mur mitoyen, la chaleur est excessive, et se fait sentir assez vivement encore dans les étages supérieurs.

Il est donc absolument nécessaire que l'isolement de seize centimètres exigé par la loi soit maintenu derrière la gaîne dans toute la hauteur de l'étage. Cette circulation d'air autour de la gaîne tend à la refroidir, et, lorsqu'elle prend appui contre le mur mitoyen, la chaleur est suffisamment diminuée pour ne pas incommoder dans la maison voisine.

Quant aux fours et fourneaux pour les grandes industries, la Coutume exige un isolement double, soit trente-deux centimètres de toute la hauteur du four ou fourneau. La gaîne doit être également isolée jusqu'au sommet ; le vide est suffisant à dix centimètres. Le mur mitoyen ne reçoit que les prises des coins ou des colliers en fer qui servent à maintenir l'équilibre de la gaîne, et la chaleur, quelque intense qu'elle soit, ne peut pénétrer son épaisseur.

Pour les forges de taillandiers, de serruriers, etc., il suffit que la plaque contre laquelle est établi le foyer soit isolée du mur mitoyen par un vide de seize centimètres, pour prévenir tout inconvénient. Le massif de la forge et la capote peuvent être appuyés contre le mur sans qu'il en résulte aucune incommodité ni aucun dommage.

Il reste les fourneaux de cuisine pour les habitations particulières : ceux-ci ne produisant qu'une chaleur modérée et discontinue, ne sont assujettis à aucune règle ; on les adosse au mur mitoyen sans isolement, et, à moins d'un usage exceptionnel, qui produira une chaleur inusitée, les voisins ne peuvent exercer aucune action contre le propriétaire.

Nous répéterons ici ce que nous avons dit à l'article 6, relativement aux fosses d'aisance.

Si, nonobstant l'exécution de toutes les mesures qui viennent d'être prescrites, il subsistait encore une chaleur qui pût incommoder les voisins, le propriétaire du four, de la forge ou du fourneau devrait opérer les travaux nécessaires pour faire cesser complètement toute incommodité.

ART. 10. — *Tout enfoncement dans les murs mitoyens étant implicitement interdit par l'article 662 du
Code civil, les encastrements de cheminées, tuyaux de
latrines et autres doivent être supprimés lorsqu'il y a lieu
de reconstruire le mur mitoyen, et même lorsque l'on
reconstruit dans toute leur hauteur les gaînes ou tuyaux
encastrés.*

COMMENTAIRE. — Jusqu'à ce jour, la jurisprudence a
généralement considéré les encastrements dans l'é-
paisseur des murs mitoyens comme une servitude
acquise à la propriété qui en profite, et qui ne peut
s'éteindre que par la démolition du mur pour cause
de vétusté ou toute autre, n'admettant pas qu'un mur
mitoyen puisse être reconstruit autrement que dans
les conditions légales et suivant les règles de l'art.

Quelques auteurs vont plus loin, et prétendent que,
suivant l'article 704 du Code civil, la servitude peut
revivre en la faisant constater avant la démolition.

Les praticiens qui veulent concilier les règles de la
jurisprudence avec celles de la bonne construction ne
peuvent partager cet avis.

Nous examinerons la question sous ces deux points
de vue.

D'abord, au point de vue de la construction, un
mur mitoyen doit être établi pour que chaque propriétaire puisse en user de la même manière et dans
des conditions légales ; or, si des gaînes de cheminées
ou des tuyaux d'aisance sont encastrés dans son
épaisseur, il y a abus en faveur d'un propriétaire et
préjudice pour l'autre : le premier ne s'est pas conformé à l'article 662 qui interdit *tout enfoncement dans
le corps d'un mur mitoyen* sans l'autorisation du propriétaire voisin, et le second ne peut se servir de

cette partie du mur pour y placer des poutres, quoique
ce droit lui soit acquis de la manière la plus positive
par les dispositions de l'article 657.

Un tel état de choses est donc anormal dans l'exercice du droit de chaque propriétaire, et, de plus, contraire aux règles de la solidité ; cette partie du mur,
réduite au tiers ou au quart de son épaisseur et calci-
née par la chaleur ou imprégnée de salpêtre, ne pouvant avoir qu'une durée bien moindre que celle d'un
mur ordinaire.

Examinons maintenant la question au point de vue
de la servitude.

Le propriétaire qui bâtit le premier, disent certains
commentateurs, construit son mur comme il l'entend :
il le possède seul et n'est tenu à aucune condition ;
celui qui vient ensuite acquérir la mitoyenneté doit
s'assurer préalablement s'il est dans les conditions
légales, exiger, avant d'acquérir, que les changements
soient faits, s'il y a lieu, et, à défaut pour lui de
prendre ces précautions, il consacre les droits du vendeur de maintenir le mur dans l'état où il était lors
de la vente, jusqu'à l'époque de sa reconstruction pour
cause de vétusté ou toute autre cause.

On a objecté que ces encastrements sont des vices
cachés, des servitudes occultes, dont le vendeur lui-
même, le plus souvent, n'a pas connaissance, et qui
ne peuvent, par ce fait, lui constituer le droit de rester en dehors des conditions légales. Ces raisons n'ont
jamais prévalu devant les tribunaux. L'acquisition
d'une mitoyenneté a lieu ordinairement par voie d'expertise ; l'acquéreur est représenté par son expert,
qui doit s'assurer de l'état du mur avant d'en fixer la
valeur ; et, s'il néglige de se rendre compte de sa construction et d'exiger les travaux nécessaires pour qu'il

soit conforme aux prescriptions légales, l'acquéreur doit subir les conséquences de la négligence de son mandataire, et supporter la servitude jusqu'à son ex= tinction.

La Commission est donc d'avis :

Que tout propriétaire voulant acquérir la mitoyen= neté d'un mur séparatif, a le droit d'exiger que le mur lui soit livré sans aucun encastrement et en tout con= forme aux dispositions prescrites par l'article 662 du Code civil ;

Qu'une fois l'acquisition faite sans réserve, les en= castrements, s'il en existe, peuvent subsister pendant toute là durée du mur ou des cheminées et tuyaux encastrés ;

Mais que dans le cas de reconstruction du mur, n'importe pour quelle cause, le mur doit être recon= struit sans aucun enfoncement;

Et même que si le propriétaire des gaînes ou tuyaux encastrés les fait démolir dans toute leur hauteur, soit pour cause de vétusté, soit pour en changer la disposition, le propriétaire voisin est en droit d'exiger que les encastrements soient bouchés, et que les gaînes ou tuyaux soient appliqués contre le mur, en suivant les prescriptions que la loi impose.

La même règle est applicable aux murs séparatifs devenus mitoyens par le fait d'un partage et de la destination du père de famille. L'état existant au mo= ment du partage doit subsister jusqu'à la reconstruc= tion du mur, ainsi qu'il vient d'être expliqué.

ART. 11. — DE LA CONTRIBUTION DE CHAQUE PROPRIÉ= TAIRE AUX RÉPARATIONS D'UN MUR MITOYEN. — *Les re= prises faites dans le mur mitoyen doivent être payées, sa= voir : celles à gros de mur, moitié par chaque propriétaire;*

celles à mi-mur, par le propriétaire du côté duquel elles
sont exécutées. Chaque propriétaire fait seul les étaie-
ments, enduits et agencements de son côté.

COMMENTAIRE. — Le principe posé dans la rédaction
de cet article ressort tellement de la logique et de
l'équité, qu'il a toujours reçu son application sans
soulever aucune objection, quoiqu'il ne figure dans
aucun ouvrage de jurisprudence.

Il suffira d'examiner les diverses phases par lesquelles un mur mitoyen doit passer pendant la durée
de sa construction à sa chute pour se rendre compte
de la justesse de cette répartition.

Un mur construit à neuf est toujours de nature
homogène, et rien ne peut faire présumer qu'un parement s'altère plus rapidement que l'autre, si ce
n'est l'usage qu'on en peut faire.

Un propriétaire dont le bâtiment ne comporte contre
le mur mitoyen ni cheminées, ni éviers, ni tuyaux
de latrines, et dont le parement couvert d'un enduit
est bien entretenu, conservera indéfiniment le mur en
bon état ; tandis que le propriétaire voisin peut adosser
des cheminées ou fourneaux, des éviers, des cabinets
d'aisance, le tout établi très-souvent avec peu de soin
et entretenu de même.

Il est évident qu'après un usage de quelques années
dans ces conditions le parement du mur de ce dernier
propriétaire sera visiblement altéré, tandis que l'autre
sera en parfait état.

On a beau prétendre qu'un mur mitoyen est un tout
indivis entre les deux propriétaires : l'usage qu'ils en
ont fait ne permet pas de leur faire supporter par moitié des reprises à mi-mur, évidemment nécessitées par
la nature des travaux exécutés, suivant son droit il

est vrai, par l'un des propriétaires, mais dont il doit subir les conséquences.

Dans ce cas, le travail entier des reprises à mi-mur et tous les accessoires tels qu'étais, enduits, agence= ments, etc., doivent incomber au propriétaire seul du côté duquel ces travaux s'exécutent, sans pouvoir appeler le voisin à aucune participation. Toutefois, il peut se présenter cette circonstance, que le mur ait besoin de reprises à gros de mur, et que, dans l'intérêt du voisin, pour ne pas troubler la jouissance de ses locataires, on se contente de réparer à mi-mur; dans ce cas, le voisin, en raison de l'avantage qu'il en retire, doit supporter une part de la dépense, qui est déter= minée par les experts.

Mais lorsque l'état d'un mur mitoyen nécessite des reprises à gros de mur, il y a évidemment force majeure occasionnée par la vétusté ou un événement quelcon= que.

Dans ce cas, la dépense du mur seulement doit être payée par moitié, et les étaiements, enduits, agence= ments, etc., par chaque propriétaire pour ce qui le concerne.

Cette dernière dépense ne peut être partagée. Les agencements peuvent être simples d'un côté et riches de l'autre; l'un peut avoir des cheminées, placards, boiseries, qu'il faut enlever pour exécuter les reprises, tandis que l'autre n'a qu'un simple enduit; l'un a les pièces de bois de ses planchers en prise dans le mur mitoyen, l'autre a ses planchers placés dans une autre direction. Il est facile de comprendre que tous ces frais ne peuvent être réunis pour être partagés, et que cha= que propriétaire doit supporter les siens, le mur seul devant être payé de compte à demi.

ART. 12. = *Lorsque la reconstruction ou réparation d'un mur mitoyen s'exécute dans l'intérêt d'un seul propriétaire, par des moyens plus coûteux que ceux ordinaires, l'excédant doit être supporté en entier par le propriétaire intéressé à la conservation du mur ; l'autre ne doit payer que la moitié d'un mur fait dans les conditions ordinaires.*

COMMENTAIRE. — Cette circonstance se présente lorsqu'un propriétaire démolit sa maison pour la reconstruire, et que le mur mitoyen est en trop mauvais état pour se tenir debout sans l'appui de la maison qu'on veut démolir.

Dans ce cas, la jurisprudence est aujourd'hui parfaitement fixée sur ce point, le mur tombant de vétusté doit être démoli et reconstruit à communs frais.

La difficulté porte sur les moyens à employer pour sa reconstruction.

Le propriétaire qui fait réédifier son bâtiment soutient avec raison qu'il n'a besoin que d'un mur construit dans les conditions ordinaires, et que l'emploi de moyens plus coûteux ne peut être nécessité que dans l'intérêt du propriétaire voisin qui veut conserver sa maison et ne refaire que le mur mitoyen ; il se refuse donc à y contribuer dans la proportion de moitié.

La situation dans laquelle se trouve placé un propriétaire dont le mur mitoyen est à reconstruire est des plus critiques ; il veut conserver sa maison et même ses locataires, qui très souvent refusent de déguerpir, ou élèvent des prétentions d'indemnité toujours fort exagérées. Il est donc dans la nécessité de faire étayer ses planchers, démolir les cheminées et autres agencements appliqués contre le mur, établir une clôture

à une petite distance du mur pour maintenir l'occupation de ses locataires et procéder ensuite à la reconstruction du mur.

Mais il arrive très souvent que la démolition complète du mur ne peut s'opérer sans danger, et qu'il y a
nécessité de fractionner cette démolition et de reprendre le mur en sous-œuvre, par petites parties. Or, la
maçonnerie exécutée dans ces conditions est d'un prix
double de celui ordinaire, et cet excédant doit nécessairement incomber à ce dernier propriétaire, qui seul
a intérêt à employer ces moyens pour sauvegarder ses
intérêts, tout en subissant des dépenses excessives.

Dans ce cas, afin d'éviter toute confusion, le mur
mitoyen doit être reconstruit par le propriétaire conservant sa maison, qui prend toutes les mesures indiquées par les règles de l'art pour éviter tout accident;
et le propriétaire voisin vient ensuite appuyer ses constructions neuves contre le mur reconstruit, et paie la
mitoyenneté à dire d'expert et dans les conditions ordinaires.

Toutefois, ce mode de répartition n'est applicable
que lorsque le mur mitoyen se refait en entier, au
moins à partir du sol ; les reprises partielles à gros
de mur ou à mi-mur devant être réglées suivant les
dispositions de l'article onzième.

XXIV. — MENDE

ET LE DÉPARTEMENT DE LA LOZÈRE.

USAGES LOCAUX

(Extrait dû à la collaboration de M. Albert Regnault, architecte du département de la Lozère.)

GLACES (Art. 525 C. C.).

Règle sans exception : les glaces ne sont immeubles par destination que si elles font corps avec la boiserie.

BORNAGE (Art. 646 C. C.).

Le bornage consiste le plus souvent en une pierre plate plantée en terre; souvent aussi en une croix faite sur le rocher.

PIED D'AILE (Art. 653 C. C.).

Sauf de très rares exceptions, les tuyaux de cheminées étant tous dans l'épaisseur des murs, il n'y a pas lieu à pied d'aile.

CONGÉS (Art. 1736 C. C.).

Sauf conventions particulières, on adopte le délai de trois mois lorsqu'il s'agit d'appartements, et de six mois pour les magasins, fours, etc.

XXV. — UZÈS

ET PARTIE DU DÉPARTEMENT DU GARD.

USAGES LOCAUX.

(Extrait dû à la collaboration de M. Bègue, architecte de la ville d'Uzès.)

GLACES (Art. 525 C. C.).

Les glaces sur les cheminées, celles qui leur font pendant et celles établies en face des fenêtres ou sur les trumeaux, sont considérées comme immeubles par destination, même lorsqu'elles ne sont pas placées dans un cadre scellé au mur.

BORNAGE (Art. 646 C. C.).

Le bornage consiste en une pierre droite placée dans la terre, ressortant d'environ 30 centimètres, et contre laquelle sont placés deux témoins muets, c'est-à-dire une pierre plate coupée en deux que l'on reconnaît en rapprochant les morceaux.

DROIT DE SURCHARGE (Art. 658 C. C.).

L'indemnité de surchage est égale au sixième du prix qu'a coûté l'exhaussement du mur.

ÉTAT DES LIEUX (Art. 1731 C. C.).

L'état des lieux est établi aux frais du locataire sortant.

CONGÉS. (Art. 1736 C. C.).

A Uzès, sauf conventions spéciales, on donne congé six mois à l'avance.

XXVI. — MARSEILLE

ET PARTIE DE L'ANCIENNE PROVINCE DE PROVENCE.

USAGES LOCAUX.

*(Extrait dû à la Section d'architecture de la Société
scientifique de Marseille.)*

GLACES (Art. 525 C. C.).

Les glaces ne sont immeubles que si, étant scellées
au mur, elles font partie intégrante de la décoration
créée par le propriétaire.

BORNAGE (Art. 646 C. C.).

Pour les propriétés rurales, le bornage consiste en
murs, rochers, rives, fossés, arbres, tertres, rivières,
vallats (ruisseaux), ravins, eaux pendantes dans les
collines ou crêtes et croix sur les rochers.

Les bornes que la jurisprudence actuelle fait placer,
dans tous les cas, sont en pierres taillées ou brutes,
au-dessous desquelles on place les témoins appelés
agachons, lesquels consistent en un éclat de tuile
creuse (tuile romaine employée à Marseille), cassé en
trois morceaux dont un est retourné en sens inverse
des deux autres.

PIED D'AILE (Art. 653 C. C.).

Il n'y a de pied d'aile que pour les tuyaux des cheminées, et sa largeur est de *un pan* (0^m,2516).

DROIT DE SURCHARGE (Art. 658 C. C.).

L'indemnité de surcharge est égale au sixième de la valeur de la partie de mur en surcharge.

HAUTEUR DE CLOTURE (Art. 663 C. C.).

A Marseille, les anciens *statuts* fixent la hauteur de clôture mitoyenne à *douze pans* (3^m,0192) et la profondeur des fondations à *quatre pans* (1^m,0064).

PAS DE CHEVAL (Art. 667 C. C.).

La largeur du pas de cheval est de 1 pied (0^m,3248).

DISTANCE A RÉSERVER POUR LES PLANTATIONS ENTRE HÉRITAGES (Art. 671 C. C.).

La distance à réserver doit être d'*une canne* (2^m,0127).

DES OUVRAGES INTERMÉDIAIRES REQUIS POUR CERTAINES CONSTRUCTIONS NUISIBLES (Art. 674 C. C.).

Pour les constructions mentionnées à l'article 674 du Code civil, on est obligé de construire un contremur de 1 pied (0^m,3248), que le mur séparatif des deux propriétés soit mitoyen ou non.

PRESCRIPTIONS RELATIVES AU DROIT DE PASSAGE (Art. 684 C. C.).

A Marseille, la largeur des sentiers ou *viols* est, d'après les usages, de *quatre pans* (1^m,0064) pour un seul voisin ;

Cinq pans (1^m,2580) pour deux voisins ;

Sept pans (1^m,7612) pour trois voisins et au delà.

CONGÉS. (Art. 1736 C. C.).

A Marseille, les locations sont annuelles. Elles datent du jour de la Saint-Michel (29 septembre).

Les congés se signifient par l'une des parties avant le 15 mai.

II   76

XXVII. — NICE

ET LE DÉPARTEMENT DES ALPES-MARITIMES.

COMMENTAIRE

RÉDIGÉ PAR LA

ÉTÉ DES ARCHITECTES DU DÉPARTEMENT DES ALPES-MARITIMES (1

POUR RÉSUMER LES USAGES LOCAUX

RELATIFS AUX OUVRAGES ÉNUMÉRÉS DANS L'ART. 674 C. C.

I. — DE LA DISTANCE A OBSERVER ET DU CONTRE-MUR A EXÉCUTER ENTRE LES CONFINS DE LA PROPRIÉTÉ VOISINE ET LES OUVRAGES ÉNUMÉRÉS DANS L'ART. 674 C. C.

ART. 1er. — Les usages locaux ayant force de loi dans le département et réglant la distance à laisser ou les précautions à prendre pour les constructions mentionnées dans l'article 674 du Code civil sont abrogés et remplacés par le règlement suivant :

ART. 2. — Si le mur mitoyen ou non n'est pas construit, il sera laissé une distance de quarante centimètres entre la limite de la propriété voisine et le nu extérieur de la paroi de tout PUITS, CITERNE, CLOAQUE, FOSSE D'AISANCE OU A FUMIER.

Si le mur mitoyen ou non est construit, un contre-mur de quarante-cinq centimètres formant paroi de

(1) Nice, impr. Malvano-Mignon, in-8°, 1878 t 1880.

l'ouvrage sera établi contre le nu du mur mitoyen ou non, pris à son pied; ce contre-mur sera au contraire établi contre le nu des fondations du mur mitoyen ou non si les ouvrages devaient être construits en contre-bas du pied dudit mur.

En aucun cas, la distance entre la limite de la propriété voisine et le nu intérieur de l'ouvrage, ne sera inférieure à quatre-vingt-cinq centimètres.

ART. 3. — Il est laissé aux constructeurs du pays qui ont cette habitude, la faculté d'encastrer dans le mur mitoyen les TUYAUX ET ATRES DE CHEMINÉES, à condition toutefois que le corps du tuyau soit construit en brique ou en poterie de bonne qualité, et que l'âtre soit muni d'un contre-cœur en brique de onze centimètres d'épaisseur au moins, ou d'une plaque de fonte ou de fer.

Cependant, les FORGES, FOURS et FOURNEAUX, à l'exception des fourneaux ordinaires de cuisine, seront séparés du mur mitoyen ou non par un vide de seize centimètres au moins, tout ouvert des côtés et par dessus, et l'épaisseur de leur propre mur sera d'au moins trente-deux centimètres.

Le vide sera porté à trente-deux centimètres pour les FOURS DE POTIERS DE TERRE, de BOULANGERS et autres semblables où le feu est ardent et continu.

Les *tuyaux des fours*, *forges et fourneaux* devront être séparés du mur mitoyen ou non par un vide (tour du chat) de seize centimètres au moins.

ART. 4. — Les ÉTABLES, ÉCURIES, BERGERIES et autres bâtiments semblables seront séparés du mur mitoyen ou non par un contre-mur de vingt centimètres d'épaisseur au moins jusqu'au-dessus de la mangeoire.

ART. 5. — Les MAGASINS A SEL, les AMAS DE MATIÈRES CORROSIVES, les LAVOIRS seront séparés du mur mitoyen ou non par un contre-mur de trente-trois centimètres d'épaisseur sur toute la surface du mur mitoyen ou non occupée par lesdits magasins, amas ou lavoirs.

ART. 6. — Le contre-mur ne sera JAMAIS INCORPORÉ au mur mitoyen ou non.

Il sera fondé à la profondeur du mur mitoyen ou non, lorsqu'il servira aux ouvrages mentionnés aux articles 4 et 5.

Il sera construit en pierres dures hourdées au mortier de chaux hydraulique chaque fois que d'autres matériaux ne sont pas prescrits par les articles précédents.

Le mur mitoyen ou non sera *crépis* et *enduit* du côté du contre-mur, au ciment. Ce crépissage et cet enduit seront au plâtre ou au mortier de chaux grasse lorsque le contre-mur préservera d'un four, d'une forge ou d'un fourneau.

II. — RÈGLEMENT SUR LA CONSTRUCTION DES FOSSES D'AISANCE. OBLIGATION DE CONSTRUIRE UNE FOSSE.

ART. 1er. — Chaque propriété bâtie doit être munie d'une fosse d'aisance à l'usage de ses habitants.

ART. 2. — On ne pourra construire aucune fosse d'aisance au-dessous des rues, ni y établir aucune ouverture destinée aux vidanges.

ART. 3. — Toute fosse d'aisance et toute ouverture faites contrairement aux dispositions de l'article précédent seront comblées et fermées aux frais des contrevenants.

Fosses fixes et fosses mobiles.

ART. 4. — Les fosses seront fixes ou mobiles. Les fosses mobiles seront soumises au contrôle permanent de l'autorité municipale.

Fosses fixes.

ART. 5. = Les fosses fixes seront construites conformément aux prescriptions suivantes :

Fosses sous le sol.

ART. 6. — Lorsque les fosses seront placées sous le sol des caves, ces caves auront une communication immédiate avec l'air extérieur ou communiqueront par une ouverture de six mètres carrés au moins avec une cave recevant directement l'air extérieur.

Forme et construction des fosses.

ART. 7. — Les fosses seront construites sur un plan circulaire, elliptique ou rectangulaire. Les fosses à angles rentrants sont défendues, hors le cas où chacune des parties régnant de chaque côté de l'angle rentrant aurait au moins un mètre soixante centimètres de largeur.

La surface minimum d'une fosse doit être de quatre mètres et sa moindre largeur de un mètre soixante centimètres.

La hauteur du radier à l'intrados de la voûte doit être de deux mètres.

Les murs d'enceinte auront au moins quarante-cinq centimètres d'épaisseur; le radier, trente-cinq centimètres et la voûte trente centimètres dans leurs parties les plus faibles. La flèche du segment, formé par la concavité de la voûte, sera d'au moins un sixième de la largeur de la fosse.

Le fond des fosses sera fait en forme de cuvette concave.

Tous les angles intérieurs seront effacés par des arrondissements de vingt-cinq centimètres de rayon.

Il est défendu d'établir des compartiments ou divisions dans les fosses ou d'y construire des piliers ou des colonnes à moins que chaque compartiment n'ait quatre mètres superficiels entre chaque pilier et les parois. Les divers compartiments d'une fosse auront toujours la clef de leur voûte à la même hauteur. Les caisses à syphon ne sont pas considérées comme compartiments.

Les murs, la voûte et le radier seront entièrement construits en pierres, maçonnés avec du mortier de chaux hydraulique et de sable de rivière bien lavé. Les parois, le radier et l'intrados seront enduits au ciment lissé à la truelle. Cependant les voûtes en briques bien cuites, posées de champ, sont autorisées.

La voûte d'une fosse pourra être remplacée par un plancher en fer, hourdé en briques d'excellente qualité ou en béton de chaux hydraulique, gravier et sable de rivière; le tout sera recouvert d'une aire en béton, et on aura soin de jeter un fort crépis sur le parement intérieur préalablement à l'enduit et d'arrondir les angles.

Les murs, la voûte et le radier des fosses peuvent être construits en béton de ciment de Portland ou de Vicat, bien damé et comprimé. Le béton ne sera pas admis quand les murs des fosses formeront murs de bâtiment en élévation.

Ouverture d'extraction.

ART. 8. — L'ouverture d'extraction des matières sera placée au sommet de la voûte, isolée des murs ou obstacles permanents d'au moins soixante-dix centimètres sur les côtés et cinquante centimètres aux bouts ; elle sera fermée avec une pierre de taille de soixante centimètres de diamètre, douze centimètres d'épaisseur, encastrée dans un châssis également en pierre de taille de seize centimètres d'épaisseur et dix-huit centimètres de largeur, et muni en son milieu d'un anneau en fer. Cette pierre sera, autant que possible, placée en dehors de l'habitation.

Cheminée d'accès.

ART. 9. — Lorsque la disposition de la fosse nécessitera une cheminée, cette cheminée aura au moins une section de un mètre sur soixante-cinq centimètres.

Tampon.

ART. 10. — Toute fosse dont l'une des extrémités sera éloignée de plus de six mètres du trou d'extraction devra avoir un tampon dans la partie opposée à ce trou ; mais le tampon ne sera exigible que dans le cas où le tuyau d'évent ou de ventilation ne serait pas placé dans cette même partie qui alors serait sujette à l'agglomération des gaz.

Couloirs.

ART. 11. — Les couloirs aboutissent au trou d'extraction ou au tuyau de chute ; leur clef de voûte sera
à la même hauteur que celle de la fosse, et par suite
des compartiments, s'il en existe.

Tuyaux de chute.

ART. 12. — Le tuyau de chute doit être vertical autant que possible ; s'il est incliné, il n'aura pas plus de
trente degrés d'inclinaison sur la verticale, son diamètre sera de vingt-deux centimètres quelle que soit
la matière qui le formera ; cette dimension sera réduite à dix-huit centimètres s'il est en plomb.

Il montera jusqu'au-dessus du toit et débouchera en
plein air aussi loin que possible des cheminés, mais il
sera moins élevé que l'orifice du tuyau d'évent. Son
orifice inférieur sera établi à soixante centimètres seulement du fond de la fosse ou de la caisse à syphon.
Il ne pourra, en aucun cas, être maçonné : il sera, au
contraire, laissé libre contre le mur ou dans l'encastrement qui pourra lui être ménagé.

` Tuyaux d'évent.

ART. 13. — Il sera établi un tuyau d'évent que l'on
conduira jusqu'à la hauteur des souches de cheminées
de la maison ou de celles des maisons contiguës, si
elles sont plus élevées. Le diamètre du tuyau d'évent
sera de vingt-cinq centimètres au moins et de quinze
centimètres seulement si l'on ajoutait un second tuyau
d'évent.

L'orifice inférieur du tuyau d'évent ne pourra être descendu au-dessous des points les plus élevés de l'intrados de la voûte.

Ce tuyau sera en poterie, fonte ou plomb, lorsqu'il sera logé dans le mur ; sinon, et facultativement, en zinc.

Reconstruction des fosses d'aisance dans les maisons existantes.

ART. 14. = Toutes les fosses des maisons existantes qui seront reconstruites ou réparées, le seront selon le mode prescrit par ce règlement.

ART. 15. = Sont conservés, les articles 130, 131, 132, 133 du règlement de police urbaine pour la ville de Nice du 11 décembre 1852, lequel règlement est abrogé.

III. = RÈGLEMENT POUR LA CONSTRUCTION DES CHEMINÉES, POÊLES ET CALORIFÈRES.

ART. 1er. — Toutes les cheminées, tous les poêles et autres appareils de chauffage doivent être établis et disposés de manière à éviter les dangers du feu et à pouvoir être facilement nettoyés et ramonés.

ART. 2. — Il est interdit d'adosser des foyers de cheminées, des poêles et des fourneaux à des cloisons dans lesquelles il entrerait du bois, à moins de laisser, entre le parement extérieur du mur, entourant ces foyers et les cloisons, un espace de seize centimètres.

ART. 3. — Les foyers de cheminées ne doivent être posés que sur des voûtes en maçonnerie ou sur des trémies de matériaux incombustibles. Le contre-cœur sera garni d'une pierre de grès ou d'une plaque en fonte séparée du mur de cinq centimètres.

Les côtés de l'âtre seront garnis en briques pleines de sept centimètres, réfractaires et bien jointoyées à la terre à four.

Les jambages seront construits en maçonnerie pleine.

La longueur des trémies sera au moins égale à la largeur des cheminées y compris la moitié de l'épaisseur des jambages.

Leur largeur sera de un mètre au moins, à partir du foyer jusqu'au chevêtre.

ART. 4. — Il est interdit de poser les bois des combles et des planchers à moins de seize centimètres de toute face intérieure des tuyaux de cheminées et autres foyers.

ART. 5. — Les languettes des tuyaux doivent avoir au moins huit centimètres d'épaisseur et être en briques pleines. — Si on les fait au plâtre, elles doivent être pigeonnées à la main.

ART. 6. — Chaque foyer de cheminée ou de poêle doit, à moins d'autorisation spéciale, avoir son tuyau particulier dans toute la hauteur du bâtiment.

ART. 7. — Les tuyaux de cheminées qui n'auraient pas au moins soixante centimètres de largeur sur vingt-cinq de profondeur, seront construits en brique, en terre cuite ou en fonte à moins qu'ils ne soient évidés dans la pierre de taille en calcaire compacte, ou dans d'autres matériaux similaires. Ils ne pourront être que de forme cylindrique ou à angles arrondis sur un rayon de six centimètres au moins. Il est absolument interdit de monter ces tuyaux à la forme.

Ces tuyaux ne pourront dévier de la verticale de manière à former avec elle un angle de plus de 30° (1/3 de

l'angle droit). L'accès de ces tuyaux, à leur partie supérieure, devra être facile.

A̱ʀᴛ. 8. ⸺ Les mitres en plâtre sont interdites au-
dessus des tuyaux de cheminées. Toutes les mitres devront atteindre la hauteur du faîtage.

Aʀᴛ. 9. ⸺ Les fourneaux potagers doivent être disposés de telle sorte que les cendres qui en proviennent
soient retenues par des cendriers fixes construits en
matériaux incombustibles et ne puissent tomber sur
les planchers.

A̱ʀᴛ. 10. ⸺ Les poêles de construction reposeront
sur une aire en matériaux incombustibles d'au moins
huit centimètres d'épaisseur, s'étendant de trente centimètres en avant de l'ouverture du foyer.

Cette aire sera séparée du cendrier intérieur par un
vide d'au moins huit centimètres, permettant la circulation de l'air.

Les poêles mobiles devront reposer sur une plate-
forme en matériaux incombustibles d'au moins vingt
centimètres de saillie en avant de l'ouverture du
foyer.

A̱ʀᴛ. 11. ⸺ Les tuyaux de poêles et tous autres
tuyaux conducteurs de fumée, en métal, devront toujours être isolés dans toute leur hauteur d'au moins
seize centimètres des cloisons dans lesquelles il entrerait du bois.

Lorsqu'un tuyau traversera une de ces cloisons, le
diamètre de l'ouverture faite dans la cloison devra
excéder de seize centimètres celui du tuyau.

Ce tuyau sera maintenu au passage par une tôle,
dans laquelle il sera percé une ouverture égale au
diamètre extérieur dudit tuyau.

A̱ʀᴛ. 12. ⸺ Aucun tuyau conducteur de fumée en
métal ne pourra traverser un plancher ou un pan de

bois, à moins d'être entouré au passage par un manchon en métal ou en terre cuite.

Le diamètre de ce manchon excédera de seize centimètres celui du tuyau, de manière qu'il y ait partout, entre le manchon et le tuyau, un intervalle de cinq centimètres.

Art. 13.— Les prescriptions des articles 2, 3, 4, 10, 11 et 12, relatives aux tuyaux de cheminées et aux tuyaux conducteurs de fumée, en métal, seront applicables aux tuyaux de chaleur des calorifères à air chaud.

Toutefois, sont exceptés les tuyaux de chaleur qui prennent l'air à la partie supérieure de la chambre dans laquelle est placé l'appareil de chauffage.

FIN DES EXTRAITS DES COUTUMES LOCALES.

TABLE ANALYTIQUE

DES

EXTRAITS DES USAGES LOCAUX.

II   77

FIN DE LA TABLE DES COUTUMES LOCALES.

LOIS DU BATIMENT

SECTION V

COMPLÉMENTS

II

FORMULES

Nota. — *Les formules relatées ci-dessous sont classées dans l'ordre des Livres, Titres et Chapitres du Code civil ou du Code de procédure civile auxquels elles ont rapport.*

1

ENGAGEMENT DE LOCATION.

Entre les Soussignés :

Monsieur Pierre Pignon, propriétaire d'une mai-son sise à Paris, rue Léon-Vaudoyer, n° 2, et de-meurant en ladite ville, place Gabriel, n° 26, d'une part;

Et Monsieur Simon Durand rentier, demeurant actuellement avenue Louis-Duc, n° 5, d'autre part;

A été convenu ce qui suit :

M. Pignon loue à M. Durand, à partir du premier janvier mil huit cent quatre-vingt-un, au prix an-nuel de trois mille deux cents francs payables en quatre termes aux époques d'usage, un apparte-ment sis au quatrième étage, à gauche, dans ladite maison, rue Léon-Vaudoyer, n° 2 et composé de : antichambre, cuisine, office, cabinet d'aisance, salle à manger, salon, une chambre à coucher et cabinet de toilette; plus deux chambres de domes-tique portant les n°ˢ 5 et 7 dans l'étage sous com-ble et deux caves portant les n°ˢ 9 et 10.

La présente location est faite aux conditions suivantes que M. Durand s'engage à exécuter sous peine de dommages-intérêts :

- 1° Garnir et tenir constamment garnis les lieux loués de meubles et objets mobiliers en quantité suffisante pour répondre du payement des loyers et les entretenir et rendre en bon état à la fin de la jouissance;

2° Souffrir et laisser faire les grosses réparations ou autres, quelles qu'en soit la nature et la durée, sans pouvoir prétendre à aucune indemnité;

3° Ne faire, dans les lieux loués, aucun changement sans le consentement exprès et par écrit du propriétaire, ni sans le concours de l'architecte et des entrepreneurs de la propriété;

4° Ne pas sous-louer les lieux loués, meublés ou non meublés;

5° Rembourser l'impôt des portes et fenêtres, le droit proportionnel y afférent, le droit d'enregistrement de la location, acquitter toutes contributions personnelles et mobilières, et la patente;

6° Satisfaire aux charges de ville, de police ou autres dont les locataires sont ou seront tenus par la loi;

7° Faire ramoner au moins une fois par an et à ses frais, mais par l'entrepreneur de fumisterie de la propriété, toutes les cheminées de l'apparment;

8° Faire porter, en temps de gelée, les eaux ménagères à la bouche d'égout;

. 9° Faire assurer contre l'incendie, dès son entrée en jouissance, son mobilier ainsi que les risques locatifs et recours des voisins, et justifier de
cette assurance au propriétaire;

9° Ne faire monter le charbon et le bois que
jusqu'à dix heures du matin, et seulement par l'escalier de service;

10° Ne réclamer aucune indemnité ou diminution
de loyer en cas d'interruption momentanée des
conduites d'eau ou de gaz;

11° Ne placer aucun objet sur les appuis de
croisées et n'en accrocher aucuns à leurs tableaux;
enfin ne placer, à l'intérieur de l'appartement et
devant les fenêtres ouvertes, aucun objet d'un
aspect désagréable;

12° Ne pas laisser secouer par les fenêtres sur la
cour les tapis ou linges de service après onze
heures du matin et généralement se conformer à
toutes les conditions d'usage.

Fait double à Paris, entre les parties, le dix-neuf
octobre mil huit cent quatre-vingt.

Approuvé l'écriture ci-dessus,

Approuvé l'écriture ci-dessus,   SIMON DURAND.

PIERRE PIGNON.

II

PROJET DE BAIL.

Entre les Soussignés :

Monsieur Jean-Pierre MILLION, propriétaire, demeurant à Paris, avenue du Tremble, n° 50, d'une part;

Et monsieur Théodore-Julien LEGROS, rentier, demeurant à Paris, rue Neuve, n° 5, d'autre part;

Il a été dit, fait et arrêté ce qui suit :

Monsieur Million fait par ces présentes bail à monsieur Legros qui accepte, pour trois, six ou neuf années, au choix respectif des parties, à la charge par celle des parties qui voudra faire cesser le présent bail à l'expiration de la première ou de la deuxième période, de prévenir l'autre six mois avant l'expiration de celle des susdites périodes qu'elle aura choisie pour faire cesser la location; et ce, à partir du premier avril prochain, d'un appartement sis à Paris au deuxième étage d'une maison portant le n° 3 sur l'avenue Louis-Duc.

Cet appartement comprend :

1° Une antichambre et une salle à manger éclairées sur cour;

2° Un grand salon, un petit salon et deux chambres à coucher, éclairés sur l'Avenue ;

3° Trois chambres à coucher et un cabinet de toilette en aile à gauche, éclairés sur cour ;

4° Un cabinet de toilette, une salle de bains, une cuisine, un office et deux cabinets d'aisance éclairés sur deux courettes intérieures ;

5° Un corridor de service, éclairé partie sur une des deux courettes, partie sur la propriété voisine par un jour de simple tolérance, ledit jour pouvant être supprimé par le voisin ;

6° Six chambres de domestique à l'étage sous comble, lesdites portant les numéros 8, 9, 10, 11, 12, 13 ;

7° Une écurie pour deux chevaux, située dans l'aile à droite et au fond ;

8° Une remise pour deux voitures, située en face de l'écurie, avec sellerie à côté ;

9° Enfin trois caves portant les numéros 4, 5 et 6.

En outre le preneur a droit à la jouissance en commun avec les autres locataires,

1° Du robinet des eaux qui est placé dans la cour et au poste d'eau placé au cinquième étage ;

2° Des deux cabinets d'aisance communs, l'un situé dans la cour et l'autre au cinquième étage.

Le tout au surplus tels que lesdits lieux se poursuivent et comportent, le preneur déclarant les parfaitement connaître pour les avoir vus et visités.

Le présent bail est fait aux charges de droit et en outre aux clauses et conditions suivantes que le preneur s'oblige à exécuter fidèlement :

Art. 1er. Le preneur devra garnir et tenir les lieux présentement loués garnis de meubles et objets mobiliers en quantité et de valeur suffisantes pour répondre des loyers pendant toute la durée du bail.

Art. 2. Il devra jouir des lieux en bon père de famille, les entretenir en bon état de réparations locatives pendant toute la durée du bail et les rendre à fin de jouissance conformes à l'état des lieux qui sera dressé à ses frais par l'architecte du bailleur dans le mois de l'entrée en jouissance.

Il devra en outre avertir le propriétaire de tout accident ou de toute dégradation, provenant de son fait ou du fait des tiers, qui pourrait porter préjudice à l'immeuble.

Art. 3. Il ne pourra modifier aucune distribution ni aucun agencement, faire exécuter aucun changement ni percement dans les lieux loués sans le consentement exprès et par écrit du bailleur et lesdits travaux ne pourront être exécutés que par les entrepreneurs désignés par le propriétaire. Celui-ci aura, en outre, le droit de les faire surveiller par son architecte, et les honoraires de ce dernier seront à la charge du preneur.

Art. 4. Il devra faire ramoner tous les mois la cheminée du fourneau de cuisine, et deux fois par année au moins les poêles et autres cheminées, et ce, à ses frais, mais par l'entrepreneur de fumisterie de la propriété.

Art. 5. Il devra souffrir toutes réparations utiles ou nécessaires, et ce pendant soixante jours sans indemnité, ni diminution de loyer.

Il ne pourra sous-louer tout ou partie de la présente location, meublée ou non meublée, et il devra habiter les lieux loués par lui-même et bourgeoisement de façon à ne gêner en rien la jouissance des autres locataires : à cet effet aucun domestique, aucun fournisseur ne pourra passer par le grand escalier. Il ne devra jamais occuper même temporairement aucune partie de l'immeuble non décrite au présent bail ; il ne devra avoir ni chien, ni perroquet, ni aucun autre animal bruyant ou nuisible et il devra interdire à ses domestiques de chanter, siffler ou crier.

Art. 7. Le preneur ne pourra mettre ni caisses, ni pots à fleurs, ni linges, ni tentes, ni autres objets sur les fenêtres, terrasses ou balcons ; il lui est également interdit d'établir des jalousies ou des stores extérieurs, de pendre des comestibles, d'étendre du linge ou autres, enfin de nuire en rien à la bonne tenue de la maison, à l'harmonie générale des constructions et à l'ensemble de leur aspect.

Art. 8. En temps de gelée, le preneur sera tenu de faire porter les eaux ménagères à la bouche d'égout sans pouvoir les jeter soit dans les cuvettes, soit dans les cabinets d'aisance; le bailleur se réservant de faire couper et supprimer toutes les conduites pendant lesdites gelées sauf à les faire rétablir à ses frais aussitôt après la période des froids écoulée.

Pendant la même période, le bailleur aura également le droit de faire arrêter les eaux de la Ville que le preneur ne pourra faire prendre que dans la cave ou au poste d'eau établi à cet effet et qui ne peut servir que pendant cette époque.

Art. 9. Les chevaux ne devront sortir et rentrer qu'au pas. Les fumiers devront être enlevés tous les matins avant neuf heures, et les provisions de fourrages devront se faire avant dix heures.

Art. 10. Le preneur devra acquitter exactement les impôts personnels et mobiliers et rembourser au bailleur l'impôt des portes et fenêtres ainsi que le droit proportionnel mis par la loi à la charge des locataires.

Art. 11. Il devra se faire assurer pour les risques locatifs et le recours des voisins et en justifier au bailleur.

De son côté, le bailleur s'engage :

1° A tenir le preneur clos et couvert selon l'usage;

2° A imposer aux autres locataires les mêmes

II   78

obligations que celles stipulées dans les présentes pour assurer au preneur la paisible jouissance et la bonne tenue de la maison ;

3° A entretenir en bon état, dans le grand escalier, un tapis en moquette semblable à celui qui existe actuellement, et ce, du 15 octobre au 1er juin de chaque année et à le remplacer en été par un tapis de toile ;

4° A faire chauffer le calorifère du grand escalier à partir du 15 octobre jusqu'à la cessation des froids ;

5° A entretenir les conduites d'eau de la Ville et à fournir l'eau gratuitement au preneur, sauf pendant les gelées, ainsi qu'il est dit ci-dessus ou pendant les travaux de réparations provenant de son fait ou par le fait de l'Administration ;

6° A laisser la Compagnie parisienne amener le gaz dans les lieux loués, mais sans que le bailleur puisse être recherché soit pour interruption dans la fourniture dudit gaz, ni pour le payement de l'abonnement au nettoyage ou autre, ni pour le prix du gaz consommé ;

7° A éclairer le grand escalier, le vestibule, l'escalier de service et la cour tous les soirs, depuis le crépuscule jusqu'à minuit, le preneur pouvant faire prolonger, en cas de besoin, le dit éclairage moyennant cinq centimes par heure et par bec ;

8° Enfin à entretenir la maison en bon état de propreté.

Le présent bail est consenti moyennant un loyer annuel de huit mille francs compris l'abonnement aux eaux de la ville, l'éclairage des parties communes avec les autres locataires, les gages du concierge et l'entretien du tapis d'escalier.

Cette somme sera payable aux quatre termes or-dinaires de l'année pour le premier payement avoir lieu le premier juillet prochain.

Faute de paiement d'un terme à son échéance et un mois après un commandement resté infruc-tueux, le présent bail sera résilié de plein droit si bon semble au bailleur et ce sans préjudice des loyers et des indemnités qui pourraient être dus.

Les frais et honoraires des présentes ainsi que le coût de l'enregistrement sont à la charge du preneur.

Fait double à Paris, le six novembre mil huit cent quatre-vingt.

Approuvé l'écriture ci-dessus,

J.-PIERRE MILLION.

Approuvé l'écriture ci-dessus,

TH. J. LEGROS.

III

MARCHÉ A PRIX FAIT EN BLOC.

Entre les Soussignés :

1° Monsieur Urbain-Ferdinand-Rémi MONTRE-VAULT, propriétaire, demeurant à Paris, rue de la Monnaie, n° 103, d'une part;

Et Monsieur Christophe-Léonard CHAVANAT, entrepreneur de maçonnerie, demeurant à Paris, passage des Carrières, n° 12, d'autre part;

A été passé le contrat dont la teneur suit.

EXPOSÉ.

M. Montrevault est propriétaire d'un terrain sis à Paris, avenue de Belfort, n° 5, qu'il a acquis de M. Bienséant par contrat passé devant Mᵉ Minute et son collègue, notaires à Paris, le 14 décembre 1878. Voulant faire élever sur ce terrain une maison de location, il a fait dresser par M. Du Compas, architecte à Paris et y demeurant, rue Philibert-Delorme, n° 47, le projet de cette construction, projet consistant en plans de tous les étages, élévations, coupes, et cahier des charges, clauses et conditions à remplir pour l'exécution des travaux.

Ce projet, après avoir été accepté par M. Montrevault, a été communiqué à M. Chavanat. Celui-ci en a pris connaissance, s'est renseigné sur la nature du sol, a fait tous les mesurages et calculs nécessaires pour établir le devis exact et bien détaillé de la dépense, en raison des charges et conditions imposées pour arriver à l'entier et complet achèvement de la construction projetée. Suffisamment éclairé par cette étude, M. Chavanat a proposé de se charger d'exécuter les travaux de maçonnerie nécessaires à l'érection de ladite maison, moyennant un prix fixé en bloc et à forfait dont le montant sera indiqué plus bas.

Cette offre ayant été acceptée par M. Montrevault, un contrat de louage s'est formé entre les soussignés, conformément aux règles posées dans la section 3 du chapitre III du titre VIII du livre III du Code civil, et aux conditions du cahier des charges spécialement dressé pour les travaux dont il s'agit.

MARCHÉ.

De la surveillance des travaux. — Art. 1er. M. Chavanat s'engage envers M. Montrevault, qui l'accepte, à exécuter les travaux de maçonnerie nécessaires au complet achèvement de la maison que celui-ci

veut élever avenue de Belfort, nº 5, et dont les
plans, coupes et élévations lui sont remises en signant
le présent marché, en se conformant auxdits plans,
coupes et élévations, aux détails qui lui seront
donnés pendant l'exécution, ainsi qu'aux conditions du cahier des charges particulières aux travaux de maçonnerie et au devis descriptif desdits
travaux, dont une expédition lui est également
remise.

Art. 2. Les travaux seront exécutés sous la direction et la surveillance de l'architecte auquel le propriétaire aura donné mandat à cet effet.

En conséquence, cet architecte aura le droit de
refuser les matériaux qu'il jugera défectueux; d'en
faire modifier l'emploi, la pose, de faire démolir et
remplacer tout ouvrage jugé par lui mal exécuté
et non recevable, sans que ces faits puissent donner
lieu à aucune indemnité au profit de l'entrepreneur.

Sa surveillance s'étendra jusqu'à la police du
chantier; en conséquence, il aura le droit d'exiger
le renvoi des agents et ouvriers de l'entrepreneur,
pour cause d'insubordination, d'incapacité, pour
défaut de probité, ivresse ou mauvaise conduite.
Dans un cas d'urgence, il pourra exiger l'expulsion
immédiate du délinquant.

Il pourra, d'ailleurs, se faire assister ou remplacer dans la surveillance du chantier et des travaux par ses employés, aux ordres desquels l'en-

trepreneur sera tenu de déférer, sous réserve, toutefois, d'en appeler à lui-même.

De l'exécution des travaux. — Art. 3. M. Chavanat
sera mis en possession du terrain, les fouilles faites,
le 7 avril prochain.

Il devra commencer immédiatement les travaux,
et les poursuivre sans interruption jusqu'à leur
entier achèvement.

Les souches de cheminées devront être montées
et ravalées le 26 juillet prochain. Les ravalements
extérieurs et les plâtres intérieurs devront être
achevés le 4 octobre suivant.

Art. 4. Un retard dans l'achèvement ainsi fixé
donnera lieu à des dommages-intérêts au profit de
M. Montrevault, lesquels sont dès à présent appréciés et fixés d'un commun accord à cinquante francs
par jour.

Une avance dans l'achèvement donnera lieu, au
contraire, à une prime au profit de M. Chavanat,
laquelle est fixée à vingt-cinq francs par jour.

Art. 5. En cas de retard, M. Chavanat ne pourra
en rejeter la responsabilité sur les entrepreneurs
travaillant conjointement avec lui, que s'il a fait
constater régulièrement la lenteur et l'inexactitude
de ces entrepreneurs.

Art. 6. M. Chavanat sera tenu d'avoir toujours
sur le chantier le nombre d'ouvriers et les approvisionnements qui seront demandés par l'architecte.

Art. 7. Les matériaux fournis devront être de la meilleure qualité dans les espèces demandées, et avoir les dimensions indiquées sur les dessins ou prescrites par l'architecte.

L'entrepreneur sera tenu, dans tous les cas, et à première réquisition, de fournir les preuves de leur provenance, soit en représentant les lettres de voiture ou les factures des fournisseurs, soit par tout autre moyen suffisamment probant.

Sur la demande de l'architecte, des échantillons devront être déposés entre ses mains, comme types de comparaison en vue des fournitures à faire.

Art. 8. La façon et la mise en œuvre des matériaux devront présenter toute la perfection dont les ouvrages sont susceptibles, et l'exécution sera conforme aux règles de l'art et de la bonne construction.

Art. 9. Les matériaux que l'architecte jugera n'avoir point les qualités requises ou n'être pas convenablement façonnés seront immédiatement enlevés du chantier.

Art. 10. Si des matériaux de qualité inférieure ou mal façonnés sont posés malgré la surveillance de l'architecte ou de ses agents, l'entrepreneur sera tenu de les déposer et de les remplacer à ses frais, risques et périls, à quelque époque que la mauvaise qualité, les vices de construction ou les malfaçons soient constatés, sans pouvoir prétendre à aucun payement ni à aucune indemnité de ce chef, pour quelque cause que ce soit.

Art. 11. L'entrepreneur sera tenu de faire exécuter tous les travaux par lui-même.

Il lui est expressément interdit de sous-traiter, de marchander ou donner à la tâche telle partie du travail que ce soit.

De la responsabilité de l'entrepreneur. — Art. 12. M. Chavanat sera responsable de ses ouvrages d'une manière absolue. La réception même définitive de ses travaux par l'architecte, mandataire du propriétaire, ne pourra être invoquée par lui pour motiver une dérogation, quelle qu'elle soit, aux lois qui régissent la responsabilité du locateur envers le locataire, telles qu'elles sont tracées au titre *Du contrat de louage* (Code civil).

Art. 13. Tous les raccords qui seront la conséquence d'une réparation causée par la mauvaise qualité ou le mauvais emploi des matériaux, par un vice de construction ou par une malfaçon, seront à la charge de l'entrepreneur, comme étant responsable des détériorations éprouvées par les ouvrages d'autrui.

Il en sera de même si des réparations sont à faire comme conséquence de détériorations causées par la négligence ou la faute de ses ouvriers, chacun étant responsable du fait des personnes qu'il emploie.

Art. 14. Dans le cas où les auteurs d'un dégât ne pourraient être connus, les conséquences de ce dégât devant être supportées par tous les entrepreneurs sans distinction, chacun au prorata du montant de son forfait, l'entrepreneur de maçonnerie y participera proportionnellement.

Art. 15. L'entrepreneur sera tenu de vérifier toutes les cotes des dessins, et de relever, soit sur place, soit sur les parties exécutées, toutes les mesures qui lui seront nécessaires.

Il devra se procurer les cotes d'alignement et de nivellement, et les faire vérifier, au moment de la plantation, par les agents de l'autorité.

Il sera, par conséquent, responsable de toute erreur de mesure, quelle qu'elle soit.

Art. 16. Il sera également responsable de toutes les infractions qui pourraient être commises, en ce qui concerne ses travaux, aux lois, décrets, arrêtés, ordonnances et règlements qui régissent la construction dans Paris.

Art. 17. Il sera enfin seul responsable de tous les accidents que l'exécution de ses travaux ou le fait de ses agents ou de ses ouvriers pourront causer, soit aux personnes employées à un titre quelconque sur le chantier et y ayant accès, soit à des personnes étrangères, et de toutes les indemnités qui pourraient en être la conséquence.

Il devra donc prendre toutes les précautions

nécessaires pour éviter ces accidents, et ce, comme bon lui semblera, à ses risques et périls.

Des projets et des détails graphiques. — Art. 18. Les plans, élévations, coupes, profils, dessins, et en général tous les détails nécessaires à l'intelligence et à l'exécution du projet, seront fournis à M. Chavanat par les soins de l'architecte chargé de la direction des travaux, au fur et à mesure de leur avancement.

Art. 19. Les détails d'exécution, tels que calepins d'appareil, épures, etc., qui seront dressés par l'entrepreneur d'après les dessins ou sur les indications de l'architecte, devront toujours lui être soumis et obtenir son approbation avant d'être arrêtés définitivement.

Art. 20. Il est expressément interdit à l'entrepreneur et à ses employés, sous peine de résiliation immédiate du marché, de modifier les dessins remis ou les détails approuvés par l'architecte, et d'apporter tel changement que ce soit dans les tracés, les mesures, les cotes, etc.

Toute erreur supposée ou relevée devra être signalée à l'architecte, qui opérera lui-même la correction, s'il y a lieu.

Des modifications au projet. — Art. 21. M. Montrevault se réserve le droit d'apporter telles modifications qu'il jugera convenables au projet primitif, pendant le cours de l'exécution.

M. Chavanat sera tenu de se conformer, à cet
égard, aux ordres de l'architecte, qu'il s'agisse
d'augmentation ou de diminution dans la quantité
des ouvrages, ou de changements dans les agencements prévus.

Art. 22. S'il s'agit de changements à apporter
dans les distributions indiquées à l'avance, les travaux non prévus et exécutés seront compensés par
les travaux prévus et non exécutés. Il n'y aura donc
lieu ni à augmentation ni à diminution du prix
fixé à forfait, alors même que ces travaux n'auraient
pas exactement la même valeur.

Art. 23. Il y aura lieu à augmentation de prix,
dans le cas où la quantité des ouvrages serait augmentée par l'adjonction d'une partie importante de
construction non prévue.

Il y aura lieu à diminution de prix, dans le cas où
la quantité des ouvrages serait diminuée par la
suppression d'une partie importante de construction
prévue.

Il est bien et dûment expliqué que la modification doit être importante, comme serait un changement dans l'étendue de la surface couverte, l'adjonction ou la suppression d'un étage. En dehors
de ces cas, ou d'autres aussi graves, l'entrepreneur
reste soumis aux conditions de l'article 22.

Art. 24. Il y aura encore lieu à augmentation,
dans le cas où, des travaux étant exécutés, le propriétaire voulant apporter un changement au projet

primitivement arrêté par lui, en demanderait la
démolition et la réédification.

Art. 25. En aucun cas, l'entrepreneur ne pourra
réclamer l'augmentation du prix fixé à forfait, pour
modifications ou changements, s'il n'est porteur
d'une convention écrite en triple expédition, signée
par l'architecte, le propriétaire et lui-même, déter-
minant la nature et l'importance du changement,
et en fixant le prix.

Art. 26. Si quelques détails ou articles nécessaires
à l'accomplissement et au parfait achèvement des
travaux avaient été omis, soit sur les dessins, soit
dans le devis descriptif ou cahier des charges,
clauses et conditions particulières, la fourniture de
ces articles et l'exécution de ces détails sont, dès à
présent, imposées à l'entrepreneur, qui sera tenu
de se conformer au système général du surplus de
la construction, et ne pourra prétendre à aucun
supplément de prix pour ces omissions.

La commune intention des parties, en effet, est
que, sous réserve des exceptions prévues aux
articles 23 et 24, le prix fixé à forfait soit invariable.

Du prix des travaux et des modes de payement. —
Art. 27. Les travaux de maçonnerie qui font l'objet
du présent marché seront exécutés pour la somme
de deux cent quarante mille francs.

Art. 28. Cette somme étant fixée à forfait, elle
ne pourra être modifiée, ni en plus, ni en moins,

pour cause de variation dans le prix de la main-
d'œuvre ou des matériaux, pour interruption par
suite de grève, ou pour toute autre cause analogue.

Art. 29. M. Montrevault s'engage à donner des
acomptes sur le prix des travaux, au fur et à mesure de leur exécution. Ces acomptes ne porteront
que sur les travaux faits. En aucun cas il n'en sera
donné sur les approvisionnements, ni sur les
ouvrages, même façonnés et livrés, tant qu'ils ne
seront pas mis en place et scellés.

Art. 30. En conséquence, la somme de deux cent
quarante mille francs ci-dessus fixée à forfait sera
payée de la manière suivante :

Vingt mille francs lorsque les voûtes de cave
seront fermées ;

Vingt mille francs lorsque le second plancher
sera hourdé ;

Vingt-cinq mille francs lorsque le sixième plancher sera hourdé ;

Vingt-cinq mille francs lorsque les souches de
cheminée seront ravalées ;

Cinquante mille francs lorsque les ravalements
extérieurs et les plâtres intérieurs seront terminés ;

Trente mille francs lorsque les travaux seront
entièrement terminés ;

Trente-cinq mille francs trois mois après l'achèvement complet ;

Trente-cinq mille francs six mois après l'achèvement complet.

Art. 31. S'il intervient entre les parties quelque convention nouvelle, conformément aux articles 23, 24 et 25, le prix fixé par cette convention sera payé en même temps que le solde des travaux.

Art. 32. Tous les payements seront faits sur un certificat remis à l'entrepreneur par l'architecte chargé de la direction des travaux, et proposant la délivrance d'un acompte ou du solde.

Art. 33. L'architecte pourra refuser toute proposition d'acompte ou de payement :

1° Dans le cas où l'entrepreneur ne se serait pas conformé aux conditions qui lui sont imposées par le cahier des charges et le marché ;

2° Dans le cas où quelque partie de ses travaux ne serait pas recevable.

L'entrepreneur ne pourra faire cesser ce refus qu'en donnant satisfaction aux demandes de l'architecte.

Art. 34. Le payement du solde, et même des acomptes qui le précèdent, sera ajourné s'il s'est révélé des vices de construction ou des malfaçons qui motivent des réclamations de la part du propriétaire.

De la résiliation. Dispositions générales. — Art. 35. Le présent marché sera résilié de plein droit : 1° en cas de tromperie sur la qualité ou la provenance des matériaux ; 2° en cas de fraude dûment constatée, quelle qu'elle soit; 3° en cas d'abandon des travaux ; 4° en cas de faillite de l'entrepreneur.

Art. 36. Une interruption prolongée sans raison et non suivie de reprise dans les quarante-huit heures, après une sommation régulière, sera considérée comme un abandon.

Il en sera de même si l'entrepreneur, sans interrompre ses travaux d'une façon absolue, ne les poursuivait que d'une manière fictive et illusoire, en diminuant outre mesure le nombre des ouvriers et en laissant manquer les matériaux sur le chantier.

Art. 37. En cas de résiliation du présent marché et de remplacement de M. Chavanat par un autre entrepreneur, les comptes de M. Chavanat seront réglés de telle sorte que M. Montrevault soit complètement indemne de toute dépense supérieure à celle fixée ci-dessus. M. Montrevault aura, de plus, droit, en cette circonstance, à des dommages-intérêts à fixer eu égard au préjudice à lui causé par le retard apporté dans les travaux par cette résiliation.

Art. 38. Les frais de timbre du présent marché sont à la charge de M. Chavanat. Ceux d'enregistrement, de droits, doubles droits, amendes, etc., auxquels pourrait donner lieu la production en justice du marché ou du devis descriptif, seront à la charge de celle des parties qui succombera dans ses prétentions.

Fait triple entre les parties, pour la troisième expédition être remise à l'architecte chargé de la direction des travaux, lequel est autorisé à la conserver comme pièce lui appartenant.

Paris, le douze mars mil huit cent soixante-dix-neuf.

Approuvé l'écriture ci-dessus et d'autre part,

MONTREVAULT.

Approuvé l'écriture ci-dessus et d'autre part,

CHAVANAT.

IV

MARCHÉ A PRIX FAIT SUR SÉRIE.

Entre les Soussignés :

1° Monsieur Urbain - Ferdinand - Rémi MONTRE-
VAULT, propriétaire, demeurant à Paris, rue de la
Monnaie, n° 103, d'une part;

Et Monsieur Christophe-Léonard CHAVANAT, entrepreneur de maçonnerie, demeurant à Paris, passage des Carrières, n° 12, d'autre part;

A été passé le contrat dont la teneur suit :

EXPOSÉ.

M. Montrevault est propriétaire d'un terrain sis
à Paris, avenue de Belfort, n° 5, qu'il a acquis de
M. Bienséant par contrat passé devant M⁰ Minute
et son collègue, notaires à Paris, le 14 décembre
1878. Voulant faire élever sur ce terrain une maison
de location, il a fait dresser par M. Du Compas,
architecte à Paris et y demeurant, rue Philibert-

Delorme, n° 47, le projet de cette construction, projet consistant en plans de tous les étages, élévations, coupes, cahier des charges, clauses et conditions à remplir pour l'exécution des travaux, enfin évaluation de la dépense à faire.

Cette évaluation, en ce qui concerne les travaux de maçonnerie, est de deux cent cinquante-huit mille huit cent quatre-vingt-dix-neuf francs soixante-cinq centimes.

Ce projet, après avoir été accepté par M. Montrevault, a été communiqué à M. Chavanat. Celui-ci en a pris connaissance, s'est renseigné sur la nature du sol, a fait tous les mesurages et calculs nécessaires pour contrôler le chiffre de dépense annoncé, en raison des charges et conditions imposées, afin d'arriver à l'entier et complet achèvement de la construction projetée. Suffisamment éclairé par cette étude, M. Chavanat a proposé de se charger d'exécuter les travaux de maçonnerie nécessaires à l'érection de ladite maison, moyennant un rabais de sept francs trente centimes pour cent sur les prix de la Série adoptée par la Société centrale des architectes pour être appliquée aux travaux particuliers à Paris et dans le département de la Seine, édition de l'année 1878.

Cette offre ayant été acceptée par M. Montrevault, un contrat de louage s'est formé entre les soussignés conformément aux règles posées dans la section 3 du chapitre III du titre VIII du livre III du Code civil, et aux conditions du cahier des charges spécialement dressé pour les travaux dont il s'agit.

MARCHÉ.

De la surveillance des travaux. — Art. 1ᵉʳ. M. Chavanat s'engage envers M. Montrevault, qui l'accepte, à exécuter tous les travaux de maçonnerie nécessaires au complet achèvement de la maison que celui-ci veut faire élever avenue de Belfort, n° 5, et dont les plans, coupes et élévations lui sont remis en signant le présent marché, en se conformant auxdits plans, coupes et élévations, aux détails qui lui seront donnés pendant l'exécution, ainsi qu'aux conditions du cahier des charges particulières aux travaux de maçonnerie, ou devis descriptif desdits travaux, dont une expédition lui est également remise.

Art. 2. Les travaux seront exécutés sous la direction et la surveillance de l'architecte auquel le propriétaire aura donné mandat à cet effet.

En conséquence, cet architecte aura le droit de refuser les matériaux qu'il jugera défectueux ; d'en faire modifier l'emploi, la pose ; de faire démolir et remplacer tout ouvrage jugé par lui mal exécuté et non recevable, sans que ces faits puissent donner lieu à aucune indemnité au profit de l'entrepreneur.

Sa surveillance s'étendra jusqu'à la police du chantier. En conséquence, il aura le droit d'exiger le renvoi des agents et ouvriers de l'entrepreneur, pour cause d'insubordination, d'incapacité ; pour défaut de probité, ivresse ou mauvaise conduite. Dans un cas d'urgence, il pourra exiger l'expulsion immédiate du délinquant.

Il pourra, d'ailleurs, se faire assister ou remplacer dans la surveillance du chantier par ses employés, aux ordres desquels l'entrepreneur sera tenu de déférer, sous réserve, toutefois, d'en appeler à lui-même.

De l'exécution des travaux. — Art. 3. M. Chavanat sera mis en possession du terrain, les fouilles faites, le 7 avril prochain.

Il devra commencer immédiatement les travaux, et les poursuivre sans interruption jusqu'à leur entier achèvement.

Les souches de cheminées devront être montées et ravalées le 26 juillet prochain. Les ravalements extérieurs et les plâtres intérieurs devront être achevés le 4 octobre suivant.

Art. 4. Un retard dans l'achèvement ainsi fixé donnera lieu à des dommages-intérêts au profit de M. Montrevault, lesquels sont dès à présent appréciés et fixés d'un commun accord à cinquante francs par jour.

Une avance dans l'achèvement donnera lieu, au

contraire, à une prime au profit de M. Chavanat, laquelle est fixée à vingt-cinq francs par jour.

Art. 5. En cas de retard, M. Chavanat ne pourra en rejeter la responsabilité sur les entrepreneurs travaillant conjointement avec lui, que s'il a fait constater régulièrement la lenteur et l'inexactitude de ces entrepreneurs.

Art. 6. M. Chavanat sera tenu d'avoir toujours sur le chantier le nombre d'ouvriers et les approvisionnements qui seront demandés par l'architecte.

Art. 7. Les matériaux fournis devront être de la meilleure qualité dans les espèces demandées, et avoir les dimensions indiquées sur les dessins ou prescrites par l'architecte.

L'entrepreneur sera tenu, dans tous les cas, et à première réquisition, de fournir les preuves de leur provenance, soit en représentant les lettres de voiture ou les factures des fournisseurs, soit par tout autre moyen suffisamment probant.

Sur la demande de l'architecte, des échantillons devront être déposés entre ses mains, comme types de comparaison en vue des fournitures à faire.

Art. 8. La façon et la mise en œuvre des matériaux devront présenter toute la perfection dont les ouvrages sont susceptibles, et l'exécution sera conforme aux règles de l'art et de la bonne construction.

Art. 9. Les matériaux que l'architecte jugera

n'avoir pas les qualités requises ou n'être pas convenablement façonnés seront immédiatement enlevés du chantier.

Art. 10. Si des matériaux de qualité inférieure ou mal façonnés sont posés malgré la surveillance de l'architecte ou celle de ses agents, l'entrepreneur sera tenu de les déposer et de les remplacer à ses frais, risques et périls, à quelque époque que la mauvaise qualité, les vices de construction ou les malfaçons soient constatés, sans pouvoir prétendre à aucun payement ni à aucune indemnité de ce chef, pour quelque cause que ce soit.

Art. 11. L'entrepreneur sera tenu de faire exécuter tous les travaux par lui-même.

Il lui est expressément défendu de sous-traiter, de marchander ou de donner à la tâche telle partie du travail que ce soit.

Art. 12. M. Chavanat sera responsable de ses ouvrages d'une manière absolue. La réception même définitive de ses travaux par l'architecte mandataire du propriétaire ne pourra être invoquée par lui pour motiver une dérogation, quelle qu'elle soit, aux lois qui régissent la responsabilité du locateur envers le locataire, telles qu'elles sont tracées au titre *Du contrat de louage* (Code civil).

Art. 13. Tous les raccords qui seront la conséquence d'une réparation causée par la mauvaise qualité ou le mauvais emploi des matériaux, par un vice de construction ou par une malfaçon, seront à la charge de l'entrepreneur, comme étant responsable des détériorations éprouvées par les ouvrages d'autrui.

Il en sera de même si des réparations sont à faire comme conséquence de détériorations causées par la négligence ou la faute de ses ouvriers, chacun étant responsable du fait des personnes qu'il emploie.

Art. 14. Dans le cas où les auteurs d'un dégât ne pourraient être connus, les conséquences de ce dégât devant être supportées par tous les entrepreneurs sans distinction, chacun au prorata du montant de son mémoire réglé, l'entrepreneur de maçonnerie y participera proportionnellement.

Art. 15. L'entrepreneur sera tenu de vérifier toutes les cotes des dessins, et de relever, soit sur place, soit sur les parties exécutées, toutes les mesures qui lui seront nécessaires.

Il devra se procurer les cotes d'alignement et de nivellement, et les faire vérifier, au moment de la plantation, par les agents de l'autorité.

Il sera, par conséquent, responsable de toute erreur de mesure, quelle qu'elle soit.

Art. 16. Il sera également responsable de toutes les infractions qui pourraient être commises, en ce qui concerne ses travaux, aux lois, décrets, arrêtés, ordonnances et règlements qui régissent la construction dans Paris.

Art. 17. Il sera, enfin, seul responsable de tous les accidents que l'exécution de ses travaux ou le fait de ses agents ou de ses ouvriers pourront causer, soit aux personnes employées à un titre quelconque sur le chantier et y ayant accès, soit à des personnes étrangères, et de toutes les indemnités qui pourraient en être la conséquence.

Il devra donc prendre toutes les précautions nécessaires pour éviter ces accidents, et ce comme bon lui semblera, à ses risques et périls.

Des projets et des détails graphiques. — Art. 18. Les plans, élévations, coupes, profils, dessins, et en général tous les détails nécessaires à l'intelligence et à l'exécution du projet, seront fournis à M. Chavanat par les soins de l'architecte chargé de la direction des travaux, au fur et à mesure de leur avancement.

Art. 19. Les détails d'exécution, tels que calepins d'appareils, épures, etc., qui seront dressés par l'entrepreneur d'après les dessins ou sur les indications de l'architecte, devront toujours lui être soumis et obtenir son approbation avant d'être arrêtés définitivement.

Art. 20. Il est expressément interdit à l'entrepreneur et à ses employés, sous peine de résiliation immédiate du marché, de modifier les dessins remis ou les détails approuvés par l'architecte, et d'apporter tel changement que ce soit dans les tracés, les mesures, les cotes, etc.

Toute erreur supposée ou relevée devra être signalée à l'architecte, qui opérera lui-même la correction, s'il y a lieu.

Des modifications au projet. — Art. 21. M. Montrevault se réserve le droit d'apporter telles modifications qu'il jugera convenables au projet primitif, pendant le cours de l'exécution.

M. Chavanat sera tenu de se conformer, à cet égard, aux ordres de l'architecte, qu'il s'agisse d'augmentation ou de diminution dans la quantité des ouvrages, ou de changements dans les agencements prévus.

Art. 22. Les modifications qui pourraient être apportées au projet primitif ne devront amener aucun changement au présent marché, tant qu'elles ne produiront pas une différence égale au tiers de la dépense telle qu'elle a été évaluée ci-dessus.

Art. 23. Si ces modifications avaient pour résultat de modifier la dépense prévue de plus du tiers, soit de quatre-vingt-six mille trois cents francs, l'entrepreneur aurait droit à une indemnité, en raison des approvisionnements qu'il aurait faits ou des marchés qu'il aurait passés avec des fournisseurs, et cette indemnité est dès à présent estimée devoir être du montant du rabais consenti; c'est-à-dire que son mémoire lui serait payé suivant le règlement fait d'après la série adoptée, sans application du rabais.

Art. 24. Si ces modifications avaient pour résultat d'augmenter la dépense prévue de plus du tiers, soit de quatre-vingt-six mille trois cents francs, l'entrepreneur aurait le droit de résilier le présent marché, dès qu'il aurait dépassé la dépense supplémentaire à laquelle il est tenu de se soumettre par l'article 22.

Cette résiliation, si l'entrepreneur jugeait à propos d'exercer son droit, aurait lieu purement et simplement, sans pouvoir donner lieu à aucune action en dommages-intérêts contre lui.

Du prix des travaux et des modes de payement. — Art. 25. Le prix des travaux de maçonnerie qui font l'objet du présent marché sera établi au moyen d'un mémoire dressé et produit par l'entrepreneur.

Ce mémoire sera réglé en prenant pour base, ainsi qu'il a été dit plus haut, la série adoptée par la Société centrale des architectes pour être appliquée aux travaux particuliers à Paris et dans le département de la Seine, édition de 1878.

Le règlement sera ensuite frappé d'un rabais de sept francs trente centimes par cent francs.

Art. 26. Ce rabais ne pourra être modifié, ni en plus, ni en moins, pour cause de variation dans le prix de la main-d'œuvre ou des matériaux, pour interruption par suite de grève, de suspension dans les transports, ou pour toute autre cause analogue.

Art. 27. L'entrepreneur sera tenu de fournir à l'architecte, au fur et à mesure de l'exécution, des attachements, soit figurés, soit écrits, selon la nature des faits à constater, de toutes les parties de construction destinées à être cachées.

Ces attachements seront dressés en double. Ils seront vérifiés sur place contradictoirement, avant que les parties décrites soient devenues invisibles. Ils seront signés de l'architecte et de l'entrepreneur.

Art. 28. Si l'entrepreneur ne se soumet pas rigoureusement aux prescriptions de l'article précédent, et que, des difficultés se produisant au moment du règlement, il y ait lieu de faire des sondages, ces sondages et toutes leurs conséquences, quelles qu'elles soient, seront à la charge de l'entrepreneur, alors même qu'il aurait raison dans ses prétentions, attendu que c'est parce qu'il ne se sera point conformé aux prescriptions de l'article 27 qu'ils auront été nécessaires.

Art. 29. Tous les travaux, sans exception, devront être évalués au mètré. Il ne sera exécuté de travaux à la journée que dans des cas exceptionnels, et ce mode d'estimation ne sera accepté que si le temps employé est constaté d'une façon régulière et incontestable, et ce, à la requête et diligence de l'entrepreneur.

Art. 30. M. Montrevault s'engage à donner des acomptes sur le prix des travaux, au fur et à mesure de leur exécution. Ces acomptes ne porteront que sur les travaux faits. En aucun cas il n'en sera donné sur les approvisionnements ni sur les ouvrages, même façonnés et livrés, tant qu'ils ne seront pas mis en place et scellés.

Art. 31. Ces acomptes seront partagés et distribués de telle sorte que l'entrepreneur reçoive approximativement : six neuvièmes du montant total des travaux pendant le cours de l'exécution ; un neuvième lors de l'achèvement complet ; un neuvième trois mois après l'achèvement, s'il a remis son mémoire, sinon à la remise de son mémoire ; le dernier neuvième ou solde, neuf mois après, s'il a accepté le règlement de ce mémoire.

Art. 32. Pour fixer le montant de chaque acompte, l'entrepreneur sera tenu de fournir un état de situation sommaire facile à vérifier. Cet état de situation sera l'objet d'un règlement par l'architecte, et le règlement sera frappé du rabais consenti. Le montant de l'acompte à verser sera ensuite fixé de manière à rester dans les proportions déterminées par l'article précédent.

Art. 33. L'entrepreneur aura le droit de remplacer les états de situation sommaires par des mémoires partiels définitifs, pour arriver à une plus grande exactitude dans l'estimation des travaux et, par suite, dans la fixation des acomptes.

Art. 34. Tous les payements seront faits sur un certificat remis à l'entrepreneur par l'architecte chargé de la direction des travaux, et proposant la délivrance d'un acompte ou du solde.

Art. 35. L'architecte pourra refuser toute proposition d'acompte ou de payement :

1° Dans le cas où l'entrepreneur ne se serait pas conformé aux conditions qui lui sont imposées par le cahier des charges et le marché ;

2° Dans le cas où quelque partie de ses travaux ne serait pas recevable.

L'entrepreneur ne pourra faire cesser ce refus qu'en donnant satisfaction aux demandes de l'architecte.

Art. 36. Le payement du solde, et même des acomptes qui le précèdent, sera ajourné s'il est révélé des vices de construction ou des malfaçons qui motivent des réclamations de la part du propriétaire.

De la résiliation. Dispositions générales. —
Art. 37. Le présent marché sera résilié de plein droit : 1° en cas de tromperie sur la qualité ou la provenance des matériaux; 2° en cas de fraude dûment constatée, quelle qu'elle soit; 3° en cas d'abandon des travaux; 4° en cas de faillite de l'entrepreneur.

Art. 38. Une interruption prolongée sans raison et non suivie de reprise dans les quarante-huit heures, après une sommation régulière, sera considérée comme un abandon.

Il en sera de même si l'entrepreneur, sans interrompre ses travaux d'une façon absolue, ne les poursuivait que d'une manière fictive et illusoire, en diminuant outre mesure le nombre des ouvriers et en laissant manquer les matériaux sur le chantier.

Art. 39. En cas de résiliation du présent marché et de remplacement de M. Chavanat par un autre entrepreneur, les comptes de M. Chavanat seront réglés de telle sorte que M. Montrevault soit complètement indemne de toute dépense supérieure à celle fixée ci-dessus. M. Montrevault aura, de plus, droit, en cette circonstance, à des dommages-intérêts à fixer eu égard au préjudice à lui causé par le retard apporté dans les travaux par cette résiliation.

Art. 40. Les frais de timbre du présent marché sont à la charge de M. Chavanat. Ceux d'enregistrement, de droits, doubles droits, amendes, etc., auxquels pourrait donner lieu la production en justice du marché ou du devis descriptif, seront à la charge de celle des parties qui succombera dans ses prétentions.

Fait triple entre les parties, pour la troisième expédition être remise à l'architecte chargé de la direction des travaux, lequel est autorisé à la conserver comme pièce lui appartenant.

Paris, le douze mars mil huit cent soixante-dix-neuf.

Approuvé l'écriture ci-dessus et d'autre part,
MONTRÉVAULT.

Approuvé l'écriture ci-dessus et d'autre part,
CHAVANAT.

V

MARCHÉ A PRIX FAIT SUR SÉRIE AVEC MAXIMUM.

Le marché à prix fait sur série avec maximum est celui par lequel un entrepreneur s'engage à exécuter un travail suivant des conditions déterminées, sans que le payement de ce travail puisse jamais excéder une somme fixée à l'avance.

Ce marché présente donc un caractère mixte.

Il participe du marché à prix fait en bloc par suite de la fixation d'un maximum, et même il n'en diffère plus dès que le maximum est atteint.

Il participe du marché fait sur série en ce que l'entrepreneur ne doit recevoir que le prix réel des travaux qu'il a exécutés, quand ce prix est inférieur au maximum fixé.

Il en résulte que non seulement les clauses communes aux deux marchés, — marché à prix fait en bloc et marché à prix fait sur série, — mais encore les clauses particulières à chacun d'eux sont applicables au marché à prix fait sur série avec maximum.

Ainsi les dispositions contenues dans les art. 21, 22, 23, 24, 25 et 26 du marché à prix fait en bloc

II

trouvent leur application dans le marché à prix fait sur série avec maximum, dès que la condition du maximum se trouve appliquée, et qu'il faut rechercher si le projet a été exécuté sans changements susceptibles de modifier les conventions.

Ainsi encore les dispositions contenues dans les articles 25, 26, 27, 28 et 29 du marché à prix fait sur série trouvent leur application dans le marché à prix fait sur série avec maximum, lorsqu'il s'agit de connaître la valeur réelle des travaux, de savoir si le maximum est atteint ou dépassé, et de déterminer le prix à payer à l'entrepreneur.

La formule du marché à prix fait sur série avec maximum doit donc être établie au moyen des deux formules qui précèdent, et il est facile de le faire. C'est pourquoi il a paru inutile d'en donner ici un modèle qui n'eût été qu'une répétition d'articles dont la plupart sont déjà deux fois produits.

VI

DEMANDE D'ALIGNEMENT (1).

Paris, le 31 août 1880.

A M. LE PRÉFET DE LA SEINE, A PARIS.

Monsieur le Préfet,

Le soussigné, Jean-Pierre MILLION, demeurant à Paris, avenue du Tremble, n° 50, propriétaire d'un terrain sis à Paris, avenue Louis-Duc, n° 4, sur lequel il veut faire élever une construction dont les plans sont joints à la présente demande,

A l'honneur de vous prier, Monsieur le Préfet, de vouloir bien lui donner l'autorisation nécessaire et lui indiquer l'alignement auquel il doit se soumettre.

Il vous prie, Monsieur le Préfet, d'agréer l'assurance de sa considération distinguée.

J. P. MILLION.

(1) Cette demande doit être dressée sur papier timbré au timbre de 0, 60 c.

VII

DEMANDE DE NIVELLEMENT (1).

Paris, le 31 août 1880.

A M. LE PRÉFET DE LA SEINE, A PARIS.

Monsieur le Préfet,

Le soussigné, Jean-Pierre MILLION, *demeurant à Paris, avenue du Tremble, n° 50, propriétaire d'un terrain sis à Paris, avenue Louis-Duc, n° 4, sur lequel il veut faire élever une construction dont les plans sont joints à la présente demande,*

A l'honneur de vous prier, Monsieur le Préfet, de vouloir bien lui indiquer le nivellement de la voie publique au droit de sa propriété.

Il vous prie, Monsieur le Préfet, d'agréer l'assurance de sa considération distinguee.

J. P. MILLION.

(1) Cette demande doit être dressée sur papier timbré au timbre de 0,60 c.

VIII

DEMANDE D'ÉTABLISSEMENT D'APPAREILS DIVISEURS (1).

Paris le 31 août 1880.

A M. LE PRÉFET DE LA SEINE, A PARIS.

Monsieur le Préfet,

Le soussigné, Jean-Pierre MILLION, *demeurant à Paris, avenue du Tremble, n° 50, propriétaire d'un terrain sis à Paris, avenue Louis=Duc, n° 4, sur lequel il veut faire élever une construction dont les plans sont joints à la présente demande,*

A l'honneur de vous prier, Monsieur le Préfet, de vouloir bien l'autoriser à établir dans sa propriété des appareils diviseurs avec écoulement des eaux vannes à l'égout (2).

Il s'engage à prendre un abonnement aux eaux de la Ville et à payer une somme de trente francs pour chaque chute de cabinets d'aisance.

Il vous prie, Monsieur le Préfet, d'agréer l'assurance de sa considération distinguée.

J.=P. MILLION.

(1) Cette demande doit être dressée sur papier timbré au timbre de 0,60 c.

(2) Voir tome IV, n° ccv, p. 815=819, l'*Arrêté réglementaire* du 2 juillet 1867.

IX

DEMANDE D'ÉTABLISSEMENT DE BARRIÈRE (1).

Paris, le 31 août 1880.

A M. LE PRÉFET DE POLICE, A PARIS.

Monsieur le Préfet,

Le soussigné, Joseph-Cyprien MOELLON, *entre=preneur de maçonnerie, demeurant à Paris, rue du Plâtre, n° 5, chargé d'édifier une construction sur un terrain sis à Paris, avenue Louis-Duc, n° 4,*

A l'honneur de vous prier, Monsieur le Préfet, de vouloir bien lui donner la permission d'établir une clôture provisoire, en planches, au-devant de ladite construction, ainsi qu'une tourelle à monter les matériaux à l'angle de l'avenue Louis-Duc et de l'avenue du Tremble.

Il vous prie, Monsieur le Préfet, d'agréer l'assurance de sa considération distinguée.

J.-C. MOELLON.

(1) Cette demande doit être dressée sur papier timbré au timbre de 0,60 c.

X

RAPPORT D'EXPERT.

L'an mil huit cent soixante-dix-neuf, le lunai quinze septembre et jours suivants,

Nous, JUSTE DUTRAIT, architecte, demeurant à Paris, rue Droite, numéro dix,

Expert commis et dispensé du serment d'office, aux termes d'une ordonnance de référé, contradictoirement rendue entre :

1° M. PIGNON, propriétaire, demeurant à Paris, rue Pavée, n° 165,

Et 2° M. DES MAZURES, propriétaire, demeurant à Paris, rue Neuve, n° 40,

Par M. le Président du tribunal civil de première instance du département de la Seine, le 14 novembre 1877, enregistrée et dont le dispositif est ainsi conçu :

« Attendu que Pignon allègue que le mur sépa-
« ratif de sa propriété et de celle de des Mazures
« est insuffisant pour soutenir les constructions
« qu'il se propose d'édifier ;

« Qu'il y a urgence de recourir à une expertise ;

« Par ces motifs :

« Disons que Dutrait expert dispensé du ser-
« ment d'office constatera l'état du mur dont il
« s'agit, dira s'il est insuffisant comme mur mi-
« toyen en l'état actuel ou seulement pour les
« constructions que Pignon veut édifier, et en cas
« d'affirmative indiquera tous travaux à faire pour
« la démolition du mur ancien et la reconstruction
« du mur nouveau, les fera exécuter, en prenant
« toutes précautions dans l'intérêt du voisin,
« par des ouvriers de son choix dont il règlera
« les mémoires et s'expliquera sur les empiète-
« ments qui auraient pu être commis sur le mur
« ancien par des Mazures ou ses auteurs, dira
« dans quelle proportion les frais de démolition et
« reconstruction du mur mitoyen devront être
« supportés par les parties, s'expliquera sur tous
« dires et réquisitions des parties, les conciliera si
« faire se peut, et, en cas de non-conciliation,
« déposera son rapport au greffe de ce tribunal
« pour être par les parties requis et par le tri-
« bunal statué ce que de droit. »

Après nous être en cette qualité transporté une
première fois le lundi 20 novembre 1877, sur les
lieux litigieux, sis à Paris, boulevard Henri-Labrouste, n° 4, où, en présence de :

« 1° M. Dossier, avoué de M. Pignon, assisté de
M. Compas, architecte ;

2° M. des Mazures assisté de M. Placet, avoué et
de M. Duplan, architecte ;

Nous avons, en entendant les explications contradictoires des comparants, procédé à l'examen du mur litigieux ;

Après être retourné sur lesdits lieux le 22 du même mois, pour terminer cet examen en présence des parties et de leurs conseils ;

Avoir relevé la désignation des localités contiguës au mur qui allait être démoli et vérifié une figure de ce mur ;

Avoir ordonné, suivi et dirigé les travaux de démolition et de reconstruction dudit mur jusqu'à son complet achèvement, vérifié et réglé les mémoires des travaux ;

Avoir eu, à la date du 21 juillet 1878, une réunion en notre cabinet, avec les parties et leurs conseils pour entendre leurs explications sur les comptes à établir et établi ensuite lesdits comptes ;

Avoir eu, à la date du 5 novembre 1878, une nouvelle réunion avec les conseils des parties pour leur donner connaissance de notre travail ;

Avoir, sur leur demande, rédigé et expédié en double sur timbre une transaction et mis au net en double une figure du mur neuf, par nous relevée ;

Avoir réuni de nouveau, à la date du 18 février 1879, en notre cabinet, les parties qui se sont trouvées en désaccord sur les termes de ladite transaction et n'ont pu terminer l'affaire à l'amiable ;

Avoir, à la date du 16 mars 1879, reçu de

M. Dossier, avoué de M. Pignon, un dire enregistré et demeuré ci-annexé, et vainement attendu la réponse de M. des Mazures,

Avons, à l'aide des notes et renseignements par nous recueillis au cours de nos opérations, rédigé le rapport dont la teneur suit :

RAPPORT.

M. Pignon est propriétaire d'un immeuble sis à Paris, boulevard Henri-Labrouste, n° 4 et contigu à la propriété de M. des Mazures, sise même boulevard, n° 6.

M. Pignon voulant édifier des constructions sur son terrain et prétendant que le mur séparatif entre lui et M. des Mazures est insuffisant pour tous deux, introduisit contre son voisin le référé sur lequel est intervenue l'ordonnance précitée du 14 novembre 1877, qui nous a commis aux fins ci-dessus rapportées.

En exécution de notre mission, nous avons examiné le mur litigieux pour nous rendre compte de son état.

Ce mur qui, dans la partie basse, doit être beaucoup plus ancien que la maison des Mazures, avait été construit originairement en moellon et plâtre et hourdé en terre, même en fondation.

Lorsqu'on édifia la maison des Mazures, on vou-

lut évidemment s'en servir malgré son insuffi-
sance, et on y exécuta des reprises en fondation
à mi-mur et presque sans liaison avec la partie
conservée ; ce qui constitue un mode de construction des plus défectueux et inacceptable en
mitoyenneté.

En élévation et au-dessus du sol du rez-de-
chaussée, le mur était bouclé et présentait le
même mode de construction, d'environ six centimètres sur une longueur de trois mètres et seulement dans la hauteur du rez-de-chaussée.

Il était donc composé d'une partie ancienne en
mauvais état et de quelques parties relativement
récentes, médiocres et sans cohésion avec la précédente.

De plus, il ne descendait pas jusqu'au sous-sol
sur lequel repose le mur neuf et le Tribunal pourra
se rendre exactement compte de la physionomie et
de l'état dudit mur, en consultant la figure demeurée
ci-jointe qui en a été dressée par les architectes
des parties et dont nous conservons la minute
signée par lesdits architectes.

Évidemment condamnable pour M. Pignon, ce
mur n'était pas non plus suffisant pour M. des Mazures, sa durée ne pouvait plus être que très-mi-
nime et certainement inférieure à celle de la maison
de M. des Mazures ; et s'il avait pu subsister jusqu'alors, c'était grâce à la reprise faite en contravention des lois de voisinage par M. des Mazures ou ses

auteurs, qui, comme nous l'avons dit plus haut,
ont démoli et reconstruit une partie du mur commun, sans autorisation du co-propriétaire, auteur
de M. Pignon.

Mais, malgré cette reprise déjà ancienne, l'état
du mur était tel que, lors même que M. Pignon
n'eût pas construit sur son terrain, il aurait fallu
le refaire dans un délai peu éloigné pour le besoin
de M. des Mazures et par conséquent sa réfection
actuelle profitait au bâtiment de M. des Mazures en
augmentant considérablement ses chances de
durée.

Après avoir ainsi effectué nos constats, nous
avons ordonné la démolition et la reconstruction
du mur qui ont été effectuées sous nos ordres,
ainsi que les étaiements et encloisonnements provisoires et les raccords accessoires du côté de
M. des Mazures.

Et nous avons réglé les travaux ainsi qu'il suit :

Maçonnerie. . . . . 4,176^f 41
Charpente . . . . 320^f 81
Travaux divers exécutés dans la propriété de M. des Mazures (déménagement
de mobilier des locataires, raccords, etc.). 606^f 21
Total de nos règlements, la somme
de cinq mille cent trois francs qua-

rante-trois centimes . . . . 5,103^f 43

.

Comme e mur était insuffisant pour les deux propriétaires, suivant les raisons ci-dessus données par nous, les travaux de démolition doivent être supportés de moitié, ainsi que ceux de reconstruction dans les héberges communes.

Chacun doit payer en outre les portions de mur édifiées pour son usage personnel et tenir compte à son voisin d'une indemnité de charge pour toute partie lui appartenant et dépassant les héberges communes.

Enfin les travaux d'étaiements, encloisonnements et raccords accessoires exécutés chez M. des Mazures doivent être payés par lui seul.

Nous avons établi d'après ces bases le décompte demeuré ci-joint et dont le résumé suit :

M. Pignon a payé ou paiera tous les travaux aux entrepreneurs.

M. des Mazures doit contribuer à ces travaux pour la somme de. 3,079ᶠ 51

Il doit en outre payer à son voisin une indemnité de charge pour la portion teintée en jaune-clair à la figure nº 2, ci. 10ᶠ 75

Total dû par M. des Mazures trois mille quatre-vingt-dix francs vingt-six centimes , ... 3,090ᶠ 26

D'autre part M. Pignon doit à M. des Mazures :

1° Pour acquisition de la mitoyenneté de la partie non mitoyenne de l'ancien mur démoli et teintée en rose à la figure n° 1 . . . .   299ᶠ 57

2° Pour reprise en compte de moellons vieux. 38ᶠ 39

3° Pour indemnité de charge (portion du mur teintée en bleu à la figure n° 2) 126ᶠ 65

Total dû par M. Pignon : quatre cent soixante-quatre francs soixante-et-un

centimes 464ᶠ 61

Il est donc dû par M. des Mazures,   3,090ᶠ 26
moins 464ᶠ 61

Soit deux mille six cent vingt-cinq francs soixante-cinq centimes . . .   2,625ᶠ 65

Moyennant le payement de cette somme par M. des Mazures à M. Pignon, le mur séparatif sera mitoyen dans les portions teintées en rose et rose-clair à la figure n° 2.

Les portions teintées en jaune-clair pour lesquelles M. des Mazures paie une indemnité de charge resteront sa propriété exclusive.

Et les portions de mur teintées en bleu et pour

lesquelles M. Pignon paye une indemnité de charge
demeurent sa propriété exclusive.

Dans le cas où le Tribunal, n'adoptant pas notre
avis, ferait supporter à M. Pignon tous les frais de
reconstruction du mur, le compte devrait être établi alors ainsi.

Tous les travaux payés par M. Pignon, resteraient
à sa charge, même il devrait payer en outre :

1° Pour acquisition de la mitoyenneté de l'ancien
mur (partie teintée en rose, figure n° 1). 299ᶠ57

2° Pour matériaux repris en compte. 38ᶠ39

3° Pour indemnité de charge (partie
teintée en bleu, figure n° 2) 126ᶠ65

Total. . . 464ᶠ61

Moins la portion teintée en jaune-
clair figure n° 2 et pour laquelle M. des
Mazures doit l'indemnité de charge,
soit. 10ᶠ75

Il resterait donc à payer par M. Pignon
à M. des Mazures quatre cent cinquante-
trois francs, quatre-vingt-six centimes. 453ᶠ86

Ainsi que nous l'avons dit dans notre procès-verbal d'ouverture, nous avons préparé une
transaction sur la demande des parties, mais elles
n'ont pu se mettre d'accord lorsqu'il s'est agi de

la signer, et nous avons dû rédiger le présent rapport.

Avant de le clore, il nous reste à nous expliquer sur un point qui fait l'objet du dire de M. Pignon, demeuré ci-joint (1).

M. Dossier parle dans ce dire d'une demande d'indemnité que paraîtrait vouloir formuler un des locataires de M. des Mazures à propos de la pose d'un auvent en planches au-dessus de la toiture vitrée de la cour de la maison des Mazures.

Nous n'avons pas à nous occuper de la demande d'indemnité qui pourrait être formulée; aucun locataire n'étant intervenu à la présente expertise, mais nous croyons utile de rappeler les faits signalés dans le dire précité.

Avant la démolition du mur litigieux, nous avons dû faire placer un échafaudage pour empêcher les gravois de tomber sur le vitrage de la cour de M. des Mazures occupée par M. Jourdain.

Cet échafaudage partait du niveau du vitrage, s'élevait avec une très-forte inclinaison et de façon à enlever le moins de jour possible à la cour, et en réalité, il en a fort peu enlevé.

Cet échafaudage était indispensable pour empêcher des bris de carreaux, détériorations, etc., et même de plus graves accidents.

Il a été posé à la fin de novembre 1877.

___

(1) Voir plus loin, p. 1272, *Note a.*

Le 27 février 1878, l'état d'avancement des travaux nous a permis de le faire réduire des deux tiers de sa hauteur et il a complètement disparu après l'achèvement des ravalements, le 12 juin 1878.

Et de tout ce que dessus nous avons fait et rédigé le présent procès-verbal de rapport pour servir et valoir ce que de droit, et l'avons clos et signé en notre cabinet à Paris, le dix septembre mil huit cent soixante-dix-neuf après lecture.

BORDEREAU.

4 vacations aux deux transports sur les lieux litigieux, sis boulevard Henri-Labrouste, les 20 et 22 novembre 1877, afin de procéder à l'examen du mur en présence des parties et de leurs conseils dont nous avons entendu les explications contradictoires 32ᶠ 00

8 vacations aux divers transports sur place, en l'absence des parties, pour faire le constat détaillé de l'état des localités contiguës au mur litigieux, afin de les faire remettre en état après les travaux 64ᶠ 00

4 vacations pour vérifier la figure du mur. 32ᶠ 00

Vacations pour ordonner, suivre et

A reporter. . . 128ᶠ 00

Report. . . .	128ᶠ 00

diriger les travaux, en vérifier et régler les mémoires, comptées suivant l'usage, à raison de 5 pour 100 sur le montant desdits travaux qui est de 5,103,43, soit   256ᶠ 00

5 vacations pour régler le compte de répartition des dépenses et le compte de mitoyenneté 40ᶠ 00

4 vacations pour rédaction et expédition en double de la transaction . .   32ᶠ 00

8 vacations pour dresser en double la figure qui devait être jointe à ladite transaction et dont un exemplaire est annexé à notre rapport. 64ᶠ 00

4 vacations aux quatre réunions au cabinet le 20 février, 5 novembre 1878, 18 février, et 6 mai 1879, avec les parties et leurs conseils, afin de leur donner connaissance de notre travail et de tenter de les concilier sans avoir pu y parvenir 32ᶠ 00

2 vacations pour réception et examen du dire produit, conférence et correspondance avec les conseils des parties.   16ᶠ 00

8 vacations pour rédaction du rapport en minute et expédition. . . .   64ᶠ 00

Vacation à l'enregistrement. . . .   8ᶠ 00

Vacation au dépôt 8ᶠ 00

Total des honoraires 648ᶠ 00

Report. 648ᶠ 00

Déboursés.

Timbre du rapport 4ᶠ 80

   ═ des deux figures et
du compte y annexés . . . 14ᶠ 40

Enregistrement du rapport
des deux figures et du
compte. 15ᶠ 00

Timbre de la transaction et de
celle des figures dressées
pour y être annexées qui
n'est pas jointe au présent
rapport 3ᶠ 60

Coût du dépôt du rapport . . 9ᶠ 65

                                    47 45

TOTAL 695ᶠ 45

Note a.

[DIRE DE M. PIGNON (1),

Et le seize mai mil huit cent soixante-dix-neuf,

Par devant nous, expert, a comparu :

M⁰ Dossier, avoué de M. Pignon, lequel nous a dit qu'au cours des travaux du mur séparatif de la propriété de M. Pignon et de celle de M. des Mazures, nous avons été amené à faire établir à la date du 26 novembre 1877 un auvent destiné à préserver de la chute des gravois le châssis vitré et l'atelier de M. Pierre, locataire de M. des Mazures.

Que cet auvent avait été placé par nous de façon à ne porter aucun trouble ni préjudice aux autres locataires de la maison de M. des Mazures et que toutes les précautions avaient été prises à cet effet.

Qu'il était inadmissible notamment que la pose dudit auvent eût pu enlever du jour aux appartements sur la cour où se faisaient les travaux, que, dans tous les cas, M. Pignon n'avait commis aucune faute qui pût engager sa reponsabilité soit vis-à-vis du propriétaire, soit vis-à-vis de ses locataires.

Que du reste aucun des locataires de ces appar-

(1) Voir plus haut, p. 1268.

tements n'avait formulé ni plainte, ni protestation contre l'établissement dudit auvent.

Que la diminution du jour dont un d'entre eux, le sieur Paul, s'était plaint ultérieurement provenait uniquement de l'élévation à toute hauteur du mur séparatif des deux propriétés.

Mais que même en l'état ce locataire serait mal venu à formuler une demande en dommages-intérêts basée sur le préjudice causé, car ces appartements étaient mieux éclairés depuis la construction de la maison Pignon, qu'ils ne l'étaient à l'époque où subsistaient encore les vieux murs de l'ancien théâtre démoli.

Qu'il nous demandait, en conséquence, de vouloir bien nous expliquer dans le cours de notre rapport sur les circonstances qui avaient nécessité la pose dudit auvent et de déclarer que toutes les précautions ayant été prises par nous pour que les locataires ne fussent pas troublés dans leur jouissance, aucun d'eux n'était fondé à réclamer une indemnité pour un trouble de jouissance qui n'avait jamais excédé les limites tracées par les obligations ordinaires du voisinage.

Sous toutes réserves,
Signé : DOSSIER.

Enregistré à Paris, le 16 mai 1879, f° 118, C. 92. reçu 3 fr. 75 c. déc. comp. *Signé :* NOEL

XI

ARBITRAGE.

L'an mil huit cent soixante-dix-neuf, le vendredi dix janvier, à quatre heures et demie de relevée.

Par devant nous :

1° Auguste COMPAS, architecte, demeurant à Paris, rue de la Justice, n° quinze;

2° Edmond DUPLAN, architecte, demeurant à Paris, rue de l'Équité, n° cent vingt-six;

Réunis au cabinet de Compas, l'un de nous, sur la demande des ci-après dénommés,

Ont comparu :

1° Monsieur MILLION, propriétaire, demeurant à Paris, avenue du Tremble, n° cinquante;

2° Monsieur DECKER, architecte, demeurant à Paris, rue Saint-Pierre, n° trente-et-un;

Lesquels ont exposé et arrêté ce qui suit :

Monsieur Decker a dressé des plans relatifs à une construction que Monsieur Million fait élever en ce moment sur un terrain sis à Paris, avenue Louis-Duc, n° trois, et il en a dirigé les travaux jusqu'au trente-et-un décembre dernier.

Monsieur Million, par suite d'un désaccord survenu entre lui et Monsieur Decker, a chargé un autre architecte de la continuation de ces travaux.

Le mandat confié à Monsieur Decker ayant ainsi pris fin, ce dernier demande que la note des honoraires à lui dus jusqu'à ce jour soit réglée ; qu'une indemnité lui soit allouée en raison de sa révocation, et que l'état actuel des bâtiments en construction soit constaté, afin de déterminer les travaux qui ont été faits sous sa direction.

Monsieur Million n'admet pas devoir une indemnité, et demande même que l'on apprécie si Monsieur Decker ne lui en doit pas une pour le tort qu'il lui a causé ; il désire aussi que la note d'honoraires de Monsieur Decker soit réglée et que le constat des travaux soit effectué.

Afin d'éviter un procès, les susnommés ont décidé de s'en rapporter à nous pour la solution des difficultés qui les divisent.

En conséquence, ils déclarent, par le présent procès-verbal, nous nommer arbitres, juges souverains en dernier ressort et amiables compositeurs, dispensés d'observer les formes et délais de procédure, et de décider d'après les règles de droit, nous donner pour mission :

1° De dresser le constat de l'état actuel des travaux, à l'effet de déterminer ceux qui ont été dirigés par Monsieur Decker, et dont il est responsable ;

2° De régler la note des honoraires dus à Monsieur Decker ;

3° De dire si une indemnité lui est due, ou si, au contraire, une indemnité est due à Monsieur Million pour la manière dont Monsieur Decker a dirigé les travaux, et si la lenteur qu'il a apportée dans l'accomplissement de sa mission n'a pas déterminé des retards préjudiciables à Monsieur Million, et d'en fixer le quantum dans l'un ou l'autre cas;

4° De statuer sur la question des frais du présent arbitrage et de ceux d'enregistrement et dépôt de la sentence à intervenir,

Et de prononcer à ces fins toutes condamnations;

Étant spécifié qu'en cas de désaccord entre nous, nous aurons la faculté de nous adjoindre un troisième arbitre par nous choisi, lequel statuera avec nous à la majorité, et enfin que nous aurons un délai de quatre mois pour rendre notre sentence,

Et nous ont les susnommés requis d'accepter la mission qu'ils nous confèrent, de constituer le tribunal arbitral, et du tout dresser procès-verbal, et ont signé après lecture :

Signé : MILLION.
Signé : DECKER.

Nous, architectes susnommés, avons alors déclaré aux comparants accepter la mission à nous confiée, avons de suite constitué le tribunal arbitral et signé après lecture.

Signé : A. COMPAS.
Signé : ED. DUPLAN.

Et le mercredi quinze janvier mil huit cent soixante-dix-neuf, à une heure de relevée,

Nous, arbitres susnommés, nous sommes transportés sur les lieux litigieux, sis à Paris, avenue Louis-Duc, n° trois, où nous avons trouvé :

1° M. MILLION ;

2° M. DECKER.

Nous avons procédé, en présence des comparants, à la visite générale de la maison de Monsieur Million et commencé à constater l'état actuel des travaux dirigés par Monsieur Decker.

Monsieur Decker nous a demandé de ne pas ordonner la reprise immédiate des travaux, et nous lui avons dit de nous produire une note de ce qu'il avait commandé aux entrepreneurs, en lui expliquant qu'il fallait que Monsieur Million fût maître de continuer l'édification de son bâtiment le plus tôt possible, dès que notre constat détaillé des travaux serait achevé.

Monsieur Decker a répondu qu'il n'avait guère commandé que des fers déjà livrés et des modèles de sculpture, et il nous a requis de constater les modifications faites à ses plans, afin que lesdites modifications ne lui incombassent point.

Nous lui avons répondu que nous allions effectuer notre constat et examiner les modèles commandés ou faits, et que nous déclarions, en ce qui nous concernait, que rien n'empêchait Monsieur Million de continuer ses travaux

Il a alors été convenu que Monsieur Million pourrait continuer lesdits travaux dès le lundi vingt courant.

Après avoir pris note de ces déclarations et de nos constats, nous nous sommes ajournés au jour le plus prochain pour la suite à donner à nos opérations, et avons signé après lecture.

Signé : A. COMPAS.

Signé : ED. DUPLAN.

Et le jeudi vingt-trois janvier mil huit cent soixante-dix-neuf, à quatre heures et demie de relevée,

Par devant nous, arbitres susnommés, réunis au cabinet de M. Compas, l'un de nous, après être retournés sur place pour terminer le constat complet de l'état des travaux, des modèles de sculpture, ainsi que pour effectuer le constat des modifications faites au plan de M. Decker,

Ont comparu :

1° Monsieur MILLION ;

2° Monsieur DECKER.

Monsieur Million nous a exposé qu'il avait le plus grand intérêt à continuer ses travaux de construction, et que, pour cela, il lui était indispensable de connaître les ordres que Monsieur Decker avait pu donner à divers entrepreneurs.

Monsieur Decker a déclaré :

Qu'il n'avait donné aucun ordre relativement

aux travaux du grand escalier, et que Monsieur Million pourrait les faire exécuter par tel entrepreneur qu'il lui plairait,

Et que Monsieur Mascaron, sculpteur, n'enlèverait ses modèles que lorsque Monsieur Million lui en donnerait l'autorisation.

Monsieur Million a répondu qu'il ne voulait pas conserver ce sculpteur et qu'il lui donnait l'autorisation demandée.

Monsieur Decker s'est chargé de régler le mémoire de cet entrepreneur, et il nous a remis deux mémoires comprenant tous les travaux de charpente faits dans la maison de Monsieur Million, ainsi qu'un mémoire de Monsieur Noyau, fondeur, comprenant toutes les fontes fournies au trente-et-un décembre mil huit cent soixante-dix-huit.

Nous avons alors remis à Monsieur Million, qui en a donné reçu, les pièces et marchés qui sont nécessaires audit sieur Million pour continuer ses travaux, et nous nous sommes ajournés au jour le plus prochain pour recevoir les conclusions des parties, et avons signé après lecture.

Signé : A. COMPAS.

Signé : ED. DUPLAN.

Et le mardi vingt-cinq février mil huit cent soixante-dix-neuf,

Nous, Compas et Duplan, architectes susnommés, après avoir, à la date des vingt-sept jan-

vier, six et vingt février mil huit cent soixante-
dix-neuf, reçu deux dires demeurés ci - joints (1)
produits, le premier par Monsieur Decker, et le
deuxième par Monsieur Million, avoir étudié les
questions soumises à notre appréciation et avoir
délibéré à ce sujet sans pouvoir nous mettre d'accord, avons désigné notre confrère JUSTE DUTRAIT,
demeurant à Paris, rue Droite, n° dix, comme
troisième arbitre, afin de compléter le tribunal arbitral, ainsi que nous y oblige le désaccord survenu entre nous.

Et nous sommes ajournés au samedi premier
mars pour nous réunir avec le troisième arbitre, et
avons signé après lecture.

Signé : A. COMPAS.

Signé : ED. DUPLAN.

*Et le samedi premier mars mil huit cent soixante-
dix-neuf, à quatre heures et demie de relevée,*

Par devant nous, JUSTE DUTRAIT, demeurant à
Paris, rue Droite, numéro dix, étant en notre cabinet, se sont présentés :

1° Monsieur COMPAS ;

2° Monsieur DUPLAN.

Ils nous ont donné connaissance des procès-
verbaux qui précèdent et nous ont demandé si
nous voulions accepter de compléter le tribunal

(1) Voir ces dires, notes *a* et *b*, p. 1292 et 1300.

arbitral constitué aux termes de ces procès-verbaux.

Nous leur avons déclaré que nous acceptions, et
nous nous sommes ajournés avec eux au lundi
trois courant, à quatre heures et demie de relevée,
en notre cabinet, pour continuer les opérations
du tribunal arbitral, et avons signé après lecture.

Signé : J. Dutrait.
Signé : A. Compas.
Signé : Ed. Duplan.

*Et le samedi dix mai mil huit cent soixante-dix-
neuf*,

Nous, architectes susnommés, après avoir eu, le
trois mars, une réunion avec les parties, afin d'entendre une dernière fois leurs explications contradictoires, avoir eu ensuite de nombreuses confé-
rences entre nous pour étudier les diverses
questions à nous soumises, en avoir délibéré, avoir
examiné les dires et documents à nous communiqués et effectué tous les calculs nécessaires pour
déterminer les chiffres qui figureront dans notre
sentence,

Avons à la majorité rendu la sentence dont la
teneur suit :

SENTENCE.

ATTENDU que Monsieur Decker a été chargé à titre d'architecte par Monsieur Million, de faire élever une maison sur un terrain appartenant à ce dernier et situé à Paris, avenue Louis-Duc, n° trois;

Que la mission d'architecte à lui confiée comprend l'étude et la confection des plans et devis, la direction, la vérification et le règlement des travaux;

Que les plans et devis ordinaires pour travaux exécutés sur série de prix ont été complètement faits, les travaux dirigés, les attachements nécessaires à la vérification et au règlement relevés et les règlements commencés jusqu'au trente-et-un décembre dernier, époque à laquelle Monsieur Million, par suite d'un désaccord survenu entre lui et Monsieur Decker, a chargé un autre architecte de la continuation de ces travaux;

Qu'à ce moment le gros-œuvre de la maison était complètement terminé, la menuiserie et les travaux intérieurs commencés, ainsi que l'indique d'ailleurs le constat demeuré ci-joint (1) par nous dressé en vertu du premier chef de notre mission;

Que pour répondre aux deuxième et troisième chefs de notre mission relatifs au règlement de la

_____

(1) Voir plus loin, *Note c,* p. 1312.

note d'honoraires de Monsieur Decker et à l'appréciation de la question de savoir si des indemnités
sont dues et quel en serait le quantum, il est nécessaire d'apprécier d'une manière générale les
griefs des parties, et notamment ceux formulés
par Monsieur Million, et de rechercher quelle est,
au cas de révocation d'un architecte par son client,
la situation légale de ce dernier;

Attendu, en ce qui concerne les griefs de Monsieur Million contre Monsieur Decker, qu'aucun ne
présente une importance de nature à motiver la
révocation d'un architecte;

Que la disposition générale des bâtiments a été
adoptée sur l'injonction formelle de Monsieur Million et après plusieurs études présentées par Monsieur Decker; que les plans ont été très complètement et très soigneusement étudiés; qu'il ne s'y
rencontre aucun vice de construction, aucune
défectuosité reprochable;

Que les critiques élevées par Monsieur Million,
portent uniquement sur des points de détail et des
questions d'appréciation que chacun peut trancher
suivant ses goûts et ses idées;

Et que pour adresser à ce sujet un reproche
fondé à Monsieur Decker, il faudrait établir (ce qui
n'est pas démontré dans l'espèce) qu'il a trans-
gressé les instructions de son client et fait faire les
travaux autrement que ne le voulait ce dernier;

Que l'exécution des travaux est très-soignée et a

certainement été surveillée et dirigée consciencieusement, que leur durée n'a rien eu d'excessif
jusqu'au jour où Monsieur Decker a été avisé qu'il
n'aurait plus à s'en occuper;

Qu'il n'avait pas été pris d'engagement pour une
date fixe et précise, que Monsieur Decker reconnaît seulement qu'il aurait dû faire livrer quelques
pièces à Monsieur Million pour le mois d'avril
prochain, et terminer la maison pour le mois d'octobre suivant, et que rien ne prouve que ce résultat
n'eût pas été obtenu si Monsieur Decker eût continué à diriger les travaux;

Que d'ailleurs une trop grande rapidité dans
l'édification d'une maison, présente des inconvénients graves et incontestables et qu'il est parfaitement loisible à un architecte de ne pas presser
l'exécution des travaux alors qu'un délai fixe et
absolu n'a pas été imposé aux entrepreneurs et·
que l'on peut arriver à faire livrer la maison au
propriétaire à l'époque pour laquelle il a demandé
à en prendre possession, sans recourir à l'emploi
de séchage factice, moyen qui peut présenter des
inconvénients plus ou moins graves ;

Qu'enfin les chiffres des dépenses ont été convenablement établis, les prix soigneusement débattus,
que les économies compatibles avec un bon travail ont été apportées par Monsieur Decker, dans
la conclusion des marchés avec les entrepreneurs ;

· Qu'en un mot, Monsieur Decker a consciencieusement, honnêtement et intelligemment rempli la mission à lui confiée par Monsieur Million ;

Que si Monsieur Million a usé d'un droit incontestable en changeant d'architecte, ce changement a donc été occasionné seulement par des motifs personnels dont il est seul juge, mais qui ne peuvent constituer un grief légal contre Monsieur Decker ;

Que par suite, Monsieur Decker ne lui doit aucune indemnité pour la manière dont il a dirigé les travaux ;

Et que Monsieur Million doit à Monsieur Decker les honoraires auxquels ce dernier a droit comme architecte ;

Que nous avons donc à déterminer le montant de ces honoraires en raison de l'état dans lequel se trouvaient les travaux au moment de la cessation des fonctions de Monsieur Decker et de la nature du contrat intervenu entre les deux parties ;

Attendu que le contrat intervenu tacitement entre un architecte et un propriétaire (lorsque aucunes conditions particulières n'ont été spécifiées) participe du contrat de louage et du mandat ;

Que pour les plans et devis par lui dressés avant le commencement des travaux, l'architecte est évidemment un locateur d'ouvrage au même titre, au point de vue légal, que, par exemple, le peintre auquel on commande un tableau ou l'ébéniste auquel on commandera un meuble ,

Que pour la direction et surveillance des travaux il est au contraire incontestablement un mandataire, qualité reconnue à cet égard par la jurisprudence, démontrée par les faits et qui existe tout particulièrement dans l'espèce actuelle où Monsieur Decker a contracté directement avec les entrepreneurs au nom de Monsieur Million qui ne le désavoue pas ;

Que pour la vérification ou le règlement des travaux, la question est plus délicate ;

Qu'il a semblé à un de nous que, si l'on pouvait admettre comme participant du contrat de louage la vérification et le règlement des travaux, lorsque ce travail est confié spécialement et uniquement à un vérificateur, l'on ne pouvait faire une scission entre la mission de l'architecte chargé à la fois de diriger et de régler les travaux, d'autant plus que ce règlement, dont le relevé des attachements est une des bases, commence pour ainsi dire avec la direction des travaux ; que, si l'architecte, réglant les mémoires, n'engage pas en tout point son client dont il est cependant le mandataire, il l'engage quand il relève et signe un attachement, partie essentielle de la vérification ; et que, par ces motifs, il devait être considéré comme restant mandataire jusqu'à l'achèvement de ses fonctions ;

Mais attendu que la majorité a pensé que la vérification et le règlement ne peuvent jamais être considérés comme constituant un mandat pour ce motif

prépondérant que l'essence du mandat est d'obliger le mandant à accepter ce qu'a fait le mandataire ;

Que, si le propriétaire est considéré d'après
l'usage et la jurisprudence comme engagé envers
les entrepreneurs par les ordres que l'architecte a
donnés, en son nom, au cours des travaux conformément aux conventions intervenues ; et (jusqu'à
un certain point), par la délivrance des attachements effectuée aussi au cours des travaux ; la
jurisprudence et l'usage sont à peu près unanimes
pour admettre qu'il n'est nullement engagé par la
vérification et le règlement desdits travaux, et que
le règlement constitue seulement une opération effectuée pour le compte personnel du propriétaire dont il peut accepter ou refuser le résultat ;

Que, comme conséquence de ce qui précède,
M. Decker a droit :

1° A la totalité de ses honoraires sur tous les
travaux exécutés ou à exécuter d'après ses plans
et devis attendu qu'il a effectué le travail nécessaire pour cette partie de l'opération et que, comme
il y a lieu de ce chef d'appliquer les principes du
contrat de louage, la rémunération intégrale lui
est due ;

2° Aux honoraires *afférents seulement aux travaux effectués sous sa direction jusqu'au jour de sa
révocation* pour la direction et surveillance des
travaux, attendu que de ce chef il s'agit du mandat

révocable à la volonté du mandataire sans qu'il soit tenu à aucune indemnité ;

3° Au bénéfice que lui aurait produit la vérification et le règlement de tous les travaux effectués au jour de sa révocation, attendu que, par le contrat de louage tacitement intervenu, Monsieur Decker avait droit à ses honoraires sur ledit travail (commencé par la prise des attachements et une partie des règlements), mais déduction faite des déboursés qu'il aurait eu à supporter s'il avait terminé ce travail ;

Attendu que la valeur de la totalité des travaux effectués ou à effectuer est estimée d'après les renseignements fournis et par nous contrôlés, à la somme totale de quatre cent vingt-huit mille cinq cent soixante-quinze francs, sur laquelle Monsieur Decker a droit, d'après le tarif en usage, à un et demi pour cent d'honoraires, soit : Six mille quatre cent vingt-huit francs soixante centimes . . . . 6.428^f,60

Que les travaux exécutés à ce jour s'élèvent d'après les renseignements à nous donnés, les constats et les calculs par nous faits, à la somme totale de deux cent vingt-cinq mille francs.

Sur laquelle Monsieur Decker a droit :

1° A un et demi pour cent d'hono-

A reporter. . . 6.428^f,60

Report. . . . 6.428^f,60

raires, suivant le tarif, pour direction
et surveillance, soit trois mille trois
cent soixante-quinze francs . . . . 3.375^f,00

2° A deux pour cent d'honoraires
pour les règlements effectués montant
à quarante-trois mille francs, soit huit
cent soixante-dix francs . . . . . 870^f,00

Et à un demi pour cent sur les règlements non-effectués montant à cent
quatre-vingt un mille cinq cents francs,
attendu que s'il les avait terminés, il
aurait eu environ un demi pour cent
de frais, soit : Deux mille sept cent
vingt-deux francs cinquante centimes. 2.722^f,50

Ce qui porte au total les honoraires
dus à treize mille trois cent quatre-
vingt-seize francs dix centimes . . . 13.396^f,10

Attendu, en ce qui concerne les frais, que la
demande de Monsieur Decker est justifiée en principe pour ses honoraires, mais inadmissible pour
sa demande d'indemnité;

Que d'autre part, les offres de Monsieur Million
étaient insuffisantes et que ses griefs ne sont pas
justifiés ;

Qu'il y a donc lieu de partager les frais en met-
tant une plus forte part à la charge de Monsieur Million ;

PAR CES MOTIFS :

Condamnons Monsieur Million à payer à Monsieur Decker la somme de treize mille trois cent quatre-vingt-seize francs dix centimes en deniers ou quittances.

Disons que moyennant le paiement de cette somme M. Decker devra remettre à M. Million tous les plans et pièces actuellement dressés, nécessaires pour mener ses travaux à fin ;

Disons que les frais du présent arbitrage seront supportés quatre cinquièmes par Monsieur Million et un cinquième par Monsieur Decker ;

Et que ceux de dépôt et d'enregistrement de la présente sentence seront à la charge de celle des parties qui y donnerait lieu en ne l'exécutant pas.

Ainsi fait et jugé par nous arbitres soussignés, au cabinet de M. Compas, l'un de nous, à Paris, le dix mai mil huit cent soixante-dix-neuf,

Et avons signé après lecture.

Signé : DUPLAN.
Signé : DUTRAIT
Signé : COMPAS.

(1) *Je soussigné, connaissance prise de la présente sentence, déclare y acquiescer purement et simplement et dispense les arbitres d'en effectuer le dépôt.*

Signé: MILLION.

—————

(1) Cette déclaration doit être écrite en entier de la main des

Je soussigné, connaissance prise de la présente sentence, déclare y acquiescer purement et simplement et dispenser les arbitres d'en effectuer le dépôt.

Signé : DECKER.

parties et sur feuille séparée si les deux parties ne font pas la même déclaration.

Note a.

DIRE DE M. MILLION (1).

M. Decker a eu le plan du terrain au milieu du mois de décembre 1877, et, dans les premiers jours de janvier, a présenté plusieurs projets de distribution que je n'ai pas cru devoir adopter parce qu'ils ne me paraissaient pas convenables pour la forme du terrain qui ne peut comporter un bâtiment d'une grande profondeur.

Au mois de février, je priai M. Decker de prendre comme type la distribution d'une maison, boulevard Haussmann, appartenant à un de mes parents, et dont j'ai laissé les plans plusieurs semaines à son atelier.

Cette distribution est celle qui a été exécutée, elle était bien arrêtée le 1er mars et rien n'a été changé depuis cette époque.

Le 11 ou le 12 mars enfin, on commença les fouilles qui ont duré deux mois, malgré mes observations pressantes ; M. Decker m'a déclaré lui-même qu'il avait donné l'ordre de suspendre parce que ses plans n'étaient pas prêts.

Les plans ont été déposés à la Ville, le 24 avril

(1) Voir plus haut, p. 1280.

seulement, longtemps après ceux de mon voisin
Gobert qui avait acheté son terrain le 27 février,
et bien que ma distribution fût arrêtée au 1ᵉʳ mars :
MM. les arbitres peuvent voir qu'il n'y a eu aucune modification de mon fait. Une rectification sur
deux points a été demandée par la Ville; mais elle
ne pouvait empêcher la continuation des travaux.

Vers le milieu du mois de mai, l'entrepreneur
de maçonnerie a pu commencer ses travaux, et
M. Decker a déclaré plusieurs fois qu'il n'avait
eu qu'à s'en louer.

M. Decker n'a pas eu à faire construire le mur
mitoyen à gauche dans toute son étendue; il a été
commencé et achevé par le voisin qui a toujours
été en avance d'un et deux étages : quant à celui
de droite, il existait déjà dans toute l'étendue du
bâtiment construit en façade et dans presque toute
sa hauteur.

M. Decker m'avait promis que la construction
serait couverte avant la fin d'août, il a été en retard
de trois mois.

Il a cependant, à cette époque, trouvé le temps
de faire en quelques semaines les plans et devis
complets d'un projet d'école très-important; je n'ai
jamais vu les miens.

M. Decker prétend :

Que les travaux étaient très-avancés au 30 dé=
cembre, on peut en juger par l'état de la construction;

Qu'il ne manquait plus que les études relatives aux décorations des salons qu'il n'a pu faire, dit-il, parce que je ne pouvais fixer mes idées; il m'a toujours promis de me faire voir des projets à cet égard et ne m'a jamais rien produit qu'un plafond de salle à manger.

Au surplus cela n'empêchait pas de faire les dessins de la façade que j'ai réclamés bien des fois, le ravalement, les gros plâtres intérieurs et les fermetures des fenêtres.

M. Decker m'avait promis à l'origine de me donner de suite un devis complet avec indication des époques de paiement et distinction des natures de travaux : pendant les six derniers mois je l'ai réclamé continuellement, M. Decker me remettant toujours, et enfin, le 30 décembre, il me déclarait de nouveau qu'il ne pouvait tenir sa promesse.

Depuis le 1ᵉʳ mars 1878, je suis allé bien des fois me plaindre à M. Decker, je lui ai même écrit plusieurs fois, particulièrement au mois d'octobre, une lettre qu'il a trouvée un peu dure et qu'il n'a sans doute pas oubliée. Je lui demandais *ce qu'il aurait fait si son notaire avait ainsi négligé une de ses affaires*. Je n'ai pas trouvé cette lettre dans la correspondance.

Je lui avais déjà écrit précédemment, le 19 juin:

Il faut que nous sachions sur quoi nous pouvons

compter dans la maison, au mois de décembre (pour notre retour de la campagne).

Vous m'aviez fait espérer un détail approximatif des frais de construction.

Le 1ᵉʳ août : *Cela marche toujours tout douce-ment ; notre voisin a deux étages au-dessus de nous et il faudra nous installer au mois d'avril* (fin du bail de notre appartement).

M. Decker savait également que je devais partir pour l'Italie, le 15 janvier et y rester jusqu'au commencement d'avril ; il m'a rendu dans tous les cas ce départ impossible.

On voit que depuis le 1ᵉʳ mars, les retards ont été continuels sur tous les points malgré mes observations, pour les plans, la fouille, la construction, les devis, les dessins : tout devait me faire penser qu'il en serait de même pour la suite de l'opération, c'est pourquoi le 30 décembre, après une nouvelle déclaration de M. Decker qu'il n'était pas en mesure, je me suis trouvé dans la nécessité de le prier de ne plus s'occuper de l'affaire pour ne pas voir mes intérêts plus gravement compromis.

M. Decker a bien su pour lui-même terminer rapidement une construction : le 3 novembre 1876, il achetait de la ville un terrain, avenue de l'Opéra, qui lui était livré seulement quelques jours plus tard avec un déblai de plus de cinq mètres à faire ; le 20 novembre 1877, il louait le troisième étage à un locataire, qui y est entré le 15 avril 1878 :

pourquoi n'avoir pas fait pour moi ce qu'il a trouvé bien pour lui?

Mon voisin Gobert, avenue Louis-Duc, qui a acheté son terrain deux mois après moi, a pu louer il y a déjà quelques jours pour le mois d'avril son entresol moyennant 16.000 francs, et cependant il a été retardé par une expertise, et par la réparation d'un mur mitoyen.

Les retards apportés dans ma construction peuvent avoir des conséquences désastreuses pour la location, par suite des événements, indépendamment de la perte certaine d'un ou deux termes de loyer :

1° Tout prouve que mes intérêts ont été compromis et que M. Decker n'a pas mis tous les soins et toute l'activité qu'il devait à son client;

2° La durée des fouilles ;

3° La date du dépôt des plans ;

4° Les engagements des entrepreneurs si incomplets qu'ils viennent d'être une cause de difficultés pour la signature des marchés que je viens de faire et qui auraient dû être faits, il y a un an, par M. Decker;

5° L'absence de devis ;

6° L'état de la construction constaté au 1er janvier, un an après le commencement de l'opération, d'autant plus extraordinaire qu'il n'y a pas eu de mur mitoyen à construire à gauche, et fort peu à droite ;

7° Pas de ravalement à la façade ;

8° Les gros plâtres intérieurs, très-incomplets ; l'escalier en fer pas commandé ;

9° Aucune menuiserie commandée autre que les persiennes sur la cour ;

Enfin aucune fermeture aux fenêtres, ce qui a eu déjà pour conséquence de laisser inonder en partie la construction, par les grosses pluies de novembre et de décembre.

Quant aux commencements de devis, plans de façade et dessins qui existent dans le dossier, ils sont encore bien incomplets, et s'ils existaient au 30 décembre, pourquoi ne pas me les avoir communiqués ?

Dans ces conditions :

J'offre à M. Decker quatre mille deux cents fr pour honoraires, à 1 pour 100 des plans *sans devi.* sur le chiffre des frais de construction qu'il avait indiqué il y a quelques jours et qu'il a augmente depuis dans sa demande 4.200ᶠ

. Et trois mille trois cents francs pour les honoraires à 1 et demi pour 100 en plus pour la direction des travaux sur le chiffre de ceux exécutés, soit 220,000 francs au lieu de 230,000 francs, chiffre de l'estimation ; M. Lapierre m'ayant déclaré et écrit dans la lettre ci-jointe qu'il évaluait ses travaux à 145,000 francs.

A reporter. . . 4.200ᶠ

Report. . . . 4.200

M. Lapierre doit du reste remettre son
mémoire sous huitaine . . . . Soit. 3.300

Ensemble. . . . 7.500

M. Decker ne peut avoir droit aux honoraires
sur des devis qu'il n'a jamais faits et des règlements de mémoires qu'il ne fera pas.

Je ne crois rien devoir pour les quelques commencements de plans et de dessins qui ne m'ont
jamais été communiqués jusqu'au 30 décembre,
parce qu'ils n'ont pas été faits en temps utile.

Les clients ne peuvent en effet être obligés
d'attendre indéfiniment leur architecte, quand
leurs intérêts sont compromis ; et des honoraires
alloués à M. Decker feraient double emploi avec
ceux que je devrai payer au nouvel architecte que
j'ai été obligé de prendre.

Il m'est encore plus impossible d'admettre que
M. Decker ait droit à des honoraires pour la direction des travaux restant à faire dont il n'aura ni le
travail, ni la responsabilité et pour le règlement
des mémoires de ces travaux.

D'un autre côté, je réclame une indemnité que
MM. les arbitres apprécieront pour la perte de
loyer que je vais subir et qu'il m'est impossible
d'estimer : il est bien certain que je ne pourrai
louer pour le mois d'avril comme mon voisin et
comme M. Decker quand il a construit pour lui-

même, ni même pour le mois de juillet qui serait déjà un terme moins favorable, et par suite de l'incertitude des événements, je suis fort probablement destiné à subir une réduction de plusieurs mille francs dans le prix des locations que j'aurais dû faire dans d'excellentes conditions, comme mes voisins, si M. Decker avait été en mesure.

Je ne parle pas de la détérioration résultant de la mauvaise saison, par suite du peu de degré d'avancement de la construction, qui n'est fermée d'aucun côté et a déjà été inondée en partie par les grosses pluies du mois de novembre.

Enfin je repousse entièrement la demande de dommages-intérêts,

Attendu qu'on a le droit absolu de changer son architecte comme son médecin, son avocat, son avoué et son notaire, sans indemnité, à la condition, bien entendu, qu'il n'y ait pas diffamation, et M. Decker ne peut élever aucune prétention de cette nature.

Je n'ai jamais entendu même poser la question, pour un avoué ou pour un notaire, ce droit existe ; d'autant plus que dans l'espèce c'est par la faute de M. Decker que j'ai été obligé de renoncer à son concours ;

Et que j'ai tout fait, du reste, pour éviter de nuire à sa considération, puisque j'ai choisi pour juges ses confrères.

Signé : MILLION.

6 février 1879.

Note b.

DIRE DE M. DECKER (1).

M. Million prétend justifier la résolution qu'il a prise à mon égard en invoquant de soi-disants retards que j'aurais apportés à la rédaction des plans, des dessins et des devis, et la lenteur avec laquelle auraient marché les travaux de sa construction comparativement à celle de M. Gobert, son voisin, et à l'activité avec laquelle j'aurais fait exécuter les travaux de mon bâtiment de l'avenue de l'Opéra.

Ces reproches n'ont aucun fondement sérieux ; je me suis occupé de l'affaire de M. Million avec tout l'empressement et tout le soin possibles.

J'ai eu le plan du terrain en décembre 1877, et immédiatement j'ai fait quelques esquisses de distribution dont M. Million a eu communication dans le courant de décembre, et non dans les premiers jours de janvier, comme il l'affirme. Ces esquisses sont au dossier.

Neuf autres esquisses, également au dossier, furent encore faites, et la dernière a été communiquée le 7 février 1878 ; elle ne fut acceptée par M. Million qu'un mois plus tard.

(1) Voir plus haut, p. 1280.

C'est sur cette esquisse que les plans furent mis
à l'étude. Selon M. Million, j'aurais reçu de lui, en
février, des plans d'une maison boulevard Haussmann, avec invitation d'en reproduire la distribution. Cela est inexact. Les plans dont parle M. Million n'ont été apportés par lui à mon bureau que
comme renseignement, et pendant la mise à
l'échelle et l'étude de l'esquisse du 7 février, mes
souvenirs sur ce point sont précis.

J'ai dû dès le début relever une erreur de
M. Million ; je vais avoir le regret de signaler
beaucoup d'autres écarts de sa mémoire.

Le temps passé à faire un nombre inusité d'esquisses tient aux exigences de toutes sortes de
M. Million, qui, dans un terrain difforme et de peu
de surface, prétendait trouver une installation large
de tous les services d'un appartement.

M. Million relevait journellement de côté et
d'autre des dimensions de pièces d'appartements,
de leurs services, et il voulait répéter dans son terrain des dispositions qui n'avaient pu être prises
que sur des surfaces plus considérables que celle
dont il disposait.

Il avait encore d'autres prétentions : il détermi-
nait arbitrairement le nombre des croisées de sa
façade et l'emplacement du passage de porte cochère. Les tracés d'escalier étaient de sa part
l'objet d'observations qui nécessitaient des explications interminables, parce que, malgré toute

II   83

l'obligeance et la patience que j'y mettais, je ne
pouvais arriver à les lui faire comprendre.

Il m'a fallu beaucoup de temps pour l'amener à
modifier ses prétentions et ses exigences, et, lorsque je le pressais de prendre un parti, M. Million
me répondait : « *Je ne suis pas pressé, je ne veux
habiter qu'en octobre* 1879. »

J'ai fait étudier tout ce qu'il m'a demandé; le
nombre des esquisses qui sont au dossier, leurs
dates rapprochées démontrent suffisamment que je
me suis occupé de l'affaire de suite, très active-
ment, et je crois pouvoir ajouter que je l'ai fait
avec un bon vouloir et une complaisance poussés
aussi loin que possible.

L'étude de l'esquisse acceptée dans les premiers
jours de mars fut commencée sans délai; mais des
modifications ne permirent pas de conduire ce travail couramment.

Contrairement à l'assertion de M. Million : « *Rien
n'a été changé depuis cette époque* (le 1er mars), »
des notes de lui figurant au dossier constatent qu'il
demandait des modifications le 13 et le 14 mars, et
il y en a eu bien d'autres.

Le 14 avril, les plans prêts à coter durent être
recommencés à cause de divers changements, et,
lorsque les plans furent déposés à la Ville, je dus
retirer des mains de l'architecte-voyer la coupe
qui lui avait été remise pour en substituer une
autre conforme aux modifications apportées dans

le nombre des étages, sur la demande de M. Million.

La coupe retirée des mains de l'architecte-voyer
est au dossier, c'est une preuve des modifications :
elle est signée de M. Million et démontre l'inexactitude de ses assertions.

Les plans recommencés le 13 avril étaient terminés et autographiés quatorze jours après. MM. les
arbitres sont en possession de ces pièces ; ils apprécieront si ce travail a été fait avec soin et s'il com-
portait le temps que j'y ai passé, surtout en tenant
compte des exigences et des incertitudes de M. Million.

Au courant de l'exécution, il y eut encore des
changements. Je m'y suis prêté très volontiers
lorsqu'ils me paraissaient motivés, et moi-même
j'en ai proposés dans l'intérêt de l'œuvre, notamment la mise en communication du troisième étage
avec le quatrième, changement qui a eu pour conséquence la modification des plans de ces deux
étages et le remplacement des châssis sur les toits
par des lucarnes.

Ces changements sont prouvés par les plans du
dossier ; mais M. Million paraît en avoir perdu
complètement le souvenir, puisqu'il affirme ceci :
« *Cette distribution est celle qui a été exécutée ; elle
était bien arrêtée au 1ᵉʳ mars, et rien n'a été changé
depuis cette époque.* »

Il m'avait été très difficile d'amener M. Million à

prendre une décision relativement à la distribution
de ses appartements, et, lorsque je voulus m'occuper de la décoration intérieure, je rencontrai la
même irrésolution.

Je lui fis d'abord quelques propositions au sujet
de l'antichambre; mais il ne savait pas s'il garde-
rait son mobilier ou s'il en achèterait un autre. Il
voulait voir, il voulait consulter son tapissier, etc.,
et ne me donna pas de solution.

Je fis alors commencer les études de la salle à
manger, mais sans pouvoir obtenir de sa part une
décision. Espérant y arriver plus facilement, j'avais
fait faire un échantillon de menuiserie en ébène et
amaranthe; je le proposai à M. Million qui d'abord
parut l'accepter, et je lui communiquai ce que je
comptais faire comme plafond.

Cela ne m'aida pas à faire sortir M. Million de
ses hésitations. Il voulait réfléchir, consulter son
tapissier; il ne savait pas dans quel style seraient
ses meubles; il prenait des notes et me laissait
sans solution; de sorte que je fus obligé de faire
faire les plafonds sans pouvoir en même temps
arrêter la décoration intérieure.

Aujourd'hui, M. Million affirme que je ne lui ai
soumis qu'un plafond de salle à manger; mais
cette affirmation n'est pas plus exacte que celles
que j'ai relevées jusqu'ici. Il a vu aussi le dessin
d'ensemble de tous les plafonds des appartements
qui est au dossier et qui a servi à l'exécution. « *Au*

surplus, dit encore M. Million, *cela n'empêchait pas
de faire les dessins de la façade que j'ai réclamés
bien des fois.* »

Le dessin d'ensemble de la façade a été auto-
graphié, en même temps que les plans, le 27 avril
1878; M. Million avait vu les originaux, et il a eu
immédiatement un exemplaire complet des auto-
graphies.

Études, ensembles, détails, portent des dates et
sont au dossier. Les profils rectifiés pour l'exécution de la façade extérieure étaient étudiés et tout
prêts au 30 décembre.

A cette date, les façades sur cour étaient ravalées; l'entresol et l'étage en retraite sur rue
l'étaient aussi; les sculpteurs taillaient les consoles
et les rosaces du balcon du premier étage, et je me
préparais à rectifier les profils pour le ravalement
du passage de la porte cochère; mais tout cela
n'empêche pas M. Million d'affirmer que je n'ai fait
que quelques commencements de plans de dessins
qui ne lui ont pas été communiqués et d'insinuer
que, s'ils existent, c'est qu'ils ont été faits depuis le
30 décembre.

L'examen du dossier par MM. les arbitres leur
permettra, cette fois encore, d'apprécier à sa juste
valeur l'affirmation de M. Million.

Aujourd'hui M. Million paraît attacher une
grande importance à la date où il pourra prendre
possession de sa maison; mais, au début de l'af-

faire, il n'en était pas ainsi, et, lorsque je le pressais de prendre un parti au sujet de l'adoption d'un plan de distribution, il me répondait, ainsi que je l'ai dit plus haut : « *Mais je ne suis pas pressé, je ne veux habiter qu'en octobre* 1879. »

Ce n'est qu'à partir du mariage de son successeur qu'il a manifesté le désir de pouvoir disposer de quelques pièces dans son bâtiment, afin d'y déposer des meubles en avril, et c'est en voyant monter très rapidement la construction de M. Gobert que M. Million m'a adressé des plaintes au sujet de la marche des travaux de son bâtiment.

Je n'ai pas à examiner quelles ont pu être les raisons qui ont déterminé M. Gobert et son architecte à faire exécuter les travaux de leur construction aussi rapidement qu'ils l'ont fait. Je ne vois pas là un exemple à suivre pour un bâtiment qui, comme celui de M. Million, doit comprendre de grands appartements et se rapproche beaucoup d'un hôtel.

Si, au début de l'affaire, M. Million m'avait demandé de presser les travaux de sa construction autant que l'a fait son voisin, je me serais efforcé de l'en dissuader. J'ai fait exécuter son bâtiment avec beaucoup de soin; rien n'a été négligé : j'ai laissé tasser les murs, je les ai laissé sécher avant de faire les plâtres, et je n'ai fait commencer les ravalements extérieurs que lorsque les plâtres étaient à un certain degré d'avancement; j'ai pris, en résumé, toutes les précautions en usage dans les constructions soignées. Ces précautions exigent un peu de temps; mais le délai dans lequel je devais livrer le bâtiment me permettait de le prendre. Je suis certain que MM. les arbitres ne verront là rien qui me soit reprochable, et, dans les mêmes circonstances, j'agirais encore de la même manière.

Quant à la durée des fouilles que signale M. Million, elle s'explique par ce fait que je les ai fait commencer en même temps que les études des plans; je n'avais donc pas à les presser outre mesure, et d'ailleurs le délai que j'ai pu accorder à l'entrepreneur a profité à M. Million, attendu que cela m'a permis de traiter ce travail à 3ᶠ,70.

M. Million dit que j'ai bien su pour moi-même élever rapidement une construction avenue de l'Opéra; en prenant cette affaire comme point de comparaison et comme exemple, il me justifie des reproches qu'il m'adresse.

En effet, j'ai acheté le terrain en novembre 1876, et seize mois après, en avril 1879, j'ai livré le deuxième étage à un locataire.

Mais, à ce moment, ce dernier n'a pris possession que de ses ateliers, et ce n'est qu'en octobre qu'il a occupé son appartement, parce que, avant ce moment, il le trouvait encore trop frais. Il avait raison, et il m'a paru équitable de lui faire, à cause de cela, remise d'un demi-terme.

M. Million a acheté en décembre 1877, et je lui
ai promis de terminer pour juillet 1879, afin qu'il
pût habiter en octobre; cela fait dix-huit mois.

Si l'on veut bien tenir compte de cette circonstance que lorsque j'ai acheté, sachant très nettement ce que je voulais faire, mes plans ont été
rapidement exécutés, tandis que M. Million, par
ses hésitations et ses exigences sur tous les points,
m'a rendu mon travail plus long que d'ordinaire;
on voit que les deux affaires sont dans les mêmes
conditions et que M. Million ne peut tirer le parti
qu'il espère de la comparaison qu'il fait.

En résumé, au 30 décembre 1878, la construction de l'avenue Louis-Duc était, malgré les affir-
mations contraires de M. Million, dans un degré
d'avancement qui m'aurait permis de lui livrer,
suivant ma promesse, quelques pièces comme
garde-meubles en *avril* et le bâtiment complet
pour *juillet*, afin que la prise de possession des appartements pût avoir lieu sans inconvénient en
octobre, ainsi que cela m'avait été demandé dès le
commencement de l'affaire.

Toutes autres prétentions de M. Million à ce sujet
sont évidemment nées de la recherche de prétextes
à trouver pour justifier après coup la mesure prise
à mon égard et pour contester mes droits à la
rémunération de mon travail.

J'arrive à la question des devis.

M. Million, qui aujourd'hui donne de l'importance à cette question, ne me demandait pas de devis à l'origine. C'est moi qui lui ai annoncé une dépense totale en lui disant : Il est toujours sage de savoir où l'on va.

J'ai déjà fait cette déclaration à MM. les arbitres en présence de M. Million, qui l'a reconnue exacte.

Les devis de la maçonnerie, de la menuiserie et de la couverture ont été faits et vérifiés ; les autres n'ont été faits qu'approximativement, c'est vrai, mais sur des données que j'ai expérimentées souvent et tellement précises que, pour les fers, par exemple, que j'ai achetés directement, j'ai passé marché pour 70.000 kilog., et la fourniture réglée a été de 66.000 kilog.

Ainsi, les chiffres des dépenses que j'ai annoncés à M. Million étaient très sérieusement établis et très près de la vérité.

C'est ici le cas de faire observer à MM. les arbitres qu'ayant acheté les fers moi-même et traité pour la pose seule avec l'entrepreneur, j'ai réalisé de ce chef à M. Million une économie de 3.600 fr. qui s'est traduite pour moi en surcroît de travail et qui diminuera mes honoraires.

J'ai répondu à M. Million sur les points essentiels, et j'ai démontré combien ses griefs sont peu justifiés.

Je maintiens donc ma demande d'honoraires et d'indemnité, attendu :

1° Que les plans et détails étaient assez complets

pour terminer la construction à l'époque demandée; le tout est entre les mains de MM. les arbitres;

2° Les devis de la maçonnerie, de la menuiserie
et de la couverture sont faits et vérifiés;

3° Les attachements de la maçonnerie et de la
charpente sont vérifiés, et il ne reste plus à faire
qu'un travail de bureau peu important pour régler
les mémoires;

4° La terrasse, la fourniture de fers et celle de
la fonte sont réglées;

5° Le compte de mitoyenneté avec M. Gobert est
réglé, et celui avec M. de l'Hotel est fait et remis
depuis longtemps à M. Lacoupe, son architecte.

Je maintiens aussi ma demande d'indemnité. On
peut changer d'avoué, de notaire ou d'avocat;
mais il n'y a pas d'exemple que l'on fasse ce changement au cours de la rédaction d'un acte ou d'une
plaidoirie. C'est cependant une situation analogue
que me fait M. Million.

Lorsque j'ai acheté un terrain avenue de l'Opéra,
M. Million, qui était mon notaire, voulait me faire
signer un acte par lequel la Ville me vendait
300 mètres de terrain à prendre dans une surface
de 299 mètres.

J'ai refusé, et Me Delapalme m'a fait accorder ce
que je demandais, c'est-à-dire les 300 mètres.

Si alors j'avais dit à M. Million que je n'avais
plus besoin de ses services parce qu'il ne prenait

pas souci de mes intérêts et que j'allais faire terminer mon acte par un autre notaire, aurait-il trouvé
mon procédé convenable?

C'est cependant ainsi qu'il agit à mon égard,
avec cette différence très grande qu'il était dans
son tort et que moi j'ai conscience de m'être occupé
de son affaire avec un entier dévouement.

Note c.

BATIMENT AVENUE LOUIS-DUC, N° 3.

M. MILLION, *propriétaire.*
M. DECKER, *architecte.*

CONSTAT (1)

DE L'ÉTAT D'AVANCEMENT DES TRAVAUX.

A la date du quinze janvier mil huit cent soixante-dix-neuf.

Le bâtiment est complétement édifié comme grosse construction, et la couverture en état d'avancement tel qu'il est hors d'eau.

Les ravalements dans l'état suivant :

La face du bâtiment sur l'avenue, terminée jusqu'au bandeau d'entre-sol,

La face du fond et celle en aile à gauche, terminée jusqu'à un mètre, en contre-bas des filets du rez-de-chaussée.

Façade sur l'avenue.

Les têtes des cheminées hors comble ainsi que l'étage d'attique sont terminés.

(1) Voir plus haut, p. 1282.

L'étage d'entre-sol, compris le bandeau couron-nant ledit, est ravalé et la sculpture de cet étage est épannelée.

Le surplus de cette façade n'est pas ravalé, elle est échafaudée dans toute sa hauteur. Les alèges en pierre des baies du rez-de-chaussée ne sont pas posées.

Passage de la porte-cochère.

Les plafonds en plâtre avec leur décoration sont complètement terminés.

Les faces en pierre ne sont pas ravalées.

Rien de fait sur le sol.

Rez-de-chaussée.

Les tapisseries et ravalements sur murs et piles en pierre sont terminés.

Aucun enduit n'est fait, ni sur les murs ni sur les plafonds.

Les bâtis et contre-bâtis des baies sont en place.

La courette de gauche n'est pas close, et les bâtis de ladite sont en place.

Les distributions joignant cette petite cour ne sont pas faites.

Il y a eu à cet emplacement diverses modifica-tions demandées au plan primitif par M. Million.

La descente des eaux pluviales et ménagères passant dans la petite cour n'est pas complètement posée.

La chute d'aisance est en place, mais les recouvrements en plâtre ne sont pas terminés.

Les enduits ne sont pas faits dans le surplus du rez-de-chaussée et aucune distribution n'est en place.

Le tuyau de descente des eaux sur la cour est seulement posé jusqu'à moitié de la hauteur de l'entre-sol.

Escalier de service.

Ledit escalier est complètement posé.

Les plafonds de palier, ceux rampants et les enduits sur les faces verticales sont terminés.

Il reste encore à faire quelques parties de tapisserie sur la face intérieure du mur sur cour.

La rampe en fer est faite, mais n'est pas encore posée.

Entresol.

Dans la cuisine les plâtres sont terminés complètement, il reste des parties de tapisserie à finir.

Dans l'office, les water-closets et le couloir joignant le mur mitoyen du fond, les plafonds sont enduits et les murs et cloisons ne le sont que dans la moitié de leur hauteur.

Dans le couloir en retour joignant le mur mitoyen de gauche et les deux pièces en aile sur cour, les plâtres et la tapisserie sont terminés, il reste seulement à faire les raccords d'angles des corniches, et ceux au plafond résultant de la pose des tire-fond.

Les lambourdes pour recevoir les parquets ne sont pas scellées.

Le couloir faisant communiquer le bâtiment en aile avec celui sur l'avenue ainsi que les dépendances éclairées sur la courette, sont dans le même état d'avancement que les pièces en aile.

Bâtiment sur l'avenue.

Dans l'antichambre, la salle à manger, les salons et les chambres à coucher, les plâtres des plafonds, murs et cloisons sont terminés ; il reste seulement à faire les raccords au droit des tire-fond.

La tapisserie de la face intérieure du mur en pierre sur l'avenue n'est pas faite.

La décoration des plafonds en carton-pâte est échantillonnée dans les pièces principales.

La cloison limitant la cage d'escalier parallèlement à la façade n'est pas construite.

La tapisserie dans cette cage d'escalier de la face intérieure du mur sur cour est faite ; elle n'est pas terminée sur le mur en retour, et il n'y a aucun enduit de fait.

Les lambourdes ne sont pas scellées sur le sol à cet étage.

Premier étage.

Les pièces du bâtiment du fond et celles en aile, ainsi que les couloirs et dépendances sont dans le même état d'avancement qu'à l'entresol, seulement les angles des corniches en plâtre sont raccordés.

Les pièces du bâtiment sur l'avenue sont en tout semblables à celles de l'entre-sol, il reste à faire divers raccords de plâtre dans les tableaux de porte.

La décoration en carton-pâte des plafonds des pièces principales, n'est pas échantillonnée.

L'escalier principal est dans le même état d'avancement qu'à l'entresol.

Deuxième étage.

Les enduits en plâtre des pièces du bâtiment du fond et celles en aile, sont incomplets et ne sont descendus qu'à hauteur d'échafaud.

Les couloirs et dépendances éclairés sur la courette sont dans le même état d'avancement qu'à l'étage d'entresol.

Dans toutes les pièces du bâtiment sur l'avenue, les plâtres des plafonds sont terminés; mais les enduits sur murs et cloisons ne sont descendus que jusqu'à trois mètres au-dessous du sol.

Les tapisseries sur mur en pierre côté de l'avenue ne sont pas faites.

Il n'y a pas eu sur les sols des diverses pièces de lambourdes scellées.

La cage du grand escalier est semblable à celles des autres étages.

Troisième étage.

Dans les pièces du fond et celles en aile, les enduits en plâtre sur les faces verticales sont moins avancés qu'à l'étage au-dessous.

Les travaux de la partie sur l'avenue sont dans le même état qu'au deuxième étage, seulement, dans le grand salon, les angles de la corniche ne sont pas raccordés.

Dans la chambre à coucher joignant le mur mitoyen de gauche et dans le petit salon attenant au mur mitoyen de droite, les enduits sur plafonds et murs, ainsi que les corniches, ne sont pas faits.

La tapisserie n'est pas faite sur la face intérieure du mur de l'avenue.

La cage de l'escalier principal est semblable à celle des autres étages.

Premier étage des combles.

Dans la partie sur l'avenue, les plâtres sont terminés sauf les lambourdes qui ne sont pas scellées dans les pièces devant recevoir du parquet.

Le sol du grand couloir de dégagement des chambres est carrelé, sauf dans une longueur d'environ cinq mètres.

Toutes les chambres de domestique sont carrelées à l'exception de quatre.

L'escalier de service du fond est terminé sauf la rampe comme nous l'avons déjà indiqué précédemment.

L'escalier intérieur du troisième étage est terminé.

Les plâtres de cet étage sont secs, il n'y a aucune trace d'humidité.

Deuxième étage des combles.

Ledit a été décidé après coup et n'existait pas dans les plans primitifs.

Les plâtres sont complètement terminés.

Le carrelage des couloirs et chambres est fait sauf une chambre attenant au mur mitoyen de gauche et un autre petit cabinet.

Les plâtres de cet étage ne sont pas encore secs.

Travaux de menuiserie.

Les croisées des façades sur cour, dont les ravalements sont terminés, sont faites, les persiennes des mêmes ouvertures sont au bâtiment, mais la fermeture desdites n'est pas encore terminée.

Il n'y a aucune porte de faite et rien n'est commencé pour la décoration intérieure.

Approvisionnements.

Les tuyaux de fonte pour terminer les descentes d'eaux pluviales et ménagères sont au bâtiment, ils sont imprimés au minium.

Étage souterrain.

ll reste à faire les rocaillages et enduits sur les murs ainsi que sur les sols.

Les parties du côté de l'avenue ont les planchers plafonnés en plâtre.

Les soupiraux sont à raccorder au droit des baies du rez-de-chaussée non posées.

Cours.

Les sols de la grande cour et de la courette ne sont pas faits; il y a des gravois à enlever et un déblai à faire.

Sculpture de la façade.

Il y a un commencement d'exécution de ladite, par la composition des modèles sur les dessins de l'architecte, chez Thiébault, sculpteur.

Annexé par nous, architectes soussignés, à notre sentence, en date à Paris, le dix mai mil huit cent soixante-dix-neuf.

Signé : E. DUPLAN.

A. DUTRAIT.

A. COMPAS.

FIN DES FORMULES.

TABLE ANALYTIQUE

DES

FORMULES.

FIN DE LA TABLE ANALYTIQUE DES FORMULES.

LOIS DU BATIMENT

SECTION V

COMPLÉMENTS

III

ADDENDA : LÉGISLATION ET JURISPRUDENCE.

Noᴛᴀ. — *La Commission chargée d'éditer ce Manuel a cru devoir publier ci-dessous quelques documents parus depuis le 22 novembre 1879 (date de l'achèvement de la section IV) jusqu'au 31 juillet 1880.*

LÉGISLATION

CC*. = DÉCRÈT *relatif aux chaudières à vapeur autres que celles qui sont placées sur des bateaux* (1).

30 avril 1880.

LE PRÉSIDENT DE LA RÉPUBLIQUE FRANÇAISE,

Sur le rapport du ministre des travaux publics;

Vu le décret du 25 janvier 1865, relatif aux chaudières à vapeur autres que celles qui sont placées sur des bateaux;

Vu les avis de la commission centrale des machines à vapeur;

Le Conseil d'Etat entendu,

Décrète :

Art. 1er. Sont soumis aux formalités et aux mesures prescrites par le présent règlement : 1° les générateurs de vapeur, autres que ceux qui sont placés à bord des bateaux; 2° les récipients définis ci-après (Titre V).

TITRE Ier. — MESURES DE SURETÉ RELATIVES AUX CHAUDIÈRES PLACÉES A DEMEURE.

Art. 2. Aucune chaudière neuve ne peut être mise en service qu'après avoir subi l'épreuve réglemen-

(1) Ce décret remplace celui du 25-26 janvier 1865, qui est abrogé (voir plus loin, p. 1336, art. 42). = *Journal Officiel* du 12 mai 1880.

taire ci-après définie. Cette épreuve doit être faite chez le constructeur et sur sa demande.

Toute chaudière venant de l'étranger est éprouvée avant sa mise en service, sur le point du territoire français désigné par le destinataire dans sa demande.

Art. 3. Le renouvellement de l'épreuve peut être exigé de celui qui fait usage d'une chaudière :

1° Lorsque la chaudière, ayant déjà servi, est l'objet d'une nouvelle installation ;

2° Lorsqu'elle a subi une réparation notable ;

3° Lorsqu'elle est remise en service après un chômage prolongé.

A cet effet, l'intéressé devra informer l'ingénieur des mines de ces diverses circonstances. En particulier, si l'épreuve exige la démolition du massif du fourneau ou l'enlèvement de l'enveloppe de la chaudière et un chômage plus ou moins prolongé, cette épreuve pourra ne point être exigée, lorsque des renseignements authentiques sur l'époque et les résultats de la dernière visite, intérieure et extérieure, constitueront une présomption suffisante en faveur du bon état de la chaudière. Pourront être notamment considérés comme renseignements probants les certificats délivrés aux membres des associations de propriétaires d'appareils à vapeur par celles de ces associations que le ministre aura désignées.

Le renouvellement de l'épreuve est exigible également lorsque, à raison des conditions dans lesquelles une chaudière fonctionne, il y a lieu, par l'ingénieur des mines, d'en suspecter la solidité.

Dans tous les cas, lorsque celui qui fait usage d'une chaudière contestera la nécessité d'une nouvelle épreuve, il sera, après une instruction où celui-ci sera entendu, statué par le préfet.

En aucun cas, l'intervalle entre deux épreuves consécutives n'est supérieur à dix années. Avant l'expiration de ce délai, celui qui fait usage d'une chaudière à vapeur doit lui-même demander le renouvellement de l'épreuve.

Art. 4. L'épreuve consiste à soumettre la chaudière à une pression hydraulique supérieure à la pression effective qui ne doit point être dépassée dans le service. Cette pression d'épreuve sera maintenue pendant le temps nécessaire à l'examen de la chaudière dont toutes les parties doivent pouvoir être visitées.

La surcharge d'épreuve par centimètre carré est égale à la pression effective, sans jamais être inférieure à un demi-kilogramme ni supérieure à 6 kilogrammes.

L'épreuve est faite sous la direction de l'ingénieur des mines et en sa présence, ou, en cas d'empêchement, en présence du garde-mines opérant d'après ses instructions.

Elle n'est pas exigée pour l'ensemble d'une chaudière dont les diverses parties, éprouvées séparément, ne doivent être réunies que par des tuyaux placés sur tout leur parcours, en dehors du foyer et des conduits de flamme, et dont les joints peuvent être facilement démontés.

Le chef d'établissement où se fait l'épreuve fournira la main-d'œuvre et les appareils nécessaires à l'opération.

Art. 5. Après qu'une chaudière ou partie de chaudière a été éprouvée avec succès, il y est apposé un timbre, indiquant, en kilogrammes par centimètre carré, la pression effective que la vapeur ne doit pas dépasser.

Les timbres sont poinçonnés et reçoivent trois nombres indiquant le jour, le mois et l'année de l'épreuve.

Un de ces timbres est placé de manière à être toujours apparent après la mise en place de la chaudière.

Art. 6. Chaque chaudière est munie de deux soupapes de sûreté, chargées de manière à laisser la vapeur s'écouler dès que sa pression effective atteint la limite maximum indiquée par le timbre réglementaire.

L'orifice de chacune des soupapes doit suffire à maintenir, celle-ci étant au besoin convenablement déchargée ou soulevée et quelle que soit l'activité du feu, la vapeur dans la chaudière à un degré de pression qui n'excède, pour aucun cas, la limite ci-dessus.

Le constructeur est libre de répartir, s'il le préfère, la section totale d'écoulement nécessaire des deux soupapes réglementaires entre un plus grand nombre de soupapes.

Art. 7. Toute chaudière est munie d'un manomètre en bon état placé en vue du chauffeur et gradué de manière à indiquer, en kilogrammes, la pression effective de la vapeur dans la chaudière.

Une marque très-apparente indique sur l'échelle du manomètre la limite que la pression effective ne doit point dépasser.

La chaudière est munie d'un ajustage terminé par une bride de quatre centimètres (0^{m}04) de diamètre et cinq millimètres (0^{m}005) d'épaisseur disposée pour recevoir le manomètre vérificateur.

Art. 8. Chaque chaudière est munie d'un appareil de retenue, soupape ou clapet, fonctionnant automatiquement et placé au point d'intersection du tuyau d'alimentation qui lui est propre.

Art. 9. Chaque chaudière est munie d'une soupape ou d'un robinet d'arrêt de vapeur, placé autant
que possible à l'origine du tuyau de conduite de vapeur, sur la chaudière même.

Art. 10. Toute paroi en contact par une de ses
faces avec la flamme doit être baignée par l'eau sur
sa face opposée.

Le niveau de l'eau doit être maintenu, dans chaque
chaudière, à une hauteur de marche telle qu'il soit,
en toute circonstance, à six centimètres (0^m,06) au
moins au-dessus du plan pour lequel la condition précédente cesserait d'être remplie. La position limite sera
indiquée, d'une manière très-apparente, au voisinage
du tube de niveau mentionné à l'article suivant.

Les prescriptions énoncées au présent article ne
s'appliquent point :

1° Aux surchauffeurs de vapeur distincts de la chaudière ;

2° A des surfaces relativement peu étendues et
placées de manière à ne jamais rougir, même lorsque
le feu est poussé à son maximum d'activité, telles que
les tubes ou parties de cheminées qui traversent le
réservoir de vapeur, en envoyant directement à la
cheminée principale les produits de la combustion.

Art. 11. Chaque chaudière est munie de deux appareils indicateurs du niveau de l'eau indépendants
l'un de l'autre, et placés en vue de l'ouvrier chargé de
l'alimentation.

L'un de ces deux indicateurs est un tube en verre,
disposé de manière à pouvoir être facilement nettoyé
et remplacé au besoin.

Pour les chaudières verticales de grande hauteur, le
tube en verre est remplacé par un appareil disposé de
manière à reporter, en vue de l'ouvrier chargé de

l'alimentation, l'indication du niveau de l'eau dans la chaudière.

TITRE II. — ÉTABLISSEMENT DES CHAUDIÈRES A VAPEUR PLACÉES A DEMEURE.

Art. 12. — Toute chaudière à vapeur destinée à être employée à demeure ne peut être mise en service qu'après une déclaration adressée, par celui qui fait usage du générateur, au préfet du département. Cette déclaration est enregistrée à sa date. Il en est donné acte. Elle est communiquée sans délai à M. l'ingénieur en chef des mines.

Art. 13. La déclaration fait connaître avec précision :

1° Le nom et le domicile du vendeur de la chaudière ou l'origine de celle-ci ;

2° La commune et le lieu où elle est établie ;

3° La forme, la capacité et la surface de chauffe ;

4° Le numéro du timbre réglementaire ;

5° Un numéro distinctif de la chaudière, si l'établissement en possède plusieurs ;

6° Enfin, le genre d'industrie et l'usage auquel elle est destinée.

Art. 14. Les chaudières sont divisées en trois catégories.

Cette classification est basée sur le produit de la multiplication du nombre, exprimant en mètres cubes la capacité totale de la chaudière (avec ses bouilleurs et ses réchauffeurs alimentaires, mais sans y comprendre les surchauffeurs de vapeur), par le nombre exprimant en degrés centigrades l'excès de la température de l'eau correspondant à la pression indiquée par le timbre réglementaire sur la température de

100 degrés, conformément à la table annexée au présent décret (1).

Si plusieurs chaudières doivent fonctionner ensemble dans un même emplacement et si elles ont entre elles une communication quelconque, directe ou indirecte, on prend, pour former le produit, comme il vient d'être dit, la somme des capacités de ces chaudières.

Les chaudières sont de la première catégorie quand le produit est plus grand que 200; de la deuxième, quand le produit n'excède pas 200, mais surpasse 50; de la troisième, si le produit n'excède pas 50.

Art. 15. Les chaudières comprises dans la première catégorie doivent être établies en dehors de toute maison d'habitation et de tout atelier surmonté d'étages. N'est pas considérée comme étage, au-dessus de l'emplacement d'une chaudière, une construction dans laquelle ne se fait aucun travail nécessitant la présence d'un personnel à poste fixe.

Art. 16. Il est interdit de placer une chaudière de première catégorie à moins de trois mètres (3ᵐ,00) d'une maison d'habitation.

Lorsqu'une chaudière de première catégorie est placée à moins de dix mètres (10ᵐ,00) d'une maison d'habitation, elle en est séparée par un mur de défense.

Ce mur, en bonne et solide maçonnerie, est construit de manière à défiler la maison par rapport à tout point de la chaudière distant de moins de dix mètres (10ᵐ,00), sans toutefois que sa hauteur dépasse de un mètre (1ᵐ,00) la partie la plus élevée de la chaudière. Son épaisseur est égale au tiers au moins de sa hauteur, sans que cette épaisseur puisse être

(1) Voir cette table plus loin p .1337.

inférieure à un mètre (1^m,00) en couronne. Il est séparé du mur de la maison voisine par un intervalle libre de trente centimètres (0^m,30) de largeur au moins.

L'établissement d'une chaudière de première catégorie à la distance de dix mètres (10^m,00) ou plus d'une maison d'habitation n'est assujetti à aucune condition particulière.

Les distances de trois mètres (3^m,00) et de dix mètres (10^m,00), fixées ci-dessus, sont réduites respectivement à un mètre cinquante centimètres et à cinq mètres, lorsque la chaudière est enterrée de façon que la partie supérieure de ladite chaudière se trouve à un mètre (1^m,00) en contre-bas du sol du côté de la maison voisine.

Art. 17. Les chaudières comprises dans la deuxième catégorie peuvent être placées dans l'intérieur de tout atelier, pourvu que l'atelier ne fasse pas partie d'une maison d'habitation.

Les foyers sont séparés des murs des maisons voisines par un intervalle libre de un mètre au moins.

Art. 18. Les chaudières de troisième catégorie peuvent être établies dans un atelier quelconque, même lorsqu'il fait partie d'une maison d'habitation.

Les foyers sont séparés des murs des maisons voisines par un intervalle libre de cinquante centimètres (0^m,50) au moins.

Art. 19. Les conditions d'emplacement prescrites pour les chaudières à demeure, par les précédents articles, ne sont pas applicables aux chaudières pour l'établissement desquelles il aura été satisfait au décret du 25 janvier 1865, antérieurement à la promulgation du présent règlement.

Art. 20. Si, postérieurement à l'établissement d'une chaudière, un terrain contigu vient à être affecté à la construction d'une maison d'habitation, celui qui fait usage de la chaudière devra se conformer aux mesures prescrites par les articles 16, 17 et 18 comme si la maison eût été construite avant l'établissement de la chaudière.

Art. 21. Indépendamment des mesures générales de sûreté prescrites au titre Ier de la déclaration prévue par les articles 12 et 13, les chaudières à vapeur fonctionnant dans l'intérieur des usines sont soumises aux conditions que pourra prescrire le préfet, suivant les cas et sur le rapport de l'ingénieur des mines.

TITRE III. — CHAUDIÈRES LOCOMOBILES.

Art. 22. Sont considérées comme locomobiles les chaudières à vapeur qui peuvent être transportées facilement d'un lieu dans un autre, n'exigent aucune construction pour fonctionner sur un point donné et ne sont employées que d'une manière temporaire à chaque station.

Art. 23. Les dispositions des articles 2 à 11 inclusivement du présent décret sont applicables aux chaudières locomobiles.

Art. 24. Chaque chaudière porte une plaque sur laquelle sont gravés, en caractères très apparents, le nom et le domicile du propriétaire et un numéro d'ordre, si ce propriétaire possède plusieurs chaudières locomobiles.

Art. 25. Elle est l'objet de la déclaration prescrite par les articles 12 et 13. Cette déclaration est adressée au préfet du département où est le domicile du propriétaire.

L'ouvrier chargé de la conduite devra représenter à toute réquisition le récépissé de cette déclaration.

TITRE IV. = CHAUDIÈRES DES MACHINES LOCOMOBILES.

Art. 26. Les machines à vapeur locomobiles sont celles qui, sur terre, travaillent en même temps qu'elles se déplacent par leur propre force, telles que les machines des chemins de fer et tramways, les machines routières, les rouleaux compresseurs, etc.

Art. 27. Les dispositions des articles 2 à 8 inclusivement et celles des articles 11 et 24 sont applicables aux chaudières des machines locomotives.

Art. 28. Les dispositions de l'article 25, § 1er, s'appliquent également à ces chaudières.

Art. 29. La circulation des machines-locomotives a lieu dans les conditions déterminées par des règlements spéciaux.

TITRE V. = RÉCIPIENTS.

Art. 30. Sont soumis aux dispositions suivantes les récipients de formes diverses, d'une capacité de plus de 100 litres, au moyen desquels les matières à élaborer sont chauffées, non directement à feu nu, mais par la vapeur empruntée à un générateur distinct, lorsque leur communication avec l'atmosphère n'est point établie par des moyens excluant toute pression effective nettement appréciable.

Art. 31. Ces récipients sont assujettis à la déclaration prescrite par les articles 12 et 13.

Ils sont soumis à l'épreuve, conformément aux articles 2, 3, 4 et 5. Toutefois, la surcharge d'épreuve sera, dans tous les cas, égale à la moitié de la pression maximum à laquelle l'appareil doit fonctionner, sans

II   85

que cette surcharge puisse excéder 4 kilogrammes par centimètre carré.

Art. 32. Ces récipients sont munis d'une soupape de sûreté réglée pour la pression indiquée par le timbre à moins que cette pression ne soit égale ou supérieure à celle fixée pour la chaudière alimentaire.

L'orifice de cette soupape, convenablement déchargée ou soulevée au besoin, doit suffire à maintenir, pour tous les cas, la vapeur dans le récipient à un degré de pression qui n'excède pas la limite du timbre.

Elle peut être placée, soit sur le récipient lui-même, soit sur le tuyau d'arrivée de la vapeur, entre le robinet et le récipient.

Art. 33. Les dispositions des articles 30, 31 et 32 s'appliquent également aux réservoirs dans lesquels de l'eau à haute température est emmagasinée, pour fournir ensuite un dégagement de vapeur ou de chaleur quel qu'en soit l'usage.

Art. 34. Un délai de six mois, à partir de la promulgation du présent décret, est accordé pour l'exécution des quatre articles qui précèdent.

TITRE VI. — DISPOSITIONS GÉNÉRALES.

Art. 35. Le ministre peut, sur le rapport des ingénieurs des mines, l'avis du préfet et celui de la commission centrale des machines à vapeur, accorder dispense de tout ou partie des prescriptions du présent décret dans tous les cas où, à raison soit de la forme, soit de la faible dimension des appareils, soit de la position spéciale des pièces contenant de la vapeur, il serait reconnu que la dispense ne peut pas avoir d'inconvénient.

Art. 36. Ceux qui font usage de générateurs ou de récipients de vapeur veilleront à ce que ces appareils soient entretenus constamment en bon état de service.

A cet effet, ils tiendront la main à ce que des visites complètes, tant à l'intérieur qu'à l'extérieur, soient faites à des intervalles rapprochés pour constater l'état des appareils et assurer l'exécution, en temps utile, des réparations ou remplacements nécessaires.

Ils devront informer les ingénieurs des réparations notables faites aux chaudières et aux récipients, en vue de l'exécution des articles 3, § 1°, 2° et 3° et 31, § 2.

Art. 37. Les contraventions au présent règlement sont constatées, poursuivies et réprimées conformément aux lois.

Art. 38. En cas d'accident ayant occasionné la mort ou des blessures, le chef de l'établissement doit prévenir immédiatement l'autorité chargée de la police locale et l'ingénieur des mines chargé de la surveillance. L'ingénieur se rend sur les lieux, dans le plus bref délai, pour visiter les appareils, en constater l'état et rechercher les causes de l'accident. Il rédige sur le tout :

1° Un rapport qu'il adresse au procureur de la République et dont une expédition est transmise à l'ingénieur en chef, qui fait parvenir son avis à ce magistrat;

2° Un rapport qui est adressé au préfet, par l'intermédiaire et avec l'avis de l'ingénieur en chef.

En cas d'accident n'ayant occasionné ni mort ni blessure, l'ingénieur des mines seul est prévenu, il rédige un rapport qu'il envoie, par l'intermédiaire et avec l'avis de l'ingénieur en chef, au préfet.

En cas d'explosion, les constructions ne doivent point être réparées et les fragments de l'appareil rompu ne doivent point être déplacés ou dénaturés avant la constatation de l'état des lieux par l'ingénieur.

Art. 39. Par exception, le ministre pourra confier la surveillance des appareils à vapeur aux ingénieurs ordinaires et aux conducteurs des ponts et chausées, sous les ordres de l'ingénieur en chef des mines de la circonscription.

Art. 40. Les appareils à vapeur qui dépendent des services spéciaux de l'État sont surveillés par les fonctionnaires et agents de ces services.

Art. 41. Les attributions conférées aux préfets des départements par le présent décret sont exercées par le préfet de police dans toute l'étendue de son ressort.

Art. 42. Est rapporté le décret du 25 janvier 1865.

Art. 43. Le ministre des travaux publics est chargé de l'exécution du présent décret qui sera inséré au *Bulletin des lois.*

Fait à Paris, le 30 avril 1880.

JULES GRÉVY.

Par le président de la République :

Le ministre des travaux publics,
H. VARROY.

TABLE

ANNEXÉE AU DÉCRET DU 30 AVRIL 1880 (1).

VALEURS CORRESPONDANTES	
de la pression effective en kilogrammes.	de la température en degrés centigrades.
0.5	111
1.0	120
1.5	127
2.0	133
2.5	138
3.0	143
3.5	147
4.0	151
4.5	155
5.0	158
5.5	161
6.0	164
6.5	167
7.0	170
7.5	173
8.0	175
8.5	177
9.0	179
9.5	181
10.0	183
10.5	185
11.0	187

(1) Voir plus haut, p. 1330.

VALEURS CORRESPONDANTES	
de la pression effective en kilogrammes.	de la température en degrés centigrades.
11.5	189
12.0	191
12.5	193
13.0	194
13.5	196
14.0	197
14.5	199
15.0	200
15.5	202
16.0	203
16.5	205
17.0	206
17.5	208
18.0	209
18.5	210
19.0	211
19.5	213
20.0	214

CCIX*. — Règlements *et Tarifs sur les abonnements aux
eaux* (1).

(Soumis au Conseil municipal de Paris, qui a émis un avis
favorable dans sa séance du 22 juillet 1880.)

§ 1ᵉʳ

MODES D'ABONNEMENTS

ARTICLE PREMIER. — *Forme des abonnements.* — Les
abonnements partent des 1ᵉʳ janvier, 1ᵉʳ avril, 1ᵉʳ juillet et 1ᵉʳ octobre de chaque année.

La durée est d'une année pour les abonnements
jaugés ou au compteur et de trois mois pour les abonnements d'appartements.

ART. 2. — *Mode de délivrance des eaux.* — Le mode
de délivrance des eaux sera appliqué par la Compagnie selon les circonstances spéciales au service qu'il
s'agira d'établir. Il aura lieu d'après l'un des systèmes suivants :

1° Par écoulement constant ou intermittent, régulier ou irrégulier, réglé par un robinet de jauge dont
les agents de la Compagnie auront seuls la clef. Dans
ce mode de livraison, les eaux seront reçues dans un
réservoir dont la hauteur sera indiquée par les agents

(1) Ces règlements et tarifs remplacent ceux édictés du 27 février 1860 au 3 novembre 1869 et publiés dans le tome IV, qui
sont abrogés (voir plus loin, art. 40). — PRÉFECTURE DE LA
SEINE (DIRECTION DES TRAVAUX DE PARIS).

de la Compagnie et déversées par un robinet muni d'un flotteur ;

2° Par estimation et sans jaugeage. Ce mode de distribution n'est applicable d'une manière générale qu'aux eaux de sources et autres assimilées ;

3° Par compteur.

ART. 3. — *Abonnements à robinet libre.* — Les abonnements en eaux de sources à robinet libre ne sont accordés que pour l'alimentation des appartements habités bourgeoisement. Ces abonnements, destinés uniquement aux usages domestiques, ne sont pas applicables aux appartements dans lesquels s'exerce un commerce ou une industrie donnant lieu à l'emploi de l'eau.

ART. 4. — *Tarif des abonnements à robinet libre.* — Le tarif de ces abonnements d'appartement sera réglé de la manière suivante :

Un seul robinet établi au-dessus de la pierre d'évier dans un appartement habité par 1, 2 ou 3 personnes . . . . 16 fr. 20 c. par an.

Par chaque personne en plus   4   »   =

Pour chaque robinet supplémentaire que l'abonné voudra placer dans les appartements :

Dans les cabinets d'aisances .   4   »   =

Dans les salles de bain   .   .   12   »   =

Dans les salles de douches.   .   9   »   =

Dans les autres parties de l'appartement   6   »   =

Lorsqu'il y aura dans les appartements abonnés des employés ou ouvriers y travaillant, mais ne logeant pas, il sera payé pour chaque personne de cette catégorie un supplément de 0 fr. 60 c. par an.

Les enfants au-dessous de 7 ans ne sont comptés que pour moitié, soit 2 francs par an.

L'abonnement à robinet libre est formellement interdit pour alimenter des jets d'eau, aquariums, ou tous autres écoulements continus.

Toute contravention de ce genre sera constatée par procès-verbal, pour ensuite être statué ce que de droit.

ART. 5. — *Robinets établis après la signature de la police.* — Si le concessionnaire, pendant le cours de la concession, désire faire établir de nouveaux robinets ne figurant point sur la police d'abonnement, il devra, avant de faire entreprendre ces travaux, en donner avis par lettre adressée au Directeur de la Compagnie, afin qu'une nouvelle police comprenant le service de cette installation soit présentée à sa signature.

L'augmentation résultant de cette nouvelle installation devra être payée par l'abonné à partir du jour de la pose des robinets, quelle que soit d'ailleurs la date d'entrée en jouissance fixée par la nouvelle police et que les nouveaux robinets soient ou ne soient pas utilisés immédiatement après leur établissement.

Dans le cas où l'abonné négligerait de donner l'avis prescrit ci-dessus, les nouveaux robinets seront considérés comme existant depuis le commencement de l'abonnement et l'augmentation résultant de leur installation sera payée à la Compagnie à partir de cette dernière date qui sera donnée par la police en cours.

Tout robinet supplémentaire supprimé devra également être signalé par lettre adressée au Directeur de la Compagnie, qui en accusera réception. Le prix afférent à ce robinet ne sera déduit du montant de la police qu'à partir du premier jour du trimestre qui suivra la lettre d'avis, quelle que soit d'ailleurs la date de la suppression du robinet.

ART. 6. = *Robinets de paliers.* = Pour les étages dans lesquels il n'y aura pas de logements d'une valeur réelle de location dépassant 500 francs par an, les propriétaires pourront faire établir un robinet de palier dont ils disposeront exclusivement, au profit des locataires habitant l'étage où sera établi ce robinet et n'y exerçant ni commerce, ni industrie donnant lieu à l'emploi de l'eau.

Toutefois, dans le cas où il y aurait dans l'immeuble d'autres étages dans les conditions sus-indiquées, le robinet de palier ne pourra être accordé que si le propriétaire consent à en établir à chacun de ces étages.

Il est bien entendu que dans le cas prévu par le présent article, ces robinets ne pourront être placés que sur le palier et non dans l'un des appartements.

Le prix à payer pour l'usage de chaque robinet, ainsi établi, sera de 16 fr. 20 c. par an.

ART. 7. — Dans les abonnements à robinet libre, tous les robinets de puisage placés dans les cuisines et dans les cabinets d'aisance devront être munis d'un appareil à repoussoir et devront être d'un des modèles acceptés par l'Administration.

Ces robinets ne devront point produire de coup de bélier et ils ne devront pouvoir être tenus ouverts autrement qu'à la main.

ART. 8. — *Abonnements jaugés ou au compteur.* = En dehors des deux modes d'abonnements sus-indiqués, l'eau ne sera plus fournie, à dater du 1er janvier 1881, que par des abonnements au compteur ou au robinet de jauge.

L'eau utilisée directement comme force motrice ne

sera livrée qu'au moyen d'un abonnement au compteur.

Toutefois les propriétaires des établissements de
bains publics, qui ne voudront pas s'abonner au
compteur, auront la faculté de s'abonner à robinet
libre aux conditions suivantes :

L'eau fournie pour les bains sera de l'eau de l'Ourcq,
partout où le niveau du sol permet de la distribuer,
et les eaux de rivières sur les points inaccessibles à
l'eau de l'Ourcq.

Le prix à forfait à payer par ces propriétaires sera
calculé sur une moyenne de un bain et demi par jour
et par baignoire, affectée tant au service sur place
qu'au service à domicile.

Ce prix est fixé pour un bain à 0 fr. 05 c.

Les établissements de bains dans lesquels il existera
aussi des piscines, des bains de vapeur, des douches, etc., devront avoir, pour cette partie de leur service, une canalisation distincte et un abonnement, soit
à la jauge soit au compteur. Dans le cas où ces services
ne seraient pas alimentés par les eaux de la Ville,
l'abonnement par estimation ne serait pas applicable
à l'établissement.

Les abonnements des lavoirs alimentés suivant le
niveau des eaux, soit en eau d'Ourcq, soit en eau de
rivières, seront exclusivement à la jauge ou au compteur, et fixés aux prix des abonnements des eaux industrielles indiqués à l'article 24 ci-dessous.

ART. 9. — *Interruptions des eaux.* — Les abonnés
ne pourront réclamer aucune indemnité pour les
interruptions momentanées résultant soit des gelées,
des sécheresses et des réparations des conduites,
aqueducs ou réservoirs, soit du chômage des machines
d'exploitation, soit de toutes autres causes analogues.

Dans le cas d'arrêt de l'eau, en totalité ou en partie, l'abonné doit prévenir immédiatement la Compagnie dans un des bureaux établis pour cet usage et dans lesquels sont déposés des registres destinés à inscrire les réclamations.

Toute interruption de service dont la durée excéderait trois jours, à dater du jour où la réclamation de l'abonné aura été inscrite dans l'un des bureaux de la Compagnie, donnera droit pour cet abonné à une déduction dans le prix des abonnements, proportionnelle à tout le temps d'interruption de service qui excédera trois jours.

§ 2

COLONNES MONTANTES

ART. 10. — *Colonnes montantes.* — Pendant les années 1881, 1882 et 1883, la Compagnie se chargera, à ses frais, de l'établissement dans les maisons, soit des colonnes montantes, soit de tous autres agencements plus économiques propres à mettre l'eau à la portée des locataires. Ces travaux seront livrés gratuitement aux propriétaires dont ils deviendront la propriété.

Pendant le cours de ces trois années, la Compagnie livrera de même gratuitement, dans les maisons non encore alimentées, la prise d'eau, le branchement et la colonne montante ou agencement à tout propriétaire qui en fera la demande, dans la limite des crédits votés.

Toutefois, les colonnes montantes, la prise et le branchement ne seront établis dans les conditions qui viennent d'être indiquées, que dans les maisons n'ayant pas d'abonnement d'eau et consentant des abonnements de 162 fr. au moins ou de 32 fr. 40 c. par étage si le nombre des étages est inférieur à cinq.

Dans les maisons ayant déjà un abonnement à la date du 20 mars 1880, jour de la signature du nouveau traité fait entre la Compagnie et la Ville, on n'établira les colonnes montantes gratuitement, que s'il est souscrit un supplément d'abonnement de 32 fr. 40 c. par étage.

Seront considérés comme étages les rez-de-chaussée comprenant des appartements ou logements habités bourgeoisement.

Art. 11. — L'administration municipale déterminera, d'ailleurs, chaque année, le chiffre maximum de la dépense à faire par la Compagnie, aussi bien pour les colonnes ou agencements de distributions que pour les prises.

Toutefois, il est dès maintenant déterminé que le montant total des dépenses à effectuer ne pourra dépasser une somme de 5 millions pendant les années 1881, 1882 et 1883.

Art. 12. — Les colonnes montantes ou agencements seront établis dans les cages d'escalier ou en tout autre endroit plus à proximité des cuisines, mais à l'intérieur des appartements et, autant que possible, à l'abri de la gelée.

Pour éviter l'action des gelées, il est nécessaire que les conduites soient mises en décharge la nuit et ne fonctionnent que pendant le temps rigoureusement nécessaire à l'approvisionnement.

Les abonnés qui ne voudront pas tenir compte de cette prescription seront seuls responsables des effets résultants des gelées.

Art. 13. — A partir de la colonne montante ou agencement, les tuyaux destinés à la distribution de l'eau dans les appartements ou sur les paliers, seront établis par les propriétaires ou les abonnés et par les entrepreneurs de leur choix.

Il pourra être alloué, en outre, une prime de 30 francs à chaque abonné nouveau qui prendra l'eau sur les colonnes montantes ou agencements dans l'année de leur exécution.

Cette prime sera payée après l'exécution des travaux de distribution.

ART. 14. — Dans le cas où pendant les années 1881, 1882 et 1883, les propriétaires feraient exécuter eux-mêmes la colonne montante à leurs frais, sous leur responsabilité et par les entrepreneurs de leur choix, il leur sera alloué, à titre de prime, les deux cinquièmes du montant des abonnements nouveaux branchés sur la nouvelle colonne montante, pendant chacune des cinq premières années de l'établissement de cette colonne.

Dans le cas où ces propriétaires voudraient établir la colonne montante ou autre agencement dans l'intérieur des habitations et jouir de la prime indiquée au paragraphe précédent, ils devront adresser une demande spéciale au Préfet de la Seine, qui statuera après avoir entendu la Compagnie et qui indiquera les conditions particulières qu'il jugera nécessaires pour éviter les abus dans l'usage de l'eau.

ART. 15. — *Entretien.* — Les propriétaires auront la faculté de faire entretenir les colonnes montantes ou agencements établis par la Compagnie ou que celle-ci acceptera, soit par la Compagnie au prix du tarif ci-après (1), soit par tout autre entrepreneur.

ART. 16. — Tout propriétaire voulant faire établir

(1) Voir ce tarif annexé au *Règlement* dans le *Recueil* des actes administratifs de la Préfecture de la Seine.

une colonne montante dans les conditions indiquées ci-dessus, adressera à la Compagnie une demande indiquant le nombre et la quotité des abonnements nouveaux qu'il veut prendre pour chaque colonne montante à établir et qui ne pourront être inférieurs au chiffre indiqué à l'article 10 qui précède. Ce propriétaire sera appelé dans un délai maximum de quinze jours pour signer les engagements nécessaires et la date de la signature de cette inscription donnera l'ordre de priorité de travaux à exécuter chez les abonnés.

Cet engagement stipulera l'obligation, pour ce propriétaire, de prendre ou de faire prendre les abonnements nécessaires dans un délai maximum de six mois, passé lequel il sera responsable de la différence entre le minimum demandé et le montant des abonnements souscrits.

§ 3

PRISES D'EAU ET ROBINETS

ART. 17. — *Unité de l'abonnement. Prises d'eau et robinets.* — Chaque propriété particulière devra avoir un branchement séparé avec prise d'eau distincte sur la voie publique.

L'abonné ne pourra conduire tout ou partie de l'eau à laquelle il a droit dans une propriété qui lui appartiendrait, que dans le cas où celle-ci serait adjacente à la première et aurait une cour commune.

A la fin de l'abonnement, les robinets d'arrêt et de jauge, faits sur le modèle de la Compagnie, seront rendus à l'abonné après que la Compagnie aura changé la tête de ces robinets; il en sera de même en cas de remplacement d'un de ces robinets.

ART. 18. — *Robinets d'arrêts.* — A l'origine de chaque embranchement sera placé sous la voie publique un robinet d'arrêt sous bouche à clé, dont les agents de la Compagnie auront seuls la clé. Il sera placé de plus un robinet de jauge, en cas d'abonnement jaugé.

Les abonnés pourront faire placer à l'intérieur de leurs habitations un second robinet d'arrêt à la condition que la clé dont ils feront usage sera différente de celle de la Compagnie.

Il est interdit aux abonnés, sous peine de poursuites judiciaires, de faire usage des clés du modèle de celles de la Compagnie, ou même de les conserver en dépôt.

ART. 19. — Chaque colonne montante sera pourvue d'un robinet d'arrêt. Ce robinet sera plombé ou renfermé dans un coffre fermant à clé, afin qu'il ne puisse être manœuvré, sauf le cas d'accident, que par les agents de la Compagnie.

Dans ce dernier cas, le propriétaire de la colonne montante devra en donner avis à la Compagnie, sans délai, en indiquant le motif qui a nécessité cette manœuvre.

Chaque branchement pris sur la colonne montante sera aussi pourvu d'un robinet de barrage.

Ces robinets seront également plombés et ne devront être manœuvrés, sauf le cas d'accident, que par les agents de la Compagnie.

Toute infraction à cette prescription sera poursuivie par les voies de droit.

ART. 20. — *Frais d'embranchements.* — Les travaux d'embranchement sur la conduite publique seront exécutés et réparés, aux frais de l'abonné et aux prix fixés par le tarif ci-après (1), par les ouvriers de la Compagnie, savoir :

Jusqu'au réservoir dans le cas de distribution à la jauge ;

Jusqu'au compteur dans le cas d'abonnement au compteur ;

Jusqu'au mur de face intérieure avec un bout de tuyau en plomb pénétrant de 0ᵐ,50 dans l'intérieur de la propriété, dans le cas d'abonnement à robinet libre.

L'eau sera livrée aussitôt que le mémoire des travaux à la charge des abonnés aura été soldé.

Les abonnés qui auront un réservoir dans l'intérieur de la propriété ou un compteur pourront faire faire les travaux de distribution intérieure, à partir du réservoir ou du compteur, par les ouvriers de leur choix.

Les travaux de pavage, de trottoirs, seront faits par les soins des Ingénieurs du pavé de Paris, aux frais des abonnés, conformément aux dispositions de l'arrêté préfectoral du 29 juillet 1879.

Les abonnés ne pourront s'opposer aux travaux d'entretien et de réparation des tuyaux et robinets établis pour le service de leurs abonnements, lorsqu'ils auront été reconnus nécessaires.

Tout ancien branchement de prise d'eau devra être pourvu à son point de jonction avec la conduite publique, d'un robinet d'arrêt, à la première réparation ou modification qu'il aura à subir.

_____

(1) Voir ce tarif et toutes les pièces annexées au présent Règlement dans le *Recueil* des actes administratifs de la Préfecture de la Seine.

Dans le cas de contestation sur la nécessité de ces travaux, la question sera résolue par l'Ingénieur en chef du service municipal chargé du contrôle du service des eaux.

Les abonnés devront payer le prix de ces travaux, conformément au tarif sus-énoncé, dans le mois qui suivra la notification du mémoire, à peine de ferme-ture de leur concession, sans préjudice du droit pour la Compagnie d'exercer un recours s'il y a lieu.

ART. 21. — Dans tous les cas où la prise d'eau, soit d'une concession d'établissement public, soit d'un abonnement privé, sera pratiquée sur une conduite publique posée sous galerie, le tuyau alimentaire devra être placé dans le branchement d'égout desser-vant l'immeuble. Cette mesure sera appliquée immé-diatement si ce branchement existe ; sinon, aussitôt que l'égout particulier aura été construit.

Le tuyau devra, pour entrer dans la propriété, pé-nétrer dans le mur pignon du branchement ou, s'il y a impossibilité, être dévié latéralement sous le trot-toir le long de la façade de la propriété. Dans ce cas, il sera contenu dans un fourreau métallique, étanche, incliné vers l'égout.

Les travaux prévus aux deux paragraphes ci-dessus seront exécutés conformément à l'article 20, aux frais de l'abonné, par la Compagnie ou ses entrepreneurs, aux conditions de la série de prix ci-jointe.

Faute de satisfaire à cette prescription, dans le délai de vingt jours à compter de l'invitation qui aura été signifiée à qui de droit par les soins de l'Ingé-nieur en chef du service municipal des eaux, le report sera fait d'office et aux frais de l'abonné.

§ 4

COMPTEURS

ART. 22. — *Fourniture et pose des compteurs.* — Les compteurs sont à la charge des abonnés qui ont la faculté de les acheter parmi les systèmes approuvés par l'Administration, la Compagnie entendue.

Les compteurs ainsi achetés ne pourront être mis en service qu'après avoir été vérifiés et poinçonnés par l'Administration.

Ils seront soumis, quant à l'exactitude et à la régularité de leur marche, à toutes les vérifications que l'Administration et la Compagnie jugeront devoir prescrire.

Les compteurs achetés par les abonnés pourront être posés par leur entrepreneur particulier, mais cette installation qui sera vérifiée par les agents de la Compagnie, devra être faite conformément aux indications de la police d'abonnement. Le plombage sera fait par les agents de la Compagnie.

ART. 23. — *Compteurs en location.* — La Compagnie fournira aux abonnés qui en feront la demande des compteurs en location du modèle qu'elle choisira parmi ceux approuvés par l'Administration.

Le tarif de location et d'entretien des compteurs est établi sur les bases suivantes :

Prix fixe par an et par compteur, quel que soit le volume d'eau consommé, 5 francs.

Prix variable s'ajoutant au prix fixe : 15 pour cent

du prix de l'eau consommée pour les quantités inférieures à 1,000 litres.

Au delà et jusqu'à 5,000 litres, 15 pour cent sur les premiers 1,000 litres, et 6 francs par mètre cube supplementaire de consommation journalière moyenne.

Au-dessus de 5,000 litres, la Compagnie traitera de gré à gré avec les abonnés.

Toutefois, le prix de location et d'entretien ne pourra jamais dépasser 12 pour cent du prix d'acquisition et de pose du modèle des compteurs choisis.

§ 5

PRIX DE L'EAU

ART. 24. — *Usage des eaux de l'Ourcq.* — Les eaux de l'Ourcq sont exclusivement réservées, en dehors des services publics, aux besoins industriels et aux services des écuries, remises, cours et jardins.

Dans les rues où le niveau ne permet pas d'amener les eaux de l'Ourcq, il pourra y être suppléé, aux mêmes conditions, par les eaux de Seine, de Marne ou autres équivalentes, si l'Administration le juge convenable et si les immeubles sont d'ailleurs approvisionnés en eau de source pour les usages désignés aux articles 3 et 6 ci-dessus, de même que si la canalisation le permet.

La Compagnie sera libre de traiter à forfait, sauf approbation de l'Administration en cas de contestation, pour les livraisons d'eau par attachement ou par supplément. Dans ce mode de livraison, les prix de vente devront être au moins égaux à ceux des tarifs.

ART. 25. — *Tarif de l'eau. Tarif pour les abonne-ments jaugés et au Compteur.* — Le prix de l'eau sera déterminé d'après le tarif suivant :

QUANTITÉ de la FOURNITURE JOURNALIÈRE.	PRIX PAR AN.	
	Eaux de l'Ourcq et de rivières pour les usages indus-triels ou pour le service des écu-ries, cours et jar-dins.	Eaux de sources, de rivières et au-tres pour les usa-ges domestiques.
	Fr. c.	Fr. c.
125 litres par jour	» »	20 »
250 »	» »	40 »
500 »	» »	60 »
1.000 »	60 »	120 »
1.500 »	90 »	180 »
2.000 »	120 »	240 »
2.500 »	150 »	300 »
3.000 »	180 »	360 »
3.500 »	210 »	420 »
4.000 »	240 »	480 »
4.500 »	270 »	540 »
5.000 »	300 »	600 »

Au-dessus de cinq mètres cubes et jusqu'à dix mè-tres cubes, mais pour les cinq derniers mètres cubes seulement, les prix seront ainsi fixés :

Pour l'eau de l'Ourcq ou équivalentes désignées à l'article 25, 50 francs par an et par mètre cube.

Pour l'eau de sources, de rivières et autres, 100 fr. par an et par mètre cube.

Au-dessus de 10^{m3}, et jusqu'à 20^{m3}, mais pour les dix derniers mètres cubes seulement, les prix seront évalués :

Pour l'eau de l'Ourcq et équivalentes indiquées à l'article 25, 40 francs par an et par mètre cube.

Pour l'eau de sources, de rivières ou autres, 80 francs par an et par mètre cube ;

Au-delà de 20^{m3}, mais seulement pour les quantités excédantes, la Compagnie traitera de gré à gré sans qu'en aucun cas le prix du mètre cube puisse être inférieur pour les eaux de l'Ourcq et ses équivalentes à 25 francs, à 55 francs pour les eaux de sources, de rivières et autres.

Ces traités de gré à gré devront d'ailleurs être approuvés par le Préfet de la Seine.

ART. 26. — Il ne sera pas accordé d'abonnement inférieur à 1,000 litres pour les eaux de l'Ourcq ou autres équivalentes et à 125 litres pour les eaux de sources, de rivières et autres.

L'abonné ne pourra réclamer de l'eau d'une origine autre que celle existante dans les conduites placées dans le sol de la voie publique où se trouve la propriété pour laquelle il contracte l'abonnement.

ART. 27. — *Payement.* — Le prix de l'abonnement sera payé sur la quittance de la Compagnie, d'avance, aux époques indiquées dans l'engagement du concessionnaire.

L'abonné au compteur devra payer d'avance le montant de son abonnement minimum, tel qu'il est ainsi fixé par sa police d'abonnement pour l'année entière.

Chaque mètre cube d'eau consommée en sus de l'abonnement sera payé au prix fixé par la police d'abonnement.

Le volume d'eau consommée sera relevé dans la première quinzaine de chaque trimestre, contradictoirement avec l'abonné qui devra reconnaître et signer ce relevé.

Le supplément de consommation sera dû à la Compagnie par l'abonné dès que le relevé trimestriel constatera que le montant de l'abonnement minimum sera dépassé.

Dans le cas où la consommation annuelle n'atteindrait pas le chiffre d'abonnement, le prix minimum fixé à cette police n'en sera pas moins acquis intégralement à la Compagnie.

La consommation journalière ne devra d'ailleurs, dans aucun cas, dépasser quatre fois le volume d'eau de l'abonnement souscrit.

A défaut de payements réguliers aux époques ci-dessus indiquées, le service des eaux sera suspendu et l'abonnement pourra être résilié, sans préjudice des poursuites que la Compagnie pourra exercer contre l'abonné.

§ 6

DISPOSITIONS GÉNÉRALES

ART. 28. — *Dispositions générales. Responsabilité des abonnés.* — Les abonnés seront exclusivement responsables envers les tiers de tous les dommages auxquels l'établissement ou l'existence de leurs conduites pourrait donner lieu, sauf leur recours contre qui de droit.

ART. 29. — *Constatation des branchements.* — Lors de la mise en jouissance de chaque abonné, il sera dressé contradictoirement entre l'abonné et la Compagnie un état de lieux indiquant la nature, la disposition et le diamètre des conduites, savoir :

De la conduite publique au réservoir, dans le cas d'abonnement jaugé ;

De la conduite publique au compteur, dans le cas d'abonnement au compteur.

Lorsqu'il s'agira d'un abonnement d'appartement, l'état des lieux comprendra en plus la canalisation de distribution intérieure, ainsi que le nombre et l'emplacement des robinets et orifices d'écoulement.

L'abonné ne pourra rien changer aux dispositions primitivement arrêtées, à moins d'en avoir préalablement obtenu l'autorisation de la Compagnie.

ART. 30. — *Interdiction de céder les eaux.* — Il est formellement interdit à tout abonné de laisser embrancher sur sa conduite, soit à l'intérieur soit à l'extérieur, aucune prise d'eau au profit d'un tiers.

Les eaux de la Ville de Paris, étant des eaux publiques, inaliénables et imprescriptibles, et ne pouvant faire l'objet d'un commerce, ne sont concédées aux habitants qu'à la condition de n'en disposer que pour leur usage personnel ou celui de leurs locataires ; il est donc interdit à l'abonné de disposer, ni gratuitement, ni à prix d'argent, ni à quelque titre que çe soit, en faveur de tout autre particulier ou intermédiaire, de la totalité ou d'une partie des eaux qui lui sont fournies d'après sa police d'abonnement ni même du trop-plein de son réservoir.

L'abonné ne pourra non plus augmenter à son profit le volume de son abonnement.

Art. 31. — *Surveillance,* — La distribution d'eau pratiquée dans l'intérieur des propriétés particulières et dans les appartements sera constamment soumise à l'inspection des agents de la Compagnie et de la Ville, sous peine de fermeture de la concession. Ces agents pourront établir aux frais de l'Administration, et sur le branchement de chaque abonné, un compteur qui leur permettra de constater, au besoin, la consommation réelle de l'abonné.

Art. 32. — *Interdiction de rémunération aux agents du service.* — Il est interdit aux abonnés et à tous leurs ayants droit de rémunérer, sous quelque prétexte et sous quelque dénomination que ce puisse être, aucun agent de l'Administration ou de la Compagnie.

Art. 33. — *Infraction à l'usage de l'eau défini à la police.* — Toute infraction dûment constatée aux dispositions du présent règlement, en ce qui concerne l'usage de l'eau tel qu'il est défini à la police d'abonnement, entraînera l'obligation pour l'abonné de payer, à titre de dommages-intérêts, une indemnité de 300 francs et les causes de cette pénalité devront disparaître dans un délai maximum de quinze jours, sous peine de fermeture de la concession jusqu'à ce que l'abonné ait consenti à se conformer aux dispositions réglementaires, soit en signant une nouvelle police d'abonnement, soit en faisant disparaître les causes de l'infraction ou de la contravention constatée par procès-verbal.

Lorsque les eaux concédées pour un usage industriel auront été employées à des usages domestiques, cette infraction entraînera pour les particuliers, outre les pénalités ci-dessus stipulées, l'application du tarif des eaux de sources, de rivières et autres pour les usages domestiques indiqués à l'article 25.

Art. 34. — *Résiliations.* — Les parties pourront renoncer à la continuation du service des abonnements, en s'avertissant réciproquement d'avance, savoir :

Au bout de la première année, de trois mois en trois mois, s'il s'agit d'abonnements annuels ;

Au bout du premier trimestre, de mois en mois, s'il s'agit d'abonnements trimestriels.

Quelle que soit l'époque de l'avertissement, le prix de l'abonnement sera exigible jusqu'à son expiration.

Art. 35. — *Mutations de propriété.* — L'abonnement ne sera pas résilié par le seul fait de la mutation de la propriété ou de l'établissement dans lequel les eaux seront fournies.

L'abonné ou ses héritiers seront responsables du prix de l'abonnement jusqu'à ce qu'ils aient accompli la formalité exigée par l'article 34, sans préjudice du recours contre le successeur qui aura joui des eaux.

Art. 36. — *Suppression des appareils de distribution en cas de résiliation.* — Dès la résiliation d'un abonnement et si l'abonné est propriétaire du branchement, la Compagnie devra faire couper et détacher le tuyau de concession près de son point de jonction avec la conduite publique, en conservant toutefois le collier pour maintenir la plaque pleine sur l'orifice de la prise d'eau.

Ce travail, ainsi que toutes fouilles et tous raccordements, seront exécutés d'office et aux frais du propriétaire du branchement, par les soins de la Compagnie Générale des Eaux.

A la suite de l'opération effectuée par la Compagnie, le propriétaire du branchement aura la faculté d'enlever les robinets d'arrêt, bouches à clés et autres agrès de prises et de distribution d'eau, sauf le collier, en se conformant aux prescriptions du paragraphe 3 de l'article 17 ci-dessus.

En tous cas, il restera responsable des conséquences qui pourraient résulter de l'existence des agrès qu'il laisserait, soit à l'intérieur, soit même sous la voie publique.

La Compagnie tiendra attachement de ces dépenses qui lui seront, d'après ses mémoires dûment réglés, remboursées par le propriétaire du branchement, ou, à son défaut, par le nouvel abonné qui déclarera dans la police vouloir profiter de l'ancienne prise d'eau.

La remise en service du branchement n'aura lieu qu'après ce remboursement.

ART. 37. — *Frais d'exécution.* — Les frais de timbre et d'enregistrement des polices seront supportés par les abonnés.

ART. 38. — *Contraventions.* — Les contraventions au présent règlement seront constatées par les Agents de la Compagnie, qui en dresseront procès-verbal.

ART. 39. — *Dispositions transitoires.* — Les dispositions du présent règlement devront être appliquées à tous les abonnés compris dans l'enceinte de Paris, dans un délai maximum de trois ans, à dater du 1er janvier 1881, y compris les abonnements aux eaux de lavoirs publics jouissant encore du tarif spécial fixé par l'arrêté préfectoral du 18 décembre 1851.

ART. 40. — Les règlements et tarifs antérieurs, en date du 30 novembre 1860, 21 octobre 1862, 9 mars 1863, 7 juin 1864, 3 mai 1866, 11 février 1867, 2 août 1869, seront annulés à dater du 1ᵉʳ janvier 1881.

Le modèle de police du 30 novembre 1860 sera également annulé à la même date et remplacé par les quatre nouveaux modèles annexés audit règlement (1), le tout sauf la réserve indiquée à l'article 39 qui précède.

Fait à Paris, le 25 juillet 1880.

Le Directeur des Travaux de Paris,
    Signé : ALPHAND.

            Le Directeur de la Compagnie des Eaux
                Signé : MARCHANT.

(1) Voir plus haut, note 1, p. 1349.

CCXXXVI. = ARRÊTÉ *concernant la projection des eaux*
pluviales et ménagères dans l'égout public (1).

14 janvier 1880.

LE SÉNATEUR, PRÉFET DE LA SEINE,

Vu l'arrêté préfectoral en date du 2 juillet 1879, qui
a fixé les dimensions réduites des branchements particuliers d'égout et leur substitution par des tuyaux
en fonte ou en grès pour l'écoulement direct, dans
l'égout public, des eaux pluviales et ménagères de
propriétés d'un revenu imposable inférieur à trois
mille francs et situées en dehors des voies publiques de
grande circulation;

Vu la délibération du Conseil Municipal de Paris,
en date du 13 décembre 1879, portant modification
d'une précédente délibération, en date du 31 mai de
la même année, et stipulant que :

1° Les branchements particuliers d'égout à construire sur une largeur inférieure à deux mètres pourront être réduits aux dimensions suivantes :

> Hauteur sous clef . . . . . 1^m,00
> Largeur aux naissances . . 0^m,60
> Largeur au radier . . . . . 0^m,40

Les branchements particuliers d'égout à construire
sur une longueur supérieure à deux mètres, et infé-

(1) Cet arrêté modifie l'arrêté en date du 2 juillet 1879 publié dans le tome IV. (Voir page suivante, art. 1). = PRÉFEC-
TURE DE LA SEINE (DIRECTION DES TRAVAUX DE PARIS).

rieure à six mètres, pourront être ramenés aux proportions suivantes :

> Hauteur sous clef . . . . . 1^m,40
> Largeur aux naissances . . 0^m,60
> Largeur au radier . . . . . 0^m,40

Vu le décret du 25 mars 1852 sur la décentralisation
administrative et la loi du 24 juillet 1867 sur les Conseils municipaux.

Arrête :

Art. 1er. — La délibération sus-visée du Conseil
Municipal de Paris, en date du 31 mai 1879, est ap-
prouvée ;

En conséquence, l'article premier de l'arrêté préfectoral sus-visé, en date du 2 juillet 1879, est ainsi
modifié :

1° Les branchements particuliers d'égout à construire sur une longueur inférieure à deux mètres,
pourront être réduits aux dimensions suivantes :

> Hauteur sous clef . . . . . 1^m,00
> Largeur aux naissances . 0^m,60
> Largeur au radier . . . . . 0^m,40

2° Les branchements particuliers d'égout à construire sur une longueur supérieure à deux mètres et
inférieure à six mètres, pourront être ramenés aux
proportions suivantes :

> Hauteur sous clef . . . . . 1^m,40
> Largeur aux naissances . . 0^m,60
> Largeur au radier . . . . . 0^m,40

Art. 2. — L'Inspecteur général des Ponts et Chaussées, Directeur des Travaux de Paris, est chargé de
l'exécution du présent arrêté dont ampliation sera
transmise :

1° A M. le Ministre de l'Intérieur ;

2° A M. le Préfet de Police ;

3° Aux Maires des 20 arrondissements de Paris ;

4° A l'Ingénieur en chef de la voie publique (1re division) ;

5° A l'Ingénieur en chef de la voie publique (2e division) ;

6° Aux Ingénieurs en chef des Eaux et des Égouts
(1re et 2e divisions) ;

7° A l'Ingénieur en chef des Promenades et Plantations ;

8° Au Secrétariat Général (1re division, 2e bureau)
pour insertion au Recueil des actes administratifs ;

9° A la Compagnie générale des Eaux.

Signé : F. HEROLD.

Pour ampliation :

Le Secrétaire général de la Préfecture,
VERGNIAUD.

CCXXXIX. — Ordonnance *concernant les échafaudages fixes ou mobiles établis sur la voie publique.*

Décembre 1879.

Nous, député, préfet de police,

Vu : 1° la loi des 16-24 août 1790;

2° L'arrêté des Consuls du 12 messidor an VIII;

3° L'ordonnance de police du 25 juillet 1862, concernant la sûreté, la liberté et la commodité de la circulation;

Ordonnons ce qui suit :

Échafaudages fixes scellés ou non dans les murs de face.

Art. 1er. Tout échafaudage fixe, scellé ou non dans un mur de face, et portant sur le sol, aura ses planchers garnis de garde-corps sur les trois côtés faisant face au vide.

Art. 2. Les planches placées en travers des boulins horizontaux pour former plancher, devront être posées jointives et être assez longues pour porter au moins sur trois boulins.

Art. 3. Les garde-corps auront 0m,90 de hauteur au moins; ils seront ou pleins, ou composés d'une traverse d'appui solidement fixée : quand ils ne seront pas pleins, le plancher devra être entouré d'une plinthe ayant au minimum 0m,25 de hauteur.

Art. 4. Tout échafaudage fixe dont la hauteur au-dessus du sol dépassera 6 mètres, sera muni d'un plancher de sûreté construit dans les conditions indiquées à l'article 2 ci-dessus, et posé à 4 mètres environ au-dessus du sol de la rue.

Art. 5. Partout où travailleront des ouvriers sur un échafaudage fixe, il sera disposé des toiles pour arrêter les poussières et empêcher la chute, sur la voie publique, des éclats de pierre ou de plâtre.

Échafaudages fixes en bascule.

Art. 6. Les pièces posées en bascule pour recevoir l'échafaudage seront de fort équarrissage, si elles sont en charpente ; de gros échantillon, si elles sont en fer. Elles recevront un plancher de madriers qui reposeront sur trois traverses au moins.

Les dispositions des articles 1, 2, 3 et 5 ci-dessus sont applicables aux échafaudages établis en bascule.

Échafaudages mobiles suspendus.

Art. 7. Tout échafaudage mobile aura son plancher garni d'un garde-corps sur quatre faces, et sera suspendu par trois cordages au moins.

Art. 8. Le plancher, qu'il soit en métal ou en bois, sera composé de fortes pièces solidement assemblées.

Art. 9. Les garde-corps seront composés d'une traverse d'appui posée à la hauteur de 0^m,90 sur les trois côtés faisant face au vide et de 0^m,70 sur le côté faisant face à la construction. Cette traverse sera portée par des montants espacés de 1^m,50 au plus, et solidement fixés au plancher. En outre, il y aura par le bas une plinthe de 0^m,25 de hauteur au moins.

Cet ensemble de plancher et de garde-corps, for-

II   87

mant ce qu'on appelle *la cage*, devra être assemblé et
rendu fixe dans toutes ses parties avant la suspension.

Art. 10. Les cordages de suspension s'adapteront
à des étriers en fer passant sous le plancher, garnis en
haut d'un crochet à spirale, et établis de manière à
supporter par un épaulement externe la traverse supérieure du garde-corps.

Ils se manœuvreront par des moufles amarrés ou
fixés aux parties résistantes de la construction, telles
que murs-pignons ou de refend, souches de cheminées, arbalétriers et pannes de combles, etc. Les che-
vrons, balcons, barres d'appui ou autres parties légères
de la construction ne pourront, dans aucun cas, servir
à cet usage.

Dispositions générales.

Art. 11. Les dispositions qui précèdent ne modi-
fient en rien les prescriptions du titre II de l'ordonnance de police du 25 juillet 1862, relatives aux travaux exécutés dans les propriétés riveraines de la voie
publique.

Art. 12. — La présente ordonnance sera imprimée,
publiée et affichée.

- Le chef de la police municipale, les commissaires
de police et les agents sous leurs ordres, ainsi que les
architectes de la Préfecture de police, sont chargés,
chacun en ce qui le concerne, d'en assurer l'exécution.

Le député, préfet de police,
ANDRIEUX.

Par le préfet de police :

Le secrétaire général,
JULES CAMBON.

CCXL. — ARRÊTÉ *concernant l'établissement des tuyaux de fumée dans l'intérieur des maisons de Paris* (1).

15 janvier 1881.

RÈGLEMENT

LE SÉNATEUR, PRÉFET DE LA SEINE,

Vu la loi des 16-24 août 1790 sur l'organisation judiciaire, portant titre XI, art. 3 : « *Les objets de police confiés à la vigilance et à l'autorité des corps municipaux, sont* : 1° *Tout ce qui concerne la sûreté et la commodité du passage dans les rues, quais, places et voies publiques.....* 5° *Le soin de prévenir par les précautions convenables... les accidents et fléaux calamiteux, tels que les incendies...* » ;

Vu le décret du 26 mars 1852, relatif aux rues de Paris ;

Vu l'arrêté préfectoral du 8 août 1874, concernant la construction des tuyaux de fumée dans l'intérieur des maisons de Paris ;

Vu les procès-verbaux des séances de la commission chargée d'examiner les modifications qu'il y aurait lieu d'apporter à l'arrêté susvisé ;

Vu le projet de règlement adopté par ladite commission ;

Vu l'avis du Préfet de police, en date du 12 août 1880 ;

Vu l'avis émis par le Conseil municipal de la Ville de Paris, dans sa séance du 2 décembre 1880 ;

Sur la proposition de l'Inspecteur général des ponts et chaussées, Directeur des Travaux de Paris,

(1) Cet arrêté abroge l'arrêté en date du 8 août 1874 publié sous le n° CCXXV dans le tome IV (voir plus loin, page 1370, art. 11). = PRÉFECTURE DE LA SEINE (DIRECTION DES TRAVAUX DE PARIS).

ARRÊTÉ :

Art. 1ᵉʳ. L'établissement des foyers et des conduits de fumée dans les murs mitoyens et dans les murs séparatifs de deux maisons contiguës, qu'elles appartiennent ou non au même propriétaire, ne pourra être autorisé que sous les conditions suivantes :

1° Les languettes de contre-cœur au droit des foyers devront être en briques de bonne qualité et avoir au minimum 22 centimètres d'épaisseur sur une hauteur de 80 centimètres et une largeur dépassant celle du foyer d'au moins 16 centimètres de chaque côté;

2° Les conduits de fumée devront être construits exclusivement en briques à plat, droites ou cintrées;

3° Ces murs ne pourront recevoir de poutres ni solives que lorsqu'ils seront entièrement pleins dans la partie verticale au-dessous des scellements de ces solives;

4° Les parties supérieures de ces murs constituant souche de cheminées porteront un couronnement en pierre devant servir de plate-forme et faisant saillie d'au moins 15 centimètres sur chaque face. Elles devront, en outre, être munies d'une main courante en fer.

Art. 2. Il est permis d'établir des conduits de fumée dans l'intérieur des murs de refend, sous la double condition :

1° Que ces murs auront une épaisseur de 40 centimètres, s'ils sont construits en moellons, ou de 37 centimètres, s'ils sont construits en briques, enduits compris;

2° Que les conduits de fumée seront exécutés en briques de bonne qualité, droites ou cintrées, ou en wagons de terre cuite.

Art. 3. L'adossement des tuyaux de fumée à des pans de fer ne pourra être autorisé qu'après que l'Administration aura reconnu que ces pans de fer, dont les dispositions devront lui être soumises, sont établis dans des conditions satisfaisantes de solidité, et en outre, à charge de maintenir un renformis de 5 centimètres en plâtre, non compris l'épaisseur du tuyau, entre les pans de fer et les tuyaux de fumée.

Art. 4. Entre la paroi intérieure des tuyaux engagés dans les murs et le tableau des baies pratiquées dans ces murs, il sera toujours réservé un dosseret de maçonnerie pleine ayant au moins 45 centimètres d'épaisseur, enduits compris.

Cette épaisseur pourra être réduite à 25 centimètres, à la condition que le dosseret soit construit en pierre de taille ou en briques de bonne qualité.

Art. 5. Tout conduit de fumée présentant une section intérieure de moins de 60 centimètres de longueur sur 25 centimètres de largeur, devra avoir au minimum une section de 4 décimètres carrés; le petit côté des tuyaux rectangulaires n'aura pas moins de 20 centimètres, et le grand côté ne pourra dépasser le petit de plus d'un quart.

Art. 6. Les tuyaux de cheminée non engagés dans les murs ne seront autorisés que s'ils sont adossés à des piles en maçonnerie ou à des murs en moellons ayant au moins 40 centimètres d'épaisseur, enduits compris, ou à des murs en briques ayant au moins 22 centimètres d'épaisseur, ou, dans le dernier étage, à des cloisons en briques de 11 centimètres d'épaisseur.

Ils devront être solidement attachés au mur tuteur par des ceintures en fer dont l'espacement ne dépassera pas 2 mètres.

Les tuyaux qui présenteront une section de 60 centimètres de longueur sur 25 centimètres de largeur pourront être en plâtre pigeonné à la main.

Ceux de dimensions moindres devront, à moins d'une autorisation spéciale, être construits soit en briques, soit en terre cuite et recouverts en plâtre.

Art. 7. Les boisseaux en terre cuite, employés comme tuyaux adossés, seront à emboîtement et formeront, avec l'enduit en plâtre, une épaisseur totale de 8 centimètres.

Art. 8. L'épaisseur des languettes, parois et cosières des tuyaux engagés dans les murs ou adossés ne pourra jamais être inférieure à 8 centimètres, enduits compris.

Art. 9. Les tuyaux de cheminée ne pourront dévier de la verticale de manière à former avec elle un angle de plus de 30 degrés.

Ils devront avoir une section égale dans toute leur hauteur et seront facilement accessibles à leur partie supérieure.

Art. 10. Ne sont pas assujettis aux prescriptions de construction indiquées dans les articles précédents, notamment en ce qui concerne la nature des matériaux à employer :

1° Les tuyaux de fumée placés à l'extérieur des habitations ;

2° Les tuyaux des foyers mobiles ou à flamme renversée, pourvu que les tuyaux ne sortent pas du local où est le foyer ;

3° Enfin les tuyaux de fumée d'usine, autant qu'ils ne traversent pas d'habitation,

Art. 11. L'arrêté préfectoral susvisé du 8 août 1874 est et demeure abrogé.

Art. 12. Le Directeur des travaux de Paris est chargé de l'exécution du présent arrêté qui sera publié et affiché, et, en outre, inséré au *Recueil des actes administratifs de la Préfecture de la Seine.*

Signé : HÉROLD.

Pour ampliation :
Le Secrétaire général de la Préfecture,
    J.-G. VERGNIAUD.

CCXLI. — ARRÊTÉ *concernant les constructions élevées dans la zone des carrières de la ville de Paris.*

18 janvier 1881.

RÈGLEMENT

LE SÉNATEUR, PRÉFET DE LA SEINE,

Vu la loi du 16-24 août 1790, sur l'organisation judiciaire, portant, Titre XI, art. 3 : « *Les objets de* « *police confiés à la vigilance et à l'autorité des corps* « *municipaux, sont : 1° Tout ce qui intéresse la sûreté et* « *la commodité du passage dans les rues, quais, places et* « *voies publiques...; 2° Le soin de prévenir par les pré-* « *cautions convenables..... les accidents.....* » ;

Vu le décret du 26 mars 1852 portant article 4 : « *Il* « *(tout constructeur) devra pareillement adresser à l'Ad-* « *ministration un plan et des coupes cotés des construc-* « *tions qu'il projette, et se soumettre aux prescriptions qui* « *seront faites dans l'intérêt de la sûreté publique et de la* « *salubrité..... Une coupe géologique des fouilles pour* « *fondation de bâtiments sera dressée par tout architecte-* « *constructeur, et remise à la Préfecture de la Seine....* » ;

Vu l'avis du Conseil municipal de la ville de Paris, en date du 26 novembre 1880 ;

Considérant que les constructions exécutées sur le sol des carrières nécessitent des précautions spéciales dans l'intérêt de la sécurité publique ;

Sur la proposition de l'Inspecteur général des ponts et chaussées, Directeur des travaux de Paris.

ARRÊTE :

Article 1er. A l'avenir, toute demande de construction ou de surélévation de bâtiment, d'établissement de jambes-étrières, etc., etc., sur des terrains situés dans la zone des carrières de la ville de Paris, sera l'objet d'un examen spécial de la part du Service des carrières du département de la Seine, qui indiquera les mesures à prendre ou les travaux à exécuter pour assurer la stabilité des fondations des constructions.

Art. 2. Tout constructeur qui demandera l'autorisation de bâtir ou de surélever des constructions, d'établir des jambes-étrières, etc., etc., sur des terrains situés dans la zone des carrières de la ville de Paris, devra, avant de se mettre à l'œuvre, se conformer aux conditions particulières qui lui seront indiquées par l'Administration, dans l'intérêt de la sûreté publique.

Art. 3. Il devra joindre aux plans dont la remise continuera à être effectuée dans les bureaux de la Préfecture, pour le Service de la voirie, un plan d'ensemble destiné au Service des carrières, représentant le périmètre de la propriété et les surfaces affectées aux constructions projetées avec l'indication exacte des distances de cette propriété aux angles les plus rapprochés des deux rues voisines. — Il devra y annexer la coupe géologique des fouilles pour fondation, et, au cas où il connaîtrait l'existence d'une carrière sous l'emplacement, le plan de cette carrière.

Faute par le constructeur de remettre les plans destinés au Service des carrières, la permission de bâtir ne pourra lui être délivrée, et tout retard dans la remise de ces plans prorogera d'autant le délai imparti pour la délivrance de la permission.

Art. 4. Les contraventions aux dispositions du présent arrêté seront déférées aux tribunaux compétents.

Art. 5. Le Directeur des Travaux de Paris est chargé de l'exécution du présent arrêté qui sera publié et affiché, et, en outre, inséré dans le *Recueil des Actes administratifs* de la Préfecture de la Seine.

Signé : HEROLD.

Pour ampliation :
Le Secrétaire général de la Préfecture,
J.-G. VERGNIAUD.

CCXLII. — ARRÊTÉ *réglementaire concernant l'écoulement des eaux chaudes dans les égouts.*

28 janvier 1881.

LE SÉNATEUR, PRÉFET DE LA SEINE,

Vu le rapport de l'Ingénieur en chef des Eaux et Égouts (2ᵉ division), en date du 6 janvier 1881, duquel il résulte que les écoulements, dans les égouts publics et dans les égouts particuliers, d'eaux chaudes au delà d'une température de 30 degrés, ont pour effet, par la vapeur qu'ils dégagent, d'élever la température des eaux de sources dans les conduites, de rendre dangereux le séjour dans les galeries et d'en empêcher le curage, et enfin de répandre, par les bouches, sur la voie publique, des vapeurs chargées de miasmes insalubres et désagréables;

Considérant qu'il importe, dans l'intérêt général, de faire cesser cet état de choses;

Vu l'article 3 du titre II de la loi des 16-24 août 1790;

Vu les articles 2 et 22 de l'arrêté du Gouvernement du 12 Messidor an VIII (1ᵉʳ juillet 1800);

Vu l'article 471 du Code pénal;

Vu les ordonnances de police du 20 juillet 1838 (art. 15) et du 1ᵉʳ septembre 1853 (art. 17);

Vu les décrets du 26 mars 1852 et 10 octobre 1859;

Sur la proposition de l'Inspecteur général des ponts et chaussées, Directeur des travaux de Paris;

ARRÊTE :

Art. 1ᵉʳ. Il est interdit d'écouler, dans les branchements d'égout particuliers ou dans les égouts publics, des eaux chaudes dont la température dépasserait 30 degrés au moment de leur projection dans l'égout,

Art. 2. Les eaux industrielles qu'il serait impossible de ramener à la température de 30 degrés avant de les envoyer à l'égout devront être dirigées, par des conduites spéciales et suivant les instructions de l'Administration, aux frais des industriels, jusqu'à l'égout collecteur le plus voisin où il existerait une quantité d'eau suffisante pour assurer leur refroidissement immédiat sans inconvénient pour la salubrité publique.

Art. 3. Les contraventions aux dispositions susindiquées seront constatées par des procès-verbaux. Les contrevenants seront traduits, s'il y a lieu, devant les tribunaux pour être punis conformément aux lois et règlements en vigueur.

Art. 4. Le présent arrêté sera publié et affiché.

Art. 5. L'Inspecteur général des Ponts et Chaussées, Directeur des travaux de Paris, est chargé de l'exécution du présent arrêté dont ampliation sera adressée :

1° A M. le Député, Préfet de police ;

2° Au Secrétariat général (1re Division, 2e Bureau), pour insertion au *Recueil des Actes administratifs;*

3° A l'Ingénieur en chef des Eaux et Égouts (2e Division).

Signé : F. HÉROLD.

Pour ampliation :
Le Secrétaire général de la Préfecture,
J.-G. VERGNIAUD.

JURISPRUDENCE

COUR DE CASSATION.

CHAMBRE CIVILE.

Arrêt du 5 février 1879 (1).

(Apr. délib. en la ch. du cons.)

LA COUR; — Sur le premier moyen : — Vu l'art. 317, C. Pr. civ. ; — Attendu que si, en l'absence de dispositions formelles de la loi, l'inobservation des formalités prescrites par les art. 315 et suiv., C. Pr. civ., n'entraîne pas nécessairement, dans tous les cas, la nullité de l'expertise, cette nullité doit être prononcée lorsque l'irrégularité commise a pour conséquence de porter atteinte à la libre défense des parties; — Attendu qu'il résulte de l'arrêt attaqué que, par suite du défaut d'avertissement au sieur Fivel, lors de la reprise de l'expertise qui avait été momentanément transformée en arbitrage, le demandeur en cassation n'a point assisté à la seconde visite que les experts, avant de rédiger leur rapport, ont cru devoir faire sur les lieux, le 21 septembre, pour un examen complémentaire ; — Attendu que, si pour couvrir cette omission, l'arrêt ajoute que le sieur Fivel, ayant

(1) DALLOZ, *Jurisprudence générale,* 1879, p. 126-127.

assisté aux premières et plus importantes opérations
de l'expertise, a pu soumettre aux experts toutes les
observations utiles à sa cause, il résulte de cette constatation même que de nouvelles vérifications ont été
faites sans que le demandeur ait été mis en demeure
d'y assister ; — Qu'ainsi l'omission signalée a eu
pour conséquence de priver le sieur Fivel de la faculté
de soumettre aux experts, lors de la dernière visite
des lieux qui a précédé la rédaction du rapport, les
explications et observations qu'il eût jugées utiles à la
défense de ses intérêts ; — D'où il suit qu'en maintenant dans ces circonstances l'expertise arguée de
nullité, l'arrêt attaqué a violé l'article précité du
Code de procédure civile ; — Par ces motifs, casse.

MM. Mercier, 1er pr. — Legendre, rap. — Desjar-
dins, av. gén., c. contr. — Godey et Dancongnée, av.

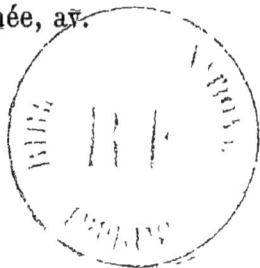

TABLE ANALYTIQUE

DES

ADDENDA.

FIN DE LA TABLE DES ADDENDA.

Paris, le 31 janvier 1881.

Les membres de la Société délégués,

ACH. HERMANT.   CHARLES LUCAS.

Vu et approuvé :
Le Président de la Société,

ANT. BAILLY,
Membre de l'Institut.

MANUEL

DES

LOIS DU BATIMENT

TABLE GÉNÉRALE

DES

MATIÈRES CONTENUES DANS LES CINQ VOLUMES

Nota. — Les nombres en chiffres romains indiquent le volume ; ceux en chiffres arabes, la pagination.

A

ABANDON.

Code civil. — Clôture obligatoire, impossibilité d'abandonner la mitoyenneté, I-177. — Abandon de la propriété du sol, clôture non obligatoire, I-177. — Abandon partiel du droit de mitoyenneté, I-177. — Rachat ultérieur du mur apres abandon, I-178. — Abandon facultatif du fonds assujetti, I-268.

Jurisprudence. — Mur mitoyen, mur de clôture ; réparation, reconstruction ; abandon de la mitoyenneté ; Cassation, arrêt 27 janvier 1874, II-559. — Abandon de droit en opposition avec les règles du contrat de louage ; Cassation, arrêt 19 janvier 1863, II-612.

ABONNEMENT.

ABONNEMENT AUX EAUX.

Législation spéciale. — Règlement du préfet de la Seine, 1er août 1846, III-514. — Règlements et tarifs, 27 février

88

1860, 3 novembre 1869, IV-846 et suiv. — Arrêté approbatif, IV-854 et suiv. — Règlements et tarifs 22 juillet 1880, V-1339.

(*Voy.* EAUX.)

AU GAZ.

Règlement extrait des arrêtés des 18 février 1862 et 2 avril 1868, IV-823 et 832.

(*Voy.* GAZ.)

ÉGOUTS PARTICULIERS.

Curage ; arrêté du 4 mai 1860, IV-647. — Arrêté réglementaire du 2 juillet 1867, IV-815.

ABSENTS.

Législation spéciale. — Biens d'absents ; loi du 3 mai 1841 sur l'expropriation pour cause d'utilité publique, III-467.

ABUS.

Code civil. — Extinction de l'usufruit par abus de jouissance, I-146. — Abus de la chose louée, I-318.

ACCEPTATION.

Code civil. — Le mandat ne se forme que par l'acceptation du mandataire, I-360. — Cette acceptation peut être tacite, I-361.

ACCESSION.

Code civil. — Droit d'accession, définition, I-121. — Droit d'accession sur ce qui est produit par la chose, I-122. — Droit d'accession sur ce qui s'unit à la chose, I-124. — Droit d'accession relativement aux choses immobilières, I-124. — Du droit du propriétaire sur le dessus et le dessous du sol, I-124. — Ouvrages existants, présomption en faveur du propriétaire du sol, I-125. — Ouvrages établis par le propriétaire du sol avec les matériaux d'autrui, I-125. — Ouvrages établis par un tiers sur le sol d'autrui, I-126. — Droit du propriétaire sur l'alluvion, I-127. — Enlèvement et transport par l'eau d'une partie de champ ; droit de

réclamation I-129. = Formation d'îles et îlots, I-129.
= La propriété s'acquiert par accession, I-273.

Jurisprudence. = Constructions et plantations par le locataire, droit du propriétaire du sol; Cassation, arrêts 1er juillet 1851 et 23 mai 1860, II-444, 461 et 464.
= L'égout d'un toit sur la propriété voisine n'établit pas une présomption légale de propriété sur le terrain que couvre la saillie du toit; Cassation, arrêt 28 juillet 1851, II-450. = Propriété de la superficie, propriété de la mine, puits; Cassation, arrêt 3 février 1857, II-454 et 458. = Plantations, fruits; Cassation, arrêt 16 février 1857, II-456. = Expropriation, maisons à divers, propriété du sol; Cassation, arrêt 22 août 1860, II-462.

Coutumes. = De Paris (1510), I-77.

ACCIDENTS.

Code civil. = Faute de la victime, I-284. = Blessures et autres accidents : responsabilité de l'entrepreneur, I-286. = Accidents, dégâts, contraventions : irresponsabilité de l'architecte et du propriétaire, I-287.

Jurisprudence. = Architecte ayant gardé, malgré la présence de l'entrepreneur, la direction et la surveillance des travaux; matériaux de mauvaise qualité fournis par l'architecte, cause de l'accident; Cassation, arrêt 21 novembre 1856, II-688. = Installation d'une canalisation pour le gaz dans une filature, accident, imprudence du filateur ou de ses préposés; Cassation, arrêt 9 février 1857, II-690.

Législation spéciale. = Ordonnance de police du 29 avril 1704, concernant les échelles employées sur la voie publique et les ouvriers travaillant sur les toits, III-81. = Ordonnance de police du 28 avril 1719, pour empêcher les incendies et accidents qui arrivent par la mauvaise construction des bâtiments, III-88. = Ordonnance de police du 1er avril 1818, concernant les caisses, pots à fleurs et autres objets dont la chute peut occasionner des accidents, III-331. = Règlements du 18 février 1862 et du 2 avril 1868, concernant l'éclairage et le chauffage par le gaz; avis à donner par les Compagnies en cas d'incendie, IV-831. = Accidents occasionnés par les chaudières à vapeur; décret du 30 avril 1880, V-1335.

(Voy. RESPONSABILITÉ.)

ACQUISITION.

Code civil. — Acquisition du mur après abandon, I-178. Acquisition de l'exhaussement du mur mitoyen, I-192. — Acquisition en mitoyenneté du mur séparatif immédiatement contigu, I-194. — Exceptions, I-195. — Acquisition des servitudes, I-265. — Des différentes manières dont on acquiert la propriété, I-273.

Législation spéciale. — Acquisitions immobilères faites par les communes, n'excédant pas cent francs (Ordonnance du 31 août 1830), III-408. — Acquisitions et cessions de terrains concernant la voirie urbaine (Instruction du 31 mars 1862), IV-692.

Coutumes. — De Paris. Acquisition de servitudes, I-73, 74 et 76. — Acquisition du mur mitoyen, exhaussement, I-73 et 78.

(*Voy.* MITOYENNETÉ, VENTE.)

ACTIONS.

Code civil. — Lesquelles sont immeubles, I-110. — Lesquelles sont meubles, I-112.

ADMINISTRATION.

Code civil. — Des biens n'appartenant pas à des particuliers, I-116. — Le mandat conçu en termes généraux n'embrasse que les actes d'administration, I-362. — Travaux d'entretien ordonnés : acte d'administration, I-363.

Législation spéciale. — Décret du 7-14 octobre 1790 (Compétence des corps administratifs), III-205. — Loi du 17 février 1800 (Division du territoire et administration), III-224. — Décret du 25 mars 1852 (Décentralisation), IV-576. — Décret du 13 avril 1861 (Décentralisation), IV-653.

AFFICHAGE.

Législation spéciale. — Instruction préfectorale du 13 septembre 1861 (Affichage des murs-pignons), IV-660.

ALIGNEMENT.

Législation spéciale. — Dans Paris ; Ordonnance du prévôt de Paris (22 septembre 1600), III-13. — Payement de l'alignement ; Édit sur les attributions du grandvoyer (décembre 1607), III-23, 33 et 36. — Ordonnance des trésoriers de France, 4 février 1683, III-57. — Arrêt du Conseil (3 juillet 1685), III-61. — Déclaration de Louis XIV (16 juin 1693), III-69. — Ordonnance du bureau des finances (6 septembre 1774), III-153. — Déclaration du roi (10 avril 1783), III-178 et 183. — Alignement intéressant la sûreté publique (4 avril 1793), III-215. — Arrêté du Directoire (2 avril 1797), III-219. — Loi sur les contraventions (19 mai 1802), III-248. — Acquisition de terrains en vue d'alignement (16 septembre 1807), III-267. — Délivrance d'alignement dans les villes, III-270. — Instruction sur l'alignement (31 mars 1862), IV-675. — Loi du 4 mai 1864 (Alignements sur les routes impériales, les routes départementales et les chemins vicinaux de grande communication), IV-761. — Circulaire ministérielle du 12 mai 1869 (Jurisprudence en matière d'alignement), IV-837.

Jurisprudence. — Injonction de démolir les travaux faits; absence de plan d'alignement, absence de droit pour ordonner la démolition; Cassation, arrêt 12 février 1875, IV-1011. — Rectification d'alignement; constructions élevées au nouvel alignement; dommage causé au voisin, réclamation mal fondée; Cassation, arrêt 16 mai 1877, IV-1015.

Formules. — Demande d'alignement, V-1255.

AMÉLIORATIONS.

Code civil. — Droit du propriétaire sur les améliorations à la cessation de l'usufruit, I-134. — Jouissance de l'usufruitier sur l'augmentation survenue par alluvion, I-132. — Acquéreur évincé, réparations, améliorations utiles, I-296. — Constructions faites par le locataire au cours du bail, entretien des dites, I-311. — Améliorations faites par le locataire, compensation non recevable, I-320.

Jurisprudence. — Construction élevée par un locataire; droit du propriétaire; Cassation, arrêts 1er juillet 1851, 23 mai 1860, 8 mai 1877, II-444, 461 et 464.

AMENDES.

Législation spéciale. — Décret du 29 août 1813 (Recouvrement), III-318.

ANCRES.

Ancres dans le mur mitoyen; droit du propriétaire qui
bâtit, I-181.

ANIMAUX.

Code civil. — Ceux que le propriétaire du fonds a livrés
au fermier pour la culture sont censés immeubles, et
ceux qu'il a donnés à cheptel à d'autres sont réputés
meubles, I-107. — Les animaux attachés à la culture
sont immeubles par destination, I-108. — Le croît
des animaux appartient au propriétaire par droit d'accession, I-122.

Législation spéciale. — Ordonnance du 3 novembre 1862
concernant les personnes qui élèvent des animaux
dans Paris, IV-752.

(*Voy.* ÉTABLISSEMENTS CLASSÉS.)

APPARTEMENTS.

Code civil. — Location a bail, usage de la façade par le
locataire, I-309. — Expiration prochaine du bail,
annonce de la vacance des lieux loués, I-310. — Location d'une propriété urbaine, éviction du locataire en
cas de vente, I-328. — Bail des appartements meublés
I-337. — Expiration du bail, continuation de la jouissance, I-338.

Jurisprudence. — Bail verbal, existence niée par le
propriétaire; Cassation, arrêt 5 mars 1856, II-597. —
Bail verbal, preuve, serment, aveu indécis, aveu formel
et précis; Cassation, arrêt 12 janvier 1864, II-614.

(*Voy.* CONGÉ, COUTUMES, LOUAGE.)

APPUIS.

(*Voy.* SAILLIE.)

ARBITRAGE.

Code de procédure civile. — Des arbitrages, I-411. —
Mandataire sans qualité, compromis nul, I-411. —
Rédaction du compromis, I-412. — Le compromis doit
contenir le nom des arbitres et désigner les objets en
litige à peine de nullité, I-412. — Comment doit être
fait le compromis, I-413. — Durée de la mission des
arbitres, I-413. — Mode de révocation, procédure,

I-414. — Cessation des pouvoirs, I-416. — Cas où les arbitres ne peuvent se déporter ni être récusés, I-417. — Incident, jugement, tiers arbitre, I-417 et 418. — Délai pour production de pièces, I-417. — Refus de signature du jugement, I-418. — Opposition non recevable, I-418. — Cas de partage, I-418. — Tiers arbitre, I-419. — Modification d'avis, I-420. — Forme des sentences, I-421. — Exécution des jugements arbitraux, I-421 et 422. — Dépôt de la sentence, I-422. — Appel, I-423. — Rejet d'appel, I-423. — Délai d'appel, requête civile, délai, I-424. — Opposition à l'ordonnance d'exécution, I-424. — Cassation, I-425.

Jurisprudence. — Constitution d'arbitres, juges en dernier ressort, absence de pouvoir; Cassation, arrêt 21 juillet 1852, II-711. — Sentence arbitrale, chefs distincts, nullité encourue par un seul des chefs; Cassation, arrêt 28 juillet 1852, II-714. — Jugement arbitral, délai, déport de l'un des arbitres; Cassation, arrêt 5 février 1855, II-716. — Membres du Tribunal de commerce, arbitre, liquidation d'une société commerciale, personne incapable, validité de la sentence contre les autres parties; Cassation, arrêt 3 mars 1863, II-718.

Formules. — Formule d'arbitrage, V-1274.

(*Voy.* DIRES, SENTENCES.)

ARBRES.

Code civil. — Droit du propriétaire du fonds, I-125. — Jouissance de l'usufruitier sur les arbres, I-132. — Plantations des arbres de haute tige, I-226. — Droit du voisin, I-227. — Arrachage et ébranchage, I-228. — Arbres mitoyens, I-228.

Jurisprudence. — Plantations, fruits; Cassation, arrêt 16 février 1857, II-456. — Plantations par le locataire, droit du propriétaire du sol; Cassation, arrêts 23 mai 1860, 8 mai 1817, II-461 et 464 — Les arbres ne constituent pas une présomption légale de propriété sur le terrain qui doit être laissé entre eux et l'héritage contigu; Cassation, arrêt 14 avril 1852, II-529. — Arbres de haute tige, défaut d'usage et de règlement, plantations, distance de la ligne séparative des héritages; Cassation, arrêt 9 mars 1863, II-530. — Arbres de haute tige, plantations à moins de 2 mèt. d'un héritage en nature de bois, exception non admise; Cassation, arrêt 24 juillet 1860, II-543. — Plantations d'arbres de haute et basse tige; Cassation, arrêt 12 février 1861, II-545. — Plantations à moins de 2 mèt. de la propriété du voisin, servitude de passage, exception non admise; Cassation, arrêt 25 mars 1862, II-548. — Abatage des arbres le long d'un ru, élagage; Conseil d'État, arrêt 12 février 1863, II-552. — Arbres plantés à une distance moindre que celle légale, prescription trentenaire, souches, bois en taillis; Cassation, 2 juillet 1877, II-564.

Législation spéciale. — Arrêt du Conseil, 26 mai 1705 (Règlement pour la plantation des arbres), III-82. — Loi du 12 mai 1825 (Propriété des arbres plantés sur le sol des routes royales et départementales), III-377.

Coutumes. — Élagage : Valenciennes et partie de l'arrondissement de Valenciennes, V-1072.

(*Voy.* COUTUMES, PLANTATIONS.)

ARCHITECTE.

Historique. — Propriétaires, architectes, intérêts en présence, I-8. — Les architectes à Rome; ancienne loi d'Ephèse, I-16. — La législation du bâtiment et les architectes; avis de Vitruve, I-18. — Noms d'architectes-experts jurés sous l'ancien régime, I-37 et 85. — Architectes-experts près le tribunal civil de première instance du département de la Seine, I-87 et II-738. — Diverses classes d'architectes en Grèce et à Rome, I-53.

Code civil. — Architecte locateur, responsabilité, I-143 et suivantes. — Architecte mandataire, I-360 et suivantes. — Privilège de l'architecte, I-380. — Conservation du privilège, I-382. — Prescription de la responsabilité, I-388.

Tarifs. — En matière civile; dispositions pour le ressort de la Cour de Paris; vacations, frais de voyages, I-427. — Avis du Conseil des bâtiments civils concernant les honoraires des architectes, 12 pluviôse an VIII, III-222.

(*Voy.* HONORAIRES, RESPONSABILITÉ.)

ASSAINISSEMENT.

Législation spéciale. — Loi du 13 avril 1850, relative à l'assainissementdes logements insalubres, IV-562. — Loi du 25 mai 1864, modifiant celle du 13 avril 1850, IV-762. = Avis du préfet de police du 23 mars 1876 (Assainissement des habitations), IV-938.

Jurisprudence. = Conflit entre le préfet de la Seine et le préfet de police relativement à l'interprétation de la loi du 13 avril 1850; Conseil d'État, sections réunies, avis du 9 juin 1870, IV-1005.

(*Voy*. LOGEMENTS, SALUBRITÉ.)

ASSEMBLÉES ADMINISTRATIVES.

Législation spéciale. = Décret du 22 décembre 1789 (Constitution des assemblées administratives), III-320.

(*Voy*. ADMINISTRATION.)

ATELIERS.

Législation spéciale. = Ateliers qui répandent une odeur insalubre; Décret du 15 octobre 1810, III-300. — Ordonnance de police du 5 novembre 1810, III-305. Ordonnance du 15 septembre 1875, concernant les incendies, IV-928.

(*Voy*. COUTUMES, ÉTABLISSEMENTS CLASSÉS, USINES.)

ATRES.

Code civil. = Règlement à observer pour leur construction, I-229. — Par qui ils doivent être réparés, I-331.

Coutumes. — De Paris : de 1510, I-77.

(*Voy*. COUTUMES : celles relatives à la distance et aux ouvrages intermédiaires requis pour certaines constructions; *voy*. CHEMINÉES.)

AUTORISATION POUR BATIR.

Législation spéciale. = Autorisation du garde de la voirie de Paris, 26 juin 1411, 1-24. = Arrêt du préfet de la Seine, 8 juillet 1852, (Valeur et durée des autorisations pour les constructions au long de la rivière de Bièvre), IV-584. = Instruction sur ce qui concerne l'autorisation, 31 mars 1862, (Voirie urbaine), IV-664.

(*Voy*. ALIGNEMENT, NIVELLEMENT.)

AUVENT.

(*Voy*. SAILLIE.)

B

BAIL.

tuelle ; Cassation, arrêt 7 novembre 1853, II-586. — Démolition de maison, mise à l'alignement, locataire à bail, éviction complète, éviction partielle ; Cassation, arrêt 27 février 1854, II-589. — Suppression, d'abord partielle et plus tard complète, de deux maisons, par mesure de prudence et avant l'expiration du bail ; Cassation, arrêt 8 août 1855, II-592. — Bail verbal, existence niée par le preneur ; Cassation, arrêt 5 mars 1856, II-597. — Bail sans indication de durée, interprétation souveraine des juges du fait ; Cassation, arrêt 12 août 1858, II-599. = Bail, société, dissolution, reconstitution d'une nouvelle société, nouvelles personnes civiles, prohibition de la faculté de sous-louer, résolution du bail ; Cassation, arrêt 2 février 1859, II-600. = Bail, société, changement dans le personnel, sous-location interdite à défaut de consentement écrit, quittance délivrée au sous-locataire sans protestation ; Cassation, arrêt 28 juin 1859, II-602. = Bail, travaux, convention, participation du bailleur, somme déterminée ; Cassation, arrêt 1er août 1859, II-603. — Bail, formation en société des preneurs moins l'un d'eux ; demande en résiliation par la bailleresse, rejet ; Cassation, arrêt 13 mars 1860, II-604. — Bail, défaut de payement d'un terme, résiliation stipulée ; Cassation, arrêt 2 juillet 1860, II-606. = Résolution des baux, expropriation ; Cassation, arrêt 16 avril 1862, II-607. = Bail, clause insolite ; Cassation, arrêt 19 janvier 1863, II-612, — Bail verbal, preuve, serment, aveu indécis, aveu formel et précis ; Cassation, arrêt 12 janvier 1864, II-614. — Destruction partielle de la chose louée, ordre municipal, vétusté, responsabilité du propriétaire ; Cassation, arrêt 10 février 1864, II-617. = Jugement d'expropriation, résolution des baux ; Cassation, arrêt 9 août 1864, II-618. —Défaut de payement du loyer, demande en résiliation du bail, jugement prononçant la résiliation à défaut de payement immédiat ; Cassation, arrêt 11 janvier 1865, II-620.

Coutumes anciennes. —D'Auxerre, de Bar, I-339. — De Bordeaux, I-338 et 339. = De Bourbonnais, de Chaalons, I-340. — De Dourdan, I-337. — De Lille, I-340. = De Melun, I-337. — De Montargis. d'Orléans, de

Rheims, I-341. = De Sens, I-338 et 341. = De Valois, I-338.

Coutumes actuelles. = Région du Nord : Valenciennes et partie de l'arrondissement de Valenciennes, V-1074, 1075, 1076 et 1077. = Montreuil-sur-Mer et partie du département du Pas-de-Calais, V-1092.

Formules. = Projet de bail, V-1217.

BALAYAGE.

Législation spéciale. = Décret du 4 décembre 1878 (Tarif de perception de la taxe de balayage), IV-951.

Jurisprudence. = Taxe, application de la loi du 26 mars 1873 ; Conseil d'État, arrêt 21 décembre 1877, IV-1019.

BALCONS.

Code civil. = Distance de l'héritage du voisin à laquelle peuvent être établis des balcons ou autres semblables saillies, I-252. — Vue donnée par un balcon sur l'héritage voisin, I-255.

Législation spéciale. = Conditions dans lesquelles on peut construire les balcons, (Ordonnance du 24 decembre 1823), III-353 et 356. = Autorisation du Ministre de l'Intérieur, 6 octobre 1830, III-409

Jurisprudence. — Rue de moins de 10 mètres, grand balcon indûment établi ; Conseil d'État, arrêt 14 novembre 1862, IV-995.

(*Voy.* SAILLIE.)

BANC.

(*Voy.* SAILLIE.)

BANNES.

Législation spéciale. — Conditions dans lesquelles on peut les établir ; Ordonnance du 24 décembre 1823, III-359. = Mise en place, enlèvement ; Ordonnance du 9 juin 1824, III-368. — Bannes non autorisées, suppression, 18 juin 1824 (Instruction du préfet de police), III-372. — Décision du préfet de police du 15 février 1850, IV-553. = Arrêté préfectoral du 29 février 1864, IV-759. — Rapport du 6 septembre 1872, approuvé par la Commission supérieure de voirie, IV-889.

(*Voy.* SAILLIE.)

BARREAUX.

Législation spéciale. — Déclaration de Louis XIV, du 16 juin 1693 (Droit de voirie sur les barreaux), III-70.

BARRIÈRES ET BARRES.

Législation spéciale. — Défense de faire des barrières sans autorisation; Édit décembre 1607, III-26. — Défense d'établir des barrières au-devant des maisons; Ordonnance du 24 décembre 1823, III-355. — De l'établissement des barrières destinées à masquer des renfoncements; décision préfectorale, 15 février 1850, IV-554.

Formules. — Demande d'établissement de barrière, V-1258.

(*Voy.* SAILLIE.)

BATIMENT.

Historique. – Définition, qualifications diverses, I-7. — Législation du bâtiment, I-11 et suivantes. — Le bâtiment et la coutume de Paris, de 1510 et 1580, I-30. — Lois des bâtiments, par Desgodets, I-32. — Extrait du jugement du maître général des bâtiments de Paris sur les murs en fondation (29 octobre 1685), III-64. — Réglement du maître général des bâtiments sur la construction des entablements (1er juillet 1712), III-85.

Code civil. — Les bâtiments sont immeubles par leur nature, I-106. — Destruction d'un bâtiment soumis à l'usufruit, I-148. — Bâtiments adossés, mitoyenneté, I-162. — Bâtiment en ruine, responsabilité du propriétaire, I-176. — Droit de passage, bâtiment dans le fonds asservi, I-261.

Législation spéciale. — Défense de faire des bâtiments sans autorisation; Ordonnance, 22 septembre 1600, III-14. — Démolition des bâtiments en peril; Déclaration de Louis XV, 18 août 1730, III-106. — Défense de faire des ouvrages contre des bâtiments en saillie; Déclaration du roi, 10 avril 1783, III-178. — Refus de démolir ou de réparer des bâtiments en péril; Décret 19-22 juillet 1791, III-207. — Visite des bâtiments en construction; Arrêté 22 août 1809, III-282. — Construction, réparation, démolition de bâtiment; Ordonnance

de police 8 août 1829, III-386. — Bâtiments dont l'expropriation est jugée nécessaire ; Loi sur l'expropriation
pour cause d'utilité publique 3 mai 1841, III-463. =
Quand les bâtiments ne peuvent être reconstruits ou
reconfortés (hauteur); Décret 27 juillet 1859, IV-638.
— Défense de reconstruire ou reconforter des bâtiments; Instruction, 31 mars 1862, IV-689, 692, 698 et
714. — Ce qu'on entend par reconforter un bâtiment ;
Instruction, 31 mars 1862, IV-699. — Circulaire ministérielle en matière d'alignement, IV-841. — Perception
de voirie, modification de bâtiments existants; Arrêté
préfectoral, IV-912. — Constatations par la voirie de
l'exécution conforme des plans; direction des travaux
de Paris, 15 avril 1878, IV-944.

(*Voy.* LOUAGE, RÉPARATIONS.)

BESOGNE MAL PLANTÉE.

Législation spéciale. — Ce qu'on entend par besogne
mal plantée; Instruction du 31 mars 1862, IV-715.

BÉTON ET CIMENT.

Législation spéciale. — Arrêté du 1er août 1862. (Leur
emploi dans la construction des fosses d'aisances),
IV-749.

BIENS.

Code civil. — Des biens et des différentes modifications
de la propriété, I-105. — De la distinction des biens,
I-105. — Biens immeubles, nomenclature, I-106. =
Biens meubles, définition, nomenclature, I-111. — Des
biens dans leur rapport avec ceux qui les possèdent,
I-116. = Administration des biens, I-116. — Biens va-
cants, I-118. = Biens communaux, définition, I-118. =
Droit qu'on peut avoir sur les biens, I-119. = Les baux
des biens nationaux, des biens communaux et des établissements publics sont soumis à des règles particulières, I-305. — Louage des biens, I-306. = Des règles
communes aux baux des maisons et des biens ruraux,
I-306.

Législation spéciale. — Biens communaux; Loi du 10

juin 1793, III-217. = Biens ruraux; Loi du 6 octobre 1791 (Biens et usages ruraux), III-210. = Loi du 25 mai 1835 (Baux des biens ruraux, des communes, hospices, etc.), III-422.

Coutumes. = Biens ruraux : le Havre (cantons Nord et Sud), V-1111. = Biens dans les villes et faubourgs : le Havre (cantons nord et sud), V-1104.

BIÈVRE.

Législation spéciale. = Déclaration de Louis XV, du 28 septembre 1728 (Construction des bâtiments sur la rivière de Bièvre), III-95. = Arrêt du Conseil du 26 février 1732 (Règlement général pour la police et conservation des eaux de la Bièvre), III-111. = Ordonnance du 8 juillet 1801, concernant la rivière de Bièvre et ses affluents, III-233. = Ordonnance de police du 15 juillet 1802 (Curage de la Bièvre), III-250. = Ordonnance de police du 27 mai 1837 (Ponts, vannes, grilles, etc., de la Bièvre), III-428. = Arrêté du préfet de la Seine du 3 juillet 1852 (Ouvrages au long de la Bièvre, hors Paris), IV-581.

BOIS.

Code civil. = Ils ne sont meubles qu'à mesure qu'ils sont abattus, I-107.

(*Voy.* FORÊTS.)

BOITES A JOURNAUX.

Législation spéciale. = Décision préfectorale du 15 février 1850, IV-554.

(*Voy.* SAILLIE.)

BONNE FOI.

Code civil. = Effets de la bonne foi sur la jouissance de la propriété d'autrui, I-123-126. = Cas où la bonne foi est censée avoir eu lieu, I-123.

BON PÈRE DE FAMILLE.

Code civil. = L'usufruitier donne caution de jouir en bon père de famille, I-135. = L'obligation est la même pour la jouissance des droits d'usage et d'habitation, I-149, et pour la conservation des affaires d'autrui, I-283.

BORDEREAU.

Formules. — Formule de bordereau, V-1269.

BORNAGE.

Code civil. — Obligation du bornage, I-157. — En quoi il consiste, modes divers, I-157. — Le meilleur mode de bornage, I-158. — Mode adopté par l'administration des eaux et forêts, I-158. — Procès-verbal de bornage, frais, I-159.

Jurisprudence. — Action en bornage, propriété contestée ; Cassation, arrêt du 24 juillet 1860, II-543.

Coutumes. — Région du Nord : Lille et partie du département du Nord, V-1057. — Valenciennes et partie de l'arrondissement de Valenciennes, V-1070. — Montreuil-sur-Mer et partie du département du Pas-de-Calais, V-1089. — Abbeville, V-1094. — Amiens et une partie du département de la Somme, V-1096.

Région de l'Ouest : Alençon et le département de l'Orne, V-1118. — Angers et partie du département du Maine, V-1121. — Quimper et le département du Finistère, V-1122. — Nantes et partie de l'ancienne province de Bretagne, V-1124.

Région du Centre : Orléans, V-1128. — Clermont-Ferrand, V-1134.

Région de l'Est : Besançon et le département du Doubs, V-1143.

Région du Sud-Ouest : Bordeaux et partie de l'ancienne province de Guyenne, V-1145. — Pau et le département des Basses-Pyrénées, V-1150.

Région du Sud-Est : Lyon et le département du Rhône, V-1152. — Mende et le département de la Lozere, V-1186. — Uzès et le département du Gard, V-1187. — Marseille et partie de l'ancienne province de Provence, V-1188.

BORNES.

Législation spéciale. — Ordonnance des trésoriers de France du 4 février 1683 (Règlement sur le fait de la voirie), III-57. — Décision du Préfet de police du 15 février 1850, IV-554.

(*Voy.* BORNAGE, SAILLIE.)

BOUCHERIE.

Législation spéciale. = Ordonnance de police du 16 mars 1858 (Exercice de la profession de boucher à Paris), IV-634.

BOULANGERIE.

Législation spéciale. = Instructions du 17 octobre 1845 (Dispositions de sûreté et de salubrité), III-506.
(*Voy.* CHEMINÉES, FOURS.)

BOULEVARDS et promenades non closes.

Législation spéciale. — Dispositions générales qui y sont relatives; Ordonnance de police du 8 août 1829, III-404.

BOUTIQUES.

Législation spéciale. = Étalage de marchandises le long des boutiques; instruction du 31 mars 1862, IV-727.

BRANCHES.

Code civil. — Le propriétaire voisin peut contraindre à couper celles des arbres qui avancent sur son héri‌tage, I-227.

BRANCHEMENT D'ÉGOUT.

(*Voy.* ÉGOUTS.)

BRIQUES.

Législation spéciale. = Règlement du Conseil d'Artois du 17 mars 1780, pour la construction des fours à briques, III-174.

BUREAUX DE BIENFAISANCE.

Législation spéciale. = Ordonnance du 31 octobre 1821 (Administration), III-347.

C

CABINETS D'AISANCES.

Législation spéciale. = Ordonnance du 23 novembre

1855, concernant la salubrité des habitations (Dispositions à adopter au point de vue de la propreté et de la ventilation), IV-594.

CALORIFÈRES.

Législation spéciale. — Dispositions générales relatives à leur construction; Ordonnance de police, 15 septembre 1875, IV-924.

Coutumes. — Nice et le département des Alpes-Maritimes, V-1197.

CANAUX.

Législation spéciale. — Ordonnance de police, 25 octobre 1840 (Navigation des canaux), III-456. ,

Coutumes. — Valenciennes et partie de l'arrondissement de Valenciennes, V-1078.

CARREAUX.

Code civil. — Les réparations à faire à ceux des chambres sont locatives, I-332.

CARRIÈRES.

Code civil. — Propriété de la carrière par droit d'accession, I-124. — L'usufruitier en jouit, I-133.

Jurisprudence. — Propriété de la superficie, propriété de la mine ; Cassation, arrêt 3 février 1857, II-454; arrêt 31 mai 1859, II-458.

Législation spéciale. — Arrêtés du Conseil 23 décembre 1690 et 14 janvier 1729 (Defense d'ouvrir des carrières dans l'étendue et aux reins des forêts royales sans permission), III-67. — Arrêt du Conseil d'État du 14 mars 1741 (Exploitation des carrières voisines des grands chemins), III-122. — Sentence de la capitainerie de la Varenne-du-Louvre du 5 août 1776 (Exploitation des carrières), III-156. — Ordonnance du bureau des finances du 30 juillet 1777 (Carrières sous les voies publiques), III-161. — Déclaration de Louis XVI du 17 mars 1780 (Exploitation des carrières), III-169. — Ordonnance de police du 21 février 1801, concernant les carrières, III-226. — Ordonnance (dito), du 14 mars 1802, III-245 — Loi du 21 avril 1810 (Mines, minières et carrières), III-290.

CAS.

Code civil. — Cas expliquant l'obligation dans un contrat, I-278.

CAS FORTUIT.

Code civil. — Définition, I-143. — Le propriétaire ni l'usufruitier ne sont tenus de rebâtir ce qui a été détruit par cas fortuit, I-143. — Destruction totale ou partielle de la chose louée, I-312. — Réparations locatives, I-336.

CAUTION.

Code civil. — Celle qu'on est tenu de donner avant d'entrer en jouissance d'un usufruit ou de droits d'usage ou d'habitation, I-135. — Défaut de caution, séquestre ou affermage des immeubles, I-136. — Défaut de caution, vente des meubles, I-136 — Défaut de caution, jouissance des fruits, I-137. — Celle qu'on est tenu de donner avant d'entrer en jouissance des droits d'usage et d'habitation, I-149. — La caution donnée pour le bail ne s'étend pas aux obligations résultant de sa prolongation, I-327.

Jurisprudence. — Usufruitier, faute de caution; Cassation, arrêt 22 janvier 1878, II-475. — Disposition d'un époux en faveur de son conjoint, usufruit; Cassation, arrêt 26 janvier 1864, II-477.

CAVES.

Législation spéciale. — Autorisations nécessaires pour les établir; défense d'en faire sous les rues (Édit décembre 1607), III-27. — Droit de voirie sur l'huis des caves (Déclaration de Louis XIV, du 16 juin 1693), III-70. — Épuisement des eaux dans les caves (Ordonnance de police 14 mai 1701), III-80. — Ordonnance du lieutenant-général de police du 28 janvier 1741, III-121. — Caves sous la voie publique; Ordonnance du bureau des fina __s du 30 juillet 1777, III-161. — Ordonnance du bureau des finances du 4 septembre 1778, III-162. — Ordonnance de police du 13 février 1802, III-243. — Instruction concernant la voirie, 31 mars 1862, (Expropriation des terrains au-dessus des caves), IV-692.

Jurisprudence. — Cave sous le sol de la voie publique ; Conseil d'État, arrêt 23 janvier 1862, IV-990.

CESSION.

Code civil. — On ne peut, en général, être contraint de céder sa propriété, I-120. — Les droits d'usage et d'habitation ne peuvent être cédés, I-150 et 151.

(*Voy.* EXPROPRIATION.)

CHAMBRANLES.

Code civil. — Chambranles de cheminée, leurs réparations sont locatives, I-332.

Législation spéciale. — Décision du préfet de police du 15 février 1850 (Construction des portes et fenêtres), IV-554.

CHAPERON.

Législation spéciale. — Marque de non-mitoyenneté, chaperon à un seul égout, I-168.

(*Voy.* MITOYENNETÉ.)

CHARCUTERIE.

Législation spéciale. — Établissement de charcuteries dans Paris (Ordonnance du 19 décembre 1835), III-423.

CHARGES.

Code civil. — De quelles charges l'usufruitier est seul tenu, I-144. — Charges qui peuvent être imposées à la propriété pendant la durée de l'usufruit, I-144. —Charges des procès en ce qui concerne l'usufruitier, I-145. — Indemnité de la charge, I-185. — Prescription de l'indemnité, I-188.

Coutumes anciennes. — De Paris, I-78.

Coutumes actuelles. — Région du Nord. — Lille et partie du département du Nord, V-1059. — Montreuil-sur-Mer et partie du département du Pas-de-Calais, V-1090.

Région de l'Ouest. — Quimper et le département du Finistère, V-1122. — La Rochelle, V-1127.

Région du Centre.— Orléans, V-1130. —Versailles, V-1132.— Clermond-Ferrand, V-1134.— Troyes et le département de l'Aube, V-1137.

Région de l'Est. — Metz et le pays Messin, V-1140. — Besançon et le département du Doubs, V-1143.

Région du Sud-Ouest. — Bordeaux et partie de l'ancienne province de Guienne, V-1148. — Pau et le département des Basses-Pyrénées, V-1150.

Région du Sud-Est. = Uzès et partie du départe= ment du Gard, V-1187. = Marseille et partie de l'an- cienne province de Provence, V-1189.

CHAUDIÈRES.

Législation spéciale. = Ordonnance du 30 novembre 1837, concernant les établissements insalubres, dan- gereux ou incommodes. III-439. = Décret du 26 jan- vier 1865 (Chaudières à vapeur autres que celles qui sont placées à bord des bateaux), IV-773. = Ordon- nance de police du 15 septembre 1875. concernant les incendies, IV-922. = Décret du 30 avril 1880, V-1324.

CHAUX.

Code civil. = Les objets mobiliers scellés à la chaux sont immeubles, I-109.

CHEMINS.

Code civil. = Ils dépendent du domaine public, I-117. = Le propriétaire qui profite de l'alluvion doit laisser le chemin de halage, |I-127. = La construction et les réparations des chemins sont des servitudes établies pour l'utilité publique, I-161.

Législation spéciale. = Édit de 1607 (Police des rues et chemins). III-23. = Ordonnance des trésoriers de France, 17 mai 1686 (Largeur des chemins publics), III-66. = Arrêt du Conseil du 26 mai 1705 (Dédomma- gement des propriétaires, plantation des arbres, lar- geur des chemins), III-82. = Arrêt du Conseil du 14 mars 1741 (Exploitation des carrières voisines des grands chemins), III-122. = Loi du 28 juillet 1824 (Chemins vicinaux), III-376. = Ordonnance du 8 août 1845 (Extractions ayant pour objet les travaux des che- mins vicinaux). III-504. = Loi du 4 mai 1864 (Aligne- ments sur les chemins vicinaux de grande communi- cation), IV-761. — Loi du 8 juin 1864 (Rues formant le prolongement des chemins vicinaux), IV-763. — Loi du 15 juillet 1845 (Police des chemins de fer), III-499.

Jurisprudence. = Riverains des rivières et canaux navi- gables, servitude de halage et de contre-halage ; Conseil d'État, arrêt 6 mars 1856, II-524.

I-242. = De Normandie, I-243. = D'Orléans, I-244. = De Rheims, de Sedan, I-245.

Coutumes actuelles = Région du Nord : Montreuil-sur-Mer, V-1091. = Région de l'Ouest : Le Havre (cantons nord et sud, V-1102. = Région de l'Ouest : Angers et partie du département du Maine, V-1121. — Nantes et partie de l'ancienne province de Bretagne, V-1125. = Région de l'Est : Besançon et le département du Doubs, V-1144. = Région du Sud-Ouest : Bordeaux et partie de l'ancienne province de Guienne, V-1148. = Pau et le département des Basses-Pyrénées, V-1151. = Région du Sud-Est : Nice et le département des Alpes-Maritimes, V-1195 et 1197.

CHEMINÉES DES FOSSES D'AISANCES.

Législation spéciale. = Ordonnance de police du 1ᵉʳ décembre 1853, IV-599.

CHÉNEAU.

Code civil. = Pente du toit vers le mur mitoyen, chéneau obligatoire, I-184.

Législation spéciale. = Établissement des chéneaux ; Ordonnance du 30 novembre 1831, III-417. = Disposition relative aux reliefs des chéneaux ; Décret 27 juillet 1859, IV-641 et 642.

(*Voy.* SAILLIES.)

CHEPTEL.

Code civil. = Quand les animaux donnés à ce titre sont-ils meubles ou immeubles, I-107.

CIMENT.

Code civil. = Les objets mobiliers scellés au ciment sont immeubles, I-109.

(*Voy.* BÉTON.)

CIMETIÈRES.

Législation spéciale. -- Décret du 7 mars 1808 (Distance pour les constructions dans le voisinage des cimetières), III-269.

CIRCULATION.

Législation spéciale. — Ordonnance de police du 8 août 1829 (Sûreté et liberté de la circulation), III-386.

CLOTURE.

Historique. — Coutume de 1510, I-78 et 81. — Reconstruction pour servir à un bâtiment (Coutume de Paris de 1510), I-78. — Obligation de la clôture (Coutume de Paris, 1510), I-81. — Présomption de mitoyenneté, reconstruction, I-81.

Code civil. — Rétablissement en entier des murs de clôture à la charge du nu-propriétaire, I-139. — Droit de clôture, I-160. — Présomption de mitoyenneté, I-162. — Clôture incomplète, I-166. — Marques de non-mitoyenneté, I-168. — Réparations, reconstruction, I-170. — Clôture obligatoire, impossibilité de l'abandon de la mitoyenneté, I-177 et 204. — Clôture non obligatoire, abandon de la propriété du sol, I-177. — Limites de l'obligation, I-205. — Obligation d'acquérir la mitoyenneté, I-206. — Mode de construction, I-206. — Usage à Paris, I-212. — Murs entre jardin et marais, I-212. — Répartition des dépenses, propriétés de niveaux différents, sols naturels, I-213. — Sol supérieur remblayé, I-215. — Sol inférieur déblayé, I-215.

Législation spéciale. — Ordonnance de police du 10 juillet 1871 (Clôture des terrains vagues), IV-872.

Jurisprudence. — Faculté de se clôre, héritage grevé d'une servitude de passage; Cassation, arrêt 28 juin 1853. II-483. — Présomption de mitoyenneté, titre contraire; Cassation, arrêt 25 janvier 1859, II-538. — Palissade dite brise-vent, construction d'un mur en remplacement; Cassation, arrêt 1er février 1810, II-542. — Réparation, reconstruction, abandon de la mitoyenneté; Cassation, arrêt 27 janvier 1874, II-559.

Coutumes anciennes. — De Paris, de 1510, I-78-81. — D'Amiens, de Calais, de Chaalons, I-216. — De Dourdan, d'Estampes, de Laon, de Meleun, d'Orléans, I-217. — De Paris, de Rheims, de Sedan, I-218.

Coutumes actuelles. — Région du Nord. — Lille et partie du département du Nord; hauteur de clôture, V-1059.

Valenciennes et partie de l'arrondissement de Valenciennes : hauteur de clôture, V-1071; fossés séparatifs ou de clôture, V-1071. Douai : obligation et hauteur de clôture, V-1082. Montreuil-sur-Mer et partie du département du Pas-de-Calais : hauteur de clôture, V-1090.

Région de l'Ouest. Alençon et le département de l'Orne : hauteur de clôture, V-1119. Quimper et le département du Finistère : hauteur de clôture, V-1123. Nantes et partie de l'ancienne province de Bretagne : hauteur de clôture, V-1125.

Région du Centre. Orléans : hauteur de clôture, V-1130. Clermont-Ferrand : hauteur de clôture, V-1134. Troyes et le département de l'Aube : hauteur de clôture, V-1137.

Région du Sud-Ouest. Bordeaux et partie de l'ancienne province de Guienne : hauteur de clôture, V-1149.

Région du Sud-Est. Lyon et le département du Rhône : *Coutumes du Bâtiment* rédigées par la Société académique d'architecture de Lyon ; art. 4, invétison des murs de clôture, V-1163 ; art. 5, des limites de la clôture obligatoire, V-1166. Marseille et partie de l'ancienne province de Provence: hauteur de clôture, V-1189.

CODE FORESTIER.

Législation spéciale. Ordonnance du 1er août 1827 (Exécution du Code forestier), III-378.

COLONNES MONTANTES.

Législation spéciale. Dispositions y relatives ; reglements et tarifs sur les abonnements aux eaux, 22 juillet 1880, V-1344.

COMBLES.

Législation spéciale. Ordonnance du 1er novembre 1844 (Hauteur des bâtiments et leurs combles), III-493. Arrêté du 15 juillet 1848 (Hauteur des façades et des combles dans la ville de Paris, IV-544).—Décret impérial du 27 juillet 1859 (Règlement sur les combles et les lucarnes), IV-638. — Décret du 1er août 1864 (rapporté), IV-772. — Décret du 18 juin 1872; modification des précédents),IV-886. — Instruction du 12 décembre 1873 (Maisons retranchables). IV-903. — Instruction, 20 octobre 1874, IV-920.

COMBUSTIBLES.

Législation spéciale. = Ordonnance du 15 septembre 1875 (Matières combustibles et inflammables), IV-930.

COMMISSAIRES-VOYERS.

Législation spéciale. = Circulaire du préfet de la Seine, 5 octobre 1855 (Commissaires-voyers), IV-625. = Arrêtés de la préfecture de la Seine, 30 juin 1871, 15 avril 1878 (Attribution des commissaires-voyers), IV-941.

COMMUNE.

Code civil. = On ne peut changer le cours d'une source qui fournit de l'eau à une commune, I-154. = Nature et effets des servitudes établies pour l'utilité d'une commune, I-160 et suivantes.

Législation spéciale. — Biens communaux ; Loi du 10 juin 1793, III-217.—Acquisitions immobilières faites par les communes, n'excédant pas cent francs (Ordonnance du 31 août 1830), III-408. = Loi du 25 mai 1835 (Baux des biens des communes), III-422.

COMPTEURS.

(*Voy.* EAUX, GAZ.)

CONCESSION.

Code civil. — Circonstance dans laquelle l'usufruitier est tenu d'en demander une pour l'exploitation des mines et des carrières, I-133.

CONGÉ.

Code civil. = Délai pour donner un congé, I-324. = Inutilité du congé, expiration du bail, I-326.= Congé régulier, I-326. — Délai imposé à l'acquéreur pour l'expulsion du fermier ou locataire, I-329. = Délai imposé à l'acquéreur à pacte de rachat, I-330. = Expiration du bail, continuation de la jouissance, congé, I-338. — Congé que doit signifier le bailleur qui, d'après une convention, veut occuper sa maison, I-342.

Coutumes anciennes. — De Paris, I-324. = De la ville de Saint-Flour, de la ville d'Orilhac, I-325. — D'Auxerre, de Bar, de Bordeaux, I-339. — De Bourbonnais, de Chaalons. de Lille, I-340. — De Montargis, d'Orléans, de Rheims, de Sens, I-341.

Coutumes actuelles. = Région du Nord. — Valenciennes, V-1074 et 1075. = Douai, V-1086. = Montreuil-sur-Mer, V-1092. = Abbeville, V-1095. = Amiens et partie du département de la Somme, V-1097.

Région de l'Ouest. = Le Havre (cantons nord et sud), V-1106 à 1112. = Alençon et le département de l'Orne, V-1119. = Angers et partie du département du Maine, V-1121. = Quimper et le département du Finistère, V-1123. = Nantes, V-1126.

Région du Centre = Orléans, V-1131. — Versailles, V-1133. = Clermont-Ferrand, V-1135. = Troyes et le département de l'Aube, V-1138.

Région de l'Est. = Metz et le pays Messin, V-1140. = Strasbourg et la banlieue de cette ville, V-1141.

Région du Sud-Ouest. = Bordeaux et partie de l'ancienne province de Guienne, V-1149 = Pau et le département des Basses-Pyrénées, V-1151.

Région du Sud-Est. = Lyon et le département du Rhône, V-1153. — Mende et le département de la Lozère, V-1186. = Uzès et le département du Gard, V-1187. = Marseille et partie de l'ancienne province de Provence, V-1189.

CONSEILS D'HYGIÈNE PUBLIQUE ET DE SALUBRITÉ.

Législation spéciale. — Arrêté du 15 février 1849 (Organisation des conseils), IV-550. = Décret du 15 décembre 1851 (Organisation du conseil de salubrité, et institution de commissions d'hygiène publique et de salubrité), IV-572.

CONSTAT.

Formules. = Formules de constat, V-1312 à 1319.

CONSTRUCTIONS.

Code civil. — Les constructions qu'un propriétaire peut

faire sur son sol, I-124. — Les constructions édifiées sur un terrain sont présumées faites par le propriétaire du sol, I-125. — Constructions établies par le propriétaire du sol avec les matériaux d'autrui, I-125. — Constructions établies par un tiers sur le sol d'autrui, I-126. — De la distance et des ouvrages intermédiaires requis pour certaines constructions, I-229.

Législation spéciale. — Constructions dans Paris, depôt de matériaux ; Arrêté 13 octobre 1810, III-297. — Constructions provisoires ; Ordonnance 24 décembre 1823, III-357 — Circulaire aux commissaires-voyers de Paris sur l'ordonnance générale des constructions privées, 5 octobre 1855, IV-625. — Instruction concernant les constructions au point de vue de l'alignement et du nivellement, permission de bâtir, etc., 31 mars 1862, IV-661. — Mode de construction concernant les salles de spectacle ; Ordonnance 1er juillet 1864, IV-764. — Construction de branchements particuliers d'égouts par les propriétaires ; Arrêté, 14 février 1872, IV-878.

CONTENANCE.

Code civil. — Obligation du vendeur, I-291. — Contenance indiquée supérieure à la contenance réelle, I-292. — Contenance indiquée inférieure à la contenance réelle, I-292. — Différence moindre d'un vingtième , prix variable, I-292. — Différence supérieure à un vingtième, droit de l'acquéreur, I-293.

CONTRATS.

Code civil. — Des contrats ou des obligations conventionnelles en général, I-275 et suivantes.

CONTRAVENTIONS.

Législation spéciale. — Loi du 19 mai 1802 (Contraventions en matière de grande voirie), III-248. — Décret du 18 août 1810 (Mode de constater les contraventions), III-296. — Poursuite et répressions de la contravention en matière de voirie urbaine ; Instruction 31 mars 1862, IV-702.

CONTRE-MUR.

Code civil. — De la distance et des ouvrages intermé-

diaires requis pour certaines constructions, I-229. —
Fosses d'aisances, trou à fumier et puisard, I-229.—
Puits, cheminées et âtres, I-230. — Forge, four et
fourneau, tour-de-chat, mur dossier, fourneau d'usine
et autres foyers, I-231. — Étable, I-231. — Lavoir,
dépôt de sel, voûte adossée, I-232. — Épaisseur, con=
struction, I-233.

CONTRIBUTIONS.

Code civil. — Leur payement est à la charge de l'usu=
fruitier, I-144. — Nature des contributions à supporter par le propriétaire, I-144. — Cas où l'usager est
sujet aux contributions, I-151.

CONVENTIONS.

Code civil. — Des conditions essentielles pour la validité des conventions, I-275 et suivantes.

CORNICHES.

Législation spéciale. — Ordonnance du bureau des
finances, 29 mars 1776 (Corniches qui se pratiquent à
la face des maisons), III-154. — Décision du préfet de
police du 15 février 1850, IV-555.

(*Voy.* HAUTEUR DES BATIMENTS, SAILLIES.)

COURS D'EAU.

(*Voy.* EAUX.)

COUTUMES.

Historique. — Droit romain non écrit, I-14. — Tradition
romaine, coutumes locales, droit coutumier, I-20. —
Coutume de Paris, I-23. — Autorisation de bâtir : Coutume de Paris, 26 juin 1411, I-24. — Expertise des
maçons-jurés du roi, épaisseur des murs, août 1411,
I-24. — Charles VII fait mettre par écrit les coutumes
du royaume, I-26. Latrines : Coutumes de Paris sous
Charles V, I-27. — Coutume de Paris de 1510, I-28. —
Le bâtiment et la Coutume de Paris de 1510 et de 1580,
I-30 et 31. — Coutume de Paris de 1580, I-30. — Ouvrage de Desgodets sur les lois des bâtiments suivant
la coutume de Paris, I-32. — Coutume de Paris mise

en vers, I-32. — Le droit usager et le Code civil, I-34.
— La jambe étrière et la Coutume de Paris, I-35.

COUTUMES DIVERSES RÉGISSANT AUTREFOIS LA FRANCE.

Ressort, I-60.

Nord-Est. — Coutume générale de la prévôté et vicomté de Paris, I-60. — Coutumes des bailliage et prévôté d'Étampes, I-60.= Coutumes des bailliage et châtellenie de Dourdan, I-60 = Coutumes du comté et bailliage de Monfort-l'Amaury, Gambais, Neauphle-le-Châtel, Saint-Léger-en-Yveline, I-60. — Coutume locale du Vexin français, I-61. — Coutume du bailliage de Senlis, I-61. — Coutume du bailliage et duché de Valois. I-61. — Coutume du gouvernement de Péronne. Montdidier et Roye ; coutumes générales de la sénéchaussée et comté de Ponthieu ; coutumes générales du bailliage d'Amiens ; coutumes générales du comté. pays et sénéchaussée de Boulenois ; coutumes de Calais, I-63. — Coutumes générales du pays et comté d'Artois ; coutumes du bailliage de Vermandois ; coutumes de Châlons ; coutumes de la cité et ville de Reims ; coutumes du bailliage de Vitry-en-Perthois ; coutumes du bailliage de Chaumont-en-Bassigny. I-63. — Coutumes générales du bailliage de Troyes ; coutumes générales du bailliage de Sens ; coutumes du bailliage et comté de Clermont en Argone ; coutumes du bailliage de Bar ; coutumes générales du bailliage de Bassigny ; coutumes générales du bailliage de Meaux ; coutumes générales du bailliage de Melun, I-64.

Milieu. — Coutumes des duché, bailliage et prévôté d'Orléans ; coutumes de Chartres ; coutumes de l'auditoire et bailliage du comté de Dreux ; coutumes générales de Château-Neuf-en-Thimerais, I-65. — Coutumes générales des pays, comtés et bailliages de Blois, coutumes générales des duché et bailliage de Touraine ; coutumes générales des pays et comté du Maine ; coutumes générales des pays et duché d'Anjou ; coutumes des comté et bailliage d'Auxerre ; coutumes du Nivernais, I-66.

Sud. = Coutumes générales des pays et duché de Berry ; coutumes générales des pays et duché de Bourbonnais ; coutumes générales des haut et bas pays

COUTUMES RELATIVES AUX CANAUX, RIVIÈRES, CHEMINS.

COUTUMES RELATIVES AUX CONGÉS.

Lozère, V-1186 = Saint-Flour, Orilhac. I-325 = Uzès
et partie du département du Gard, V-1187 = Marseille
et partie de l'ancienne province de Provence, V-1189.
COUTUMES RELATIVES A LA DISTANCE ET AUX OUVRAGES IN-
TERMÉDIAIRES, REQUIS POUR CERTAINES CONSTRUCTIONS.

Coutumes anciennes. = D'Amiens, d'Anjou, d'Auxerre.
I-233. = De Bar, de Berry, I-234. = De Blois, de
Bourbonnais, I-235. = de Calais, de Cambrai, I-236.
= De Chaalons, de Clermont en Beauvoisis, I-237. =
= De Dourdan, de Dunois, d'Estampes, I-238. = Du
grand Perche, de Laon, de Lodunois, I-239. = De
Lorraine, de Mantes et Meullant, de Meaux, I-240. =
De Meleun, de Montfort-l'Amaury, I-241. = De Mon-
targis, de Nantes, I-242. = De Nivernais, de Norman-
die, I-243. = D'Orléans, I-244. — De Paris, I-77, 78 et
83. = De Rheims, de la ville et faubourgs de Rennes,
de Sedan, I-245. — De Sens, de Touraine, de Tournay,
I-246. = De Troyes, I-247.

Coutumes actuelles. — Région du Nord. = Lille et
partie du département du Nord, V-1061. = Bergues,
V-1067. = Valenciennes et partie de l'arrondissement
de Valenciennes, V-1072. = Montreuil-sur-Mer et
partie du département du Pas-de-Calais, V-1091. =
Amiens et partie du département de la Somme,
V-1097.

Région de l'Ouest. = Le Havre (cantons nord et sud),
V-1101. = Alençon et le département de l'Orne, V-1119.
= Nantes et partie de l'ancienne province de Breta-
gne, V-1125.

Région du Centre. = Orléans, V-1131.

Région du Sud-Est = Lyon et le département du
Rhône, V-1168 et 1173 et suiv. — Marseille et partie
de l'ancienne province de Provence, V-1189. = Nice
et le département des Alpes-Maritimes, V-1190 et
suivantes.

COUTUMES RELATIVES AUX OUVRIERS DE FERME ET DE FABRIQUE.
Valenciennes et partie de l'arrondissement de
Valenciennes, V-1077 et 1078.

COUTUMES RELATIVES A L'ÉGOUT DES TOITS ET AUX EAUX
PLUVIALES.
Région du Nord = Lille et partie du département

lons, I-340. ⇐ De Dourdan, I-337. ⇐ De Lille, I-340.
⇐ De Meleun, I-337. ― De Montargis, d'Orléans, de
Rheims, I-341. ⇐ De Sens, I-338, 341. ⇐ De Valois,
I-338.

Coutumes actuelles. ― Région du Nord. ― Valenciennes
et partie de l'arrondissement de Valenciennes, V-1074
et 1076 ⇐ Douai, V-1086, ⇐ Montreuil-sur-Mer et partie du département du Pas-de-Calais, V-1092. ⇐ Abbeville, V-1095. ⇐ Amiens et partie du département
de la Somme, V-1097.

Région de l'Ouest. ― Le Havre (cantons nord et sud),
V-1104 et 1111. ═ Angers et partie du département du
Maine, V-1121. ⇐ Quimper et le département du
Finistère, V-1123. ― Nantes et partie de l'ancienne
province de Bretagne, V-1126.

Région du Centre. ⇐ Versailles, V-1133. ― Clermont-Ferrand, V-1135. ⇐ Troyes et le département de
l'Aube, V-1138.

Région de l'Est. ― Metz et le pays messin, V-1140. ⇐
Strasbourg et banlieue de cette ville, V-1141.

Région du Sud-Ouest. ⇐ Bordeaux et partie de
l'ancienne province de Guienne, V-1149. ═ Pau et le
département des Basses-Pyrénées, V-1151.

Région du Sud-Est. ― Lyon et le département du
Rhône, V-1153. ⇐ Mende et le département de la
Lozère, V-1186. ⇐ Uzès et partie du département du
Gard, V-1187. ⇐ Marseille et partie de l'ancienne pro-
vince de Provence, V-1189.

COUTUMES RELATIVES A LA MITOYENNETÉ.

Région du Nord. ⇐ Lille et partie du département du
Nord, V-1058 et suivantes. ― Bergues, V-1065. ⇐ Valenciennes et partie de l'arrondissement de Valenciennes, V-1071. ═ Douai, V-1080. ⇐ Montreuil-sur-Mer
et partie du département du Pas-de-Calais, V-1089. ―
Abbeville, V-1094. ― Amiens et partie du département de la Somme. V-1096.

Région de l'Ouest. ⇐ Le Havre (cantons nord et
sud), V-1098. ═ Alençon et le département de l'Orne,
V-1118. ⇐ Angers et partie du département du Maine,
V-1121. ⇐ Quimper et le département du Finistère,

bordent les routes royales et départementales), III-377.

CURAGE DES PUITS.

Code civil. — A la charge de qui est le curage des puits, I-336.

Législation spéciale. — Ordonnance de police du 20 février 1812, III-312. — Ordonnance de police du 8 mars 1815, III-327. — Ordonnance de police du 20 juillet 1838, III-453.

CUVETTES.

Législation spéciale. — Décision du préfet de police du 15 février 1850, IV-555.

CUVETTES HYDRAULIQUES.

Législation spéciale. — Arrêté préfectoral du 4 mai 1860 (Instruction relative à la construction des cuvettes hydrauliques dans les branchements d'égouts), IV-650.

D

DEBIT DE MATIÈRES COMBUSTIBLES OU INFLAMMABLES.

Législation spéciale. — Ordonnance du 15 septembre 1875, concernant les incendies. — IV-930.

DÉCENTRALISATION ADMINISTRATIVE.

Législation spéciale. — Décret du 13 avril 1861 qui modifie celui du 25 mars 1852, V-653.

DÉFAUTS.

Code civil. — De la garantie des défauts de la chose vendue, I-298. — Défauts cachés, I-298. — Défauts apparents, I-299. — Défauts ignorés du vendeur, I-299. — Défauts connus du vendeur, I-300. — Action de l'acquéreur, I-301.

(*Voy.* RESPONSABILITÉ, VENTE, VICE.)

DÉGRADATIONS.

Code civil. — Responsabilité de l'usufruitier pour celles par lui commises, I-145. — Dans quel cas celles arrivées pendant la durée du bail sont à la charge du preneur, I-322 et 323.

DÉLIVRANCE.

Code civil. = Comment est remplie l'obligation de délivrer les immeubles vendus, I-291. = État dans lequel la chose doit être délivrée, I-291. = Contenance, I-291 et suivantes.

DEMANDES.

Formules.=Demande d'alignement, V-1255. = Demande de nivellement, V-1256. = Demande d'établissement d'appareils diviseurs, V-1257 — Demande d'établissement de barrières, V-1258.

DÉMOLITION.

Législation spéciale. = Ordonnance de police du 8 août 1829 (Sûreté et liberté de la circulation sur la voie publique), III-387. = Travaux faits en contravention des règlements de voirie; Instruction du 31 mars 1862, IV-714.

Jurisprudence. = Contravention à l'article 5 du décret de 1859; Cassation, arrêt du 27 avril 1877. IV-1014.

DÉPOT DE MATÉRIAUX.

Législation spéciale. = Arrêté préfectoral du 15 décembre 1860 (Tarif de location temporaire des terrains communaux, pour dépôt de matériaux ou chantiers), IV-651.

DÉSISTEMENT.

Code civil. — Cas où l'excédant de la contenance déclarée au contrat de vente donne le choix du désistement à l'acquéreur, I-292 et 293.

DEVANTURES DE BOUTIQUES.

Législation spéciale. = Ordonnance de police du 14 septembre 1833 (Réduction des devantures de boutiques et autres objets excédant la saillie légale), III-420. — Décision du préfet de police du 15 février 1850, IV-553-555.

(*Voy.* SAILLIE.)

DEVIS.

Historique. = Ancienne loi à Éphèse rappelée par Vitruve : dépassement du devis, responsabilité de l'ar-

chitecte, I-16. = Devis et marchés; discussion au
Conseil d'État, I-88.

Code civil. = Dans quel cas les devis, marchés ou prix
faits pour l'entreprise d'un ouvrage sont considérés
comme un louage, I-305.= Articles du Code civil relatifs aux devis et marchés, I-343.

(*Voy.* MARCHÉS.)

DIGUES.

Code civil. = Leur rétablissement est à la charge du
propriétaire du fonds sujet à l'usufruit, I-139. = Le
propriétaire du fonds inférieur ne peut élever de digues qui empêchent l'écoulement des eaux du fonds
supérieur, I-153.

Jurisprudence. = Eaux découlant naturellement, servitude du fonds inférieur, digue; Cassation, arrêt
15 mars 1858, II-508; arrêt 4 juillet 1860, II-518.

DISTANCE.

Code civil. — Plantation des arbres de haute tige et des
haies, I-226. = Droit du voisin, I-227. = Arrachage et
ébranchage, I-228. = De la distance et des ouvrages
intermédiaires requis pour certaines constructions :
puits, fosse, cheminée, âtre, forge, four, fourneau,
étable, magasin de sel, amas de matières corrosives,
I-229. = Forge, four et fourneau, tour-de-chat, I-231.
= Distance pour les vues droites ou fenêtres d'aspect, balcons ou autres semblables saillies sur l'héritage clos ou non clos du voisin, I-252. = Vues obliques, I-253. = Comment se comptent les distances,
I-253.

Coutumes anciennes. = D'Amiens, d'Auxerre, I-233. =
De Bar, de Berry, I-234. = De Blois, de Bourbonnais,
I-235. = De Calais, de Cambrai, I-236. = De Chaalons, de Clermont en Beauvoisis, I-237. = De Dourdan, de Dunois, d'Estampes, I-238. = Du Grand-Perche, de Laon, de Lodunois, I-239. = De Lorraine, de
Mante et Meullant, de Meaux, I-240. = De Meleun, de Montfort-l'Amaury, I-241. = De Montargis,
de Nantes, I-242. = De Nivernais, de Normandie,
I-243. = D'Orléans, I-227-244. = De Rheims, de Sedan.

I-245. = De Sens, de Tournay, I-246. = De Troyes, I-247.

Coutumes actuelles. = Distance réservée pour les plantations entre héritages. = Lille et partie du département du Nord, V-1060. = Alençon et le département de l'Orne, V-1119. = Orléans, V-1130. = Clermont-Ferrand, V-1134. = Troyes et le département de l'Aube, V-1137. = Marseille et partie de l'ancienne province de Provence, V-1189.

Distance réservée entre un fossé et l'héritage voisin. = Quimper et le département du Finistère, V-1123.

De la distance à observer et des contre-murs à exécuter entre les confins de la propriété voisine et les ouvrages énumérés dans l'article 674 du Code civil. = Nice et le département des Alpes-Maritimes, V-1190.

De la distance et des ouvrages intermédiaires requis pour certaines constructions.

Région du Nord. = Lille et partie du département du Nord, V-1061. = Bergues, V-1067. = Valenciennes et partie de l'arrondissement de Valenciennes, V-1072. = Montreuil-sur-Mer et partie du département du Pas-de-Calais, V-1091. = Amiens et partie du département de la Somme, V-1097.

Région de l'Ouest. = Le Havre (cantons nord et sud), V-1101. = Alençon et le département de l'Orne, V-1119. = Nantes et partie de l'ancienne province de Bretagne, V-1125.

Région du Centre. = Orléans, V-1131.

Région du Sud-Est. = Lyon et le département du Rhône, V-1168 et 1173 et suivants. = Marseille et partie de l'ancienne province de Provence, V-1189. = Nice et le département des Alpes-Maritimes, V-1190 et suivantes.

DOMAINE PUBLIC.

Code civil. = Définition, I-116. = Quels biens sont considérés comme des dépendances du domaine public, I-117. = Les biens qui n'ont pas de maître lui appartiennent, I-118.

E

à un arrêté administratif concernant le mode et la
condition de la distribution des eaux d'un canal;
Cassation, arrêt 22 janvier 1858, II-503. — Source,
acquisition par le fonds inférieur par titre ou
par prescription; Cassation, arrêt 8 février 1858,
II-507. — Eaux découlant naturellement, servitude
du fonds inférieur, digue; Cassation, arrêt 15 mars
1858, II-508. — Eaux pluviales, destination privée,
propriété, prescription; Cassation, arrêt 12 mai
1858, II-520. — Source, droit du fonds inférieur, travaux faits sur le fonds supérieur; Cassation, arrêt
2 août 1858, II-511. — Étang, eaux privées; Cassation,
arrêt 21 juin 1859, II-512. — Abus de jouissance d'une
concession administrative des eaux d'un canal entre
particuliers; Cassation, arrêt 29 juin 1859, II-513. —
Cours d'eau, usage des voisins. dommage; Cassation,
arrêt 15 février 1860, II-515. — Canal Saint-Martin,
modification à l'exercice du droit des concessionnaires,
dommages; Conseil d'État, arrêt 1ᵉʳ mars 1860, II-517.
— Propriété inférieure, eaux qui découlent naturellement du fonds supérieur, digue; Cassation, arrêt
4 juillet 1860, II-518. — Ruisseau, prise d'eau, prescription; Cassation, arrêt 3 juin 1851, II-519. — Bassin
communal, eaux superflues, possession antérieure;
Cassation, arrêt 12 février 1862, II-520 — Source, sacrifice imposé par suite des besoins des habitants d'une
commune et de leurs bestiaux, indemnité, prescription, exception; Cassation, arrêt 4 mars 1862. II-522,
— Utilisation des eaux de la source d'un héritage par
les habitants d'une commune, exercice de la servitude; Cassation, arrêt 5 juillet 1864, II-557. — Canal,
prise d'eau, rigole, servitude apparente, continuité;
Cassation, arrêt 19 juillet 1864, II-572.

Coutumes. — Curage : Montreuil-sur-Mer et partie du
département du Pas-de-Calais, V-1089.

EAUX PLUVIALES.

Législation spéciale. — Édit de Louis XIV, août 1669,
portant règlement général, III-19 — Arrêt du Conseil
du 3 juillet 1685 (Eaux sous la voie publique), III-61.
— Ordonnance des trésoriers de France du 22 juin
1751 (Écoulement des eaux des routes), III-129.—

Arrêt du Conseil du 22 janvier 1785 (Défenses de pratiquer aucune ouverture ni communication avec les
égouts pour l'écoulement des eaux et des latrines),
III-196. = Ordonnance du 1er août 1827 (Exécution du
code forestier, III-378. = Ordonnance de police du
8 août 1829 (Entretien des conduites des eaux), III-398.
= Ordonnance de police du 29 mai 1837 (Travaux pour
établissement des conduites des eaux), III-432. = Arrêté du 24 avril 1866 (Établissement des tuyaux de
prises d'eau dans les branchements d'égouts particuliers), IV-787. = Arrêté du 2 juillet 1867 (Écoulement
des eaux-vannes dans les égouts publics par voie directe), IV-815.

Coutumes. = Valenciennes et partie de l'arrondissement de Valenciennes, V-1074. = Douai, V-1084.

EAUX (épuisement des).

Législation spéciale. = Ordonnance de police du 14 mai
1701, III-80. = Ordonnance du lieutenant-général de
police du 28 janvier 1741, III-121. = Ordonnance du
13 février 1802, III-243.

EAUX (abonnement aux).

Législation spéciale. = Règlement du préfet de la Seine
du 1er août 1846, III-513. = Règlements et tarifs des
27 février 1860 et 3 novembre 1869, IV-846. = Règlements et tarifs, 22 juillet 1880, V-1339.

EAUX DE DRAINAGE.

Législation spéciale. = Loi des 10-13 juin sur le libre
écoulement des eaux provenant du drainage, IV-616.

EAUX MÉNAGÈRES.

Législation spéciale. = Ordonnance du Roi du 30 septembre 1814 (Défense d'établir des conduites d'eaux
ménagères en communication avec les égouts de Paris),
III-323. = Ordonnance du 23 novembre 1853 (Salubrité
des habitations), IV-594. = Arrêté concernant la projection des eaux pluviales et ménagères dans l'égout
(2 juillet 1879), IV-958. — Arrêté du 14 janvier 1880
(Projection dans l'égout public), V-1361.

EAUX MINÉRALES.

Législation spéciale. = Décret des 8-10 mars 1848
Sources d'eaux minérales), IV-543. — Loi des 14-

22 juillet 1856 (Conservation et aménagement des
eaux minérales), IV-629.

EAUX PLUVIALES.

Législation spéciale. — Ordonnance de police du 30 novembre 1831 (Chéneaux et gouttières destinés à recevoir les eaux pluviales), III-417. = Arrêté concernant
la projection des eaux pluviales dans l'égout (2 juillet
1879), IV-958. — Arrêté du 14 janvier 1880 (Projection
dans l'égout public), V-1361.

ÉCHAFAUDAGES.

Législation spéciale. = Ordonnance, décembre 1879
(Échafaudages fixes ou mobiles établis sur la voie publique), V-1364.

ÉCHELLES.

Législation spéciale. = Ordonnance de police du 29
avril 1704 (Échelles employées sur la voie publique),
III-81.

ÉCHOPPES.

Législation spéciale. -= Droit de voirie sur les échoppes (Déclaration de Louis XIV, 16 juin 1693), III-70.
— Emplacement des échoppes (Ordonnance du Roi,
24 décembre 1823), III-357.— Suppression des échoppes
(Instruction du préfet de police, 18 juin 1824), III-374
=- Droit perçu sur les échoppes (Décision du préfet
de police du 15 février 1850), IV-555.

ÉCLAIRAGE.

Législation spéciale. — Traité du 7 février 1870, entre la
Ville de Paris et la Compagnie parisienne d'éclairage
et de chauffage par le gaz, IV=865.

(*Voy.* GAZ.)

ÉCRITEAUX

Législation spéciale. = Ordonnance de police du 30 juillet 1729 (Écriteaux placés aux coins des rues), III-103.
=- Ordonnance de police du 1er septembre 1779 (Reconstruction des maisons faisant encoignure, écriteaux, etc.), III-164. =- De l'établissement des écriteaux
(Décision du préfet de police, 15 février 1850), IV-556.

(*Voy.* SAILLIES.)

ÉCURIES.

Code civil. ⸗ Des ouvrages intermédiaires requis, I-229.
— Contre-mur, I-231.

Coutumes anciennes. — De Paris, de 1510, I-70. ⸗ De
Calais, I-236. — De Clermont en Beauvoisis, I-237. —
De Meleun, I-241.

Coutumes actuelles. — Région du nord, Montreuil-sur-
Mer et partie du département du Pas-de-Calais,
V-1091. — Région de l'Ouest, Le Havre (cantons nord et
sud), V-1103. — Région du Sud-Est, Lyon et le département du Rhône, V-1173.

EFFETS MOBILIERS.

Code civil. ⸗ Ceux que le propriétaire est censé avoir
attachés à son fonds à perpétuelle demeure sont immeubles par destination, I-108.

EGOUTS.

Code civil. ⸗ Obligation relative aux égouts des toits,
I-162. — Règles à observer, I-258.

Législation spéciale. — Arrêt du Conseil d'État du
21 juin 1721, III-91. — Arrêt du Conseil d'État du
22 janvier 1785 (Défenses aux propriétaires des maisons de Paris de pratiquer aucune ouverture ni communication avec les égouts), III-196. ⸗ Ordonnance
de police du 21 avril 1805, autorisant les commissaires de police à faire proceder à l'ouverture des
portes donnant sur les égouts, III-258. ⸗ Ordonnance
du Roi du 30 septembre 1814 (Défenses d'établir des
conduites d'eaux ménagères en communication avec
les égouts de Paris), III-323. ⸗ Ordonnance de police
du 29 mai 1837 (Travaux d'égouts), III-431. — Ordonnance de police du 20 juillet 1838 (Égouts à la charge
des particuliers), III-450. — Décret du 26 mars 1852
(Formalités relatives aux constructions dans les
rues pourvues d'égouts), IV-578. — Arrêté réglementaire du 19 septembre 1854, IV-620-621. — Arrêté du
4 mai 1860 (Curage par abonnement des égouts particuliers); (Cuvettes hydrauliques), IV-647 et 650. —
Arrêté du 9 juin 1863 (Exécution et entretien par la
Ville de Paris des branchements d'égouts particu-

liers), IV-754. — Arrêté du 14 janvier 1880 (Projection des eaux pluviales et ménagères dans l'égout public), V-1361.

Jurisprudence. — L'égout d'un toit sur la propriété voisine n'établit pas une présomption légale de pro-priété sur la partie de terrain que couvre la saillie du toit; Cassation, arrêt 1er juillet 1851, II-444. — Égout sous la propriété vendue, absence de vice caché, ser-vitude; Cassation, arrêt 24 mai 1854, II-485. — Ex-trait de divers arrêtés concernant la jurisprudence en matière de branchements d'égouts, IV-999. — Assi-milation des contraventions concernant les égouts pu-blics aux contraventions de grande voirie; obligation d'établir des branchements particuliers d'égouts, maisons anciennes, IV-999. — Exécution d'office des branchements, recouvrement de la dépense, contesta-tions, compétence; exécution des branchements par l'entrepreneur de l'égout public; difficultés sur le décompte, compétence, IV-1000. — Branchements d'égouts à la charge des propriétaires, charge inhé-rente à la propriété, IV-1001.

ÉGOUT DES TOITS.

Coutumes. — Région du Nord, Lille et partie du dépar-tement du Nord, V-1062 et 1091. — Montreuil-sur-Mer, et partie du département du Pas-de-Calais, V-1092.

ÉLAGAGE.

Coutumes. — Région du Nord, Valenciennes et partie de l'arrondissement de Valenciennes. V-1072.

(*Voy.* PLANTATIONS.)

EMPIÉTÉMENT.

Législation spéciale. — Empiétement sur la voie publi-que (Instruction du 31 mars 1862), IV-726.

ENCOIGNURES.

Législation spéciale. — Édit de 1607 (Défense de faire des encoignures), III-26. — Ordonnance de police du 1er septembre 1779 (Reconstruction des maisons fai-sant encoignure), III-164.

ENDUITS.

Législalion spéciale. = Droit de faire des enduits sur le mur non mitoyen, I-197.

ENGAGEMENTS.

Code civil. = Engagements qui se forment sans convention, I-281 et suivantes.

ENQUÊTE.

Législation spéciale. — *De commodo et incommodo* (Établissements insalubres, etc.), Instruction du préfet de police, 20 février 1838, III-444.

ENSEIGNES.

Législation spéciale. = Édit de 1607 (Autorisation nécessaire pour les établir), III-27. — Ordonnance des trésoriers de France, 4 février 1683 (Hauteur des enseignes). III-58. — Déclaration de Louis XIV, 16 juin 1693 (Droit de voirie), III-70. = Ordonnance du bureau des finances du 25 mai 1761, III-143. — Ordonnance de police du 17 décembre 1761, III-144. = Ordonnance du bureau des finances du 10 décembre 1784. — Suppression des enseignes en saillie, III-190. = Ordonnance du roi, 24 décembre 1823 (Établissement, saillie), III-354. = Ordonnance de police du 14 septembre 1833 (Réduction), III-420. = Décision du préfet de police du 15 février 1850, IV-556.

(*Voy.* SAILLIE.)

ENTABLEMENT.

Iégislation spéciale. = Règlement du maître général des bâtiments, du 1er juillet 1712, III-85.

(*Voy.* SAILLIE).

ENTREPOTS DE MATIÈRES INFLAMMABLES.

Législation spéciale. — Ordonnance du 15 septembre 1875, concernant les incendies, IV-930.

ENTREPRENEURS.

Code civil. = Art. 1792 : Les mots architecte et entrepreneur sont employés comme synonymes; attributions distinctes de chacune de ces qualités, I-351,

ÉTABLISSEMENTS
ÉTABLISSEMENTS CLASSÉS.
Législation spéciale. — Ordonnance de police du 24 mai 1801 (Usage et emploi des laminoirs, moutons, presses, balanciers et coupoirs), III-230. — Décret du 15 octobre 1810 (Manufactures et ateliers qui répandent une odeur insalubre ou incommode), III-300. — Ordonnance de police du 5 novembre 1810, relative au susdit décret, III-305. — Ordonnance du Roi du 14 janvier 1815 (Manufactures, établissements, ateliers qui répandent une odeur insalubre ou incommode), III-324. — Ordonnance du 30 novembre 1837 (Établissements dangereux, insalubres ou incommodes), III-438. — Instruction du préfet de police, 20 février 1838, III-441. — Décret du 31 décembre 1866 (Établissements réputés insalubres, dangereux ou incommodes; nomenclature), IV-789. — Décret du 31 janvier 1872 (Addition à la nomenclature), IV-877.

ÉTABLISSEMENTS DE BIENFAISANCE.
Législation spéciale. — Décret des 9-18 janvier 1861 (Décentralisation administrative en ce qui concerne les établissements de bienfaisance de Paris), IV-652.

ÉTABLISSEMENTS INDUSTRIELS.
(*Voy.* USINES, MAGASINS.)

ÉTAGES.
Législation spéciale. — Hauteur des étages dans Paris); Décision de la commission de la voirie, IV-633. — Décret du 27 juillet 1859 (Réglementation de la hauteur des étages), IV-640. — Décret du 27 juillet 1859 (Hauteur), IV-772. — Décision de la commission de voirie. 30 novembre 1871 (Hauteur), IV-874. — Décret du 18 juin 1872, modifiant ceux des 27 juillet 1859 et 1er août 1864, IV-886. — Instruction du 12 décembre 1873, IV-903.

ÉTALAGES.
Législation spéciale. — Déclaration de Louis XIV, 16 juin 1693 (Droit de voirie), III-70. — Ordonnance du bureau des finances du 1er avril 1697 (Règlement sur les saillies et étalages), III-72. — Ordonnance de police

du 17 décembre 1761 (Suppression), III-144. — Ordonnance du bureau des finances du 10 décembre 1784 (Suppression des enseignes et étalages en saillie), III-190. — Ordonnance de police du 9 juin 1824 (Suppression), III-368. — Ordonnance de police du 14 septembre 1833 (Réduction), III-420. — Décision du préfet de police du 15 février 1850, IV-357.—Instruction, 31 mars 1862 (Étalages le long des boutiques), IV-727 (*Voy.* SAILLIE.)

ÉTANGS.

Législation spéciale. — Loi du 11 septembre 1792 (Destruction des étangs marécageux), III-214.

ÉPAISSEUR.

(*Voy.* MUR, CONTRE-MUR.)

ÉTAT DES LIEUX.

Code civil. — Ce que c'est, I-319. — Son utilité, I-319. — Payement des frais, I-319. — Absence d'état des lieux, conséquences, I-321.

Coutumes. — Région du Sud-Est. — Lyon et le département du Rhône, V-1153. — Uzès et le département du Gard, V-1187.

EXPROPRIATION.

Législation spéciale. — Décret du 4 avril 1793 (Mode d'acquisition de maisons ou terrains appartenant à des particuliers, dans le cas d'ouverture d'une rue), III-215. — Loi du 8 mars 1810 (Expropriations pour cause d'utilité publique), III-289. — Loi du 30 mars 1831 (Expropriation et occupation temporaire, en cas d'urgence, des propriétés privées nécessaires aux travaux de fortifications), III-411. — Loi du 3 mai 1841 : Des mesures d'administration y relatives, III-464 — Dépôt du plan parcellaire des terrains à exproprier, III-464 — Composition de la commission chargée de recevoir les observations des propriétaires, III-465. — Attributions du préfet, du sous-préfet et de la commission, III-465. — De ses suites quant aux biens des mineurs, des interdits, des absents ou autres incapables, III-467. — De ses suites quant aux privilèges.

hypothèques et autres droits réels, III-467. — Dispositions applicables aux immeubles dotaux et majorats, III-467. — Dispositions applicables aux immeubles des départements, III-467. — Dispositions applicables aux biens des communes ou établissements publics, III-467. — Dispositions applicables aux biens de l'État, III-467. — Pourvoi en matière d'expropriation, III-469. — Expropriation ne s'élevant pas au-dessus de 500 francs, III-470. — Du règlement des indemnités (mesures préparatoires), III-471. — Du jury spécial chargé de régler les indemnités, III-472. — Clôture de l'instruction, III-475.—Indemnités distinctes, III-475.— Recours contre la décision du jury, III-477. — Renvoi de l'affaire devant un nouveau jury en cas de cassation, III-477. — Des règles à suivre pour la fixation des indemnités, III-478. — Du payement des indemnités, III-479. — Contrat de vente, quittances et autres actes; significations et notifications, plans, procès verbaux, certificats; jugements, transcriptions, III 480. — Droits des concessionnaires des travaux publics, III-481. — Dispositions exceptionnelles, III-482. Ordonnance contenant le tarif des frais et dépens pour tous les actes faits en matière d'expropriation, III-485. — Loi du 26 mars 1852 (Expropriation pour redressement ou élargissement des rues), IV-577. — Décret du 27 décembre 1858 (Redressement ou élargissement des rues), IV-636.— Instruction du 31 mars 1862 (L'expropriation ne doit pas être confondue avec la prohibition), IV-690. — Droit des riverains en matière d'expropriation, IV-691. — Purge des hypothèques en matière d'expropriation, IV, 694.— Décret du 31 mars 1874 qui constitue au tribunal de la Seine une chambre chargée de statuer sur les expropriations forcées et les contestations qui en dépendent, IV-905.

EXPERT.
                    (*Voy*. EXPERTISE.)

EXPERTISE.
        Code civil. — Mur mitoyen, ouvrages, refus du voisin, règlement par experts, I-263.

EXTRACTIONS.

F

FABRIQUES.

FAÇADES.

Code civil. — Usage de la façade par le locataire, I-309.

Législation spéciale. — Instruction ministérielle du 22 décembre 1846 (Refus d'autoriser la réparation d'une façade détériorée par le choc d'une voiture), III-514. — Décret du 26 mars 1852, relatif aux rues de Paris (Les façades doivent être constamment tenues en bon état de propreté), IV-578. — Circulaire préfectorale aux commissaires-voyers de Paris, du 5 octobre 1855 (Les façades d'un même îlot doivent être établies sur un même plan), IV-625. — Décret impérial du 27 juillet 1859 (De la hauteur des façades des bâtiments bordant les voies publiques; bâtiment à l'encoignure de deux rues), IV-638. — Note préfectorale du 16 mars 1870 (Mise en bon état de propreté des façades des maisons), IV-870. — Décret du 18 juin 1872 modifiant ceux des 27 juillet 1859 et 1er août 1864, concernant la hauteur des maisons dans Paris, IV-886. — Instruction du 12 décembre 1873 sur la hauteur à autoriser pour les maisons retranchables, IV-903. — Instruction du 20 octobre 1874, concernant le point auquel doivent être mesurées les hauteurs permises pour les façades des maisons, IV-920. — Direction des travaux de Paris, 30 juin 1871, 15 avril 1878 (Attributions des commissaires - voyers titulaires et des commissaires - voyers adjoints ; récolement de hauteur des façades), IV-945.

FAUTES.

Code civil. — Faute du mandataire, I-366.

FENÊTRES.

Code civil. — Il n'en peut être pratiqué dans un mur mitoyen, I-247. — Fenêtres à fer maillé et verre dormant, I-248. — Les fenêtres sont du nombre des servitudes apparentes, 1-264.

Législation spéciale. — Edit de 1607 (Défense de faire des contre-fenêtres; défense de jeter par les fenêtres), III-27-28. — Décision du préfet de police du 15 février 1850 (Autorisation pour les ouvrir en dehors), IV-558.

FERMAGES.

(*Voy.* BAIL, LOCATION.)

FERMETURES.

(*Voy.* SAILLIE.)

FLAMBAGE.

Législation spéciale. — Instruction du 2 avril 1868, relative à l'éclairage par le gaz (Défense de rechercher les fuites par le flambage), IV-834.

FORÊTS,

Législation spéciale. — Édit de Louis XIV, août 1669, portant réglement général pour les eaux et forêts, III-49. — Édit de 1669 (d'après Baillet), III-50. — Arrêt du Conseil du 23 décembre 1690, renouvelé par autre arrêt du 14 janvier 1729, faisant défense d'ouvrir des carrières dans l'étendue et aux reins des forêts royales sans permission, III-67. — Arrêt de 1690 (d'après Paillet), III-68. — Loi du 16 septembre 1807, relative au desséchement des marais ; — Des travaux de routes et de navigation relatifs à l'exploitation des forêts et minières, III-263. — Ordonnance du 1er août 1827, pour l'exécution du code forestier ; — Des bois et forêts qui font partie du domaine de l'État, III-378 ; — Des bois et forêts qui font partie du domaine de la Couronne, III-380 ; — Des bois et forêts qui sont possédés par les princes à titre d'apanage et par des particuliers à titre de majorats reversibles à l'État, III-381 ; — Des bois des communes et des établissements publics, III-381 ; — Des bois indivis qui sont soumis au régime forestier, III-382 ; — Police et conservation des bois et forêts qui sont régis par l'administration forestière, III-383.

FORFAIT.

(*Voy.* MARCHÉ.)

FORGES.

Code civil. — Tout ce qui sert à leur exploitation est im-

meuble, I-109. = Forges adossées contre un mur, I-229.
(*Voy.* FOURS.)

FORMULES.

Modèles de formules. = Engagement à souscrire par
les établissements et les propriétaires pour bouches
d'incendie à établir dans l'intérieur des propriétés,
IV-957. = Engagement de location, V-1214. — Projet
de bail, V-1217. — Marché à prix fait en bloc ; Exposé,
V-1224. = Marché de la surveillance des travaux,
V-1225-1240. — De l'exécution des travaux, V-1227-
1240. = De la responsabilité de l'entrepreneur. V-1229.
= Du projet et des détails graphiques, V-1231-1245.
= Des modifications au projet, V-1231-1246. — Du
prix des travaux et des modes de payement, V-1233-
1247. — De la résiliation ; dispositions générales.
V-1235-1250. = Marché à prix fait sur série ; Exposé,
V-1238. — Marché à prix fait sur série avec maximum,
V-1253. = Demande d'alignement, V-1255. = Demande
de nivellement, V-1256. — Demande d'établissement
d'appareils diviseurs, V-1257. — Demande d'établisse-
ment de barrière, V-1258. — Rapport d'expert, V-1259.
= Rapport, V-1262. = Bordereau, V-1269. — Note a.
Dire de M. Pignon, V-1272. = Note a. Dire de M. Mil-
lion, V-1292. — Note b. Dire de M. Decker, V-1300.
= Note c. Constat de l'état d'avancement des travaux,
V-1312. — Rez-de-chaussée, V-1313. — Escalier de service, V-1314. = Entresol, V-1314. — Bâtiment sur
l'avenue, V-1315. = Premier étage, V-1315. =
Deuxième étage, V-1316. = Troisieme étage, V-1317.
Premier étage des combles, V-1317. — Deuxième
étage des combles, V-1318. — Travaux de menuiserie,
V-1318. = Approvisionnements, V-1318. — Étage sous
terrain, V-1319. — Cours, V-1319. — Sculpture de la
façade, V-1319.

FORTIFICATIONS.

Code civil. — Cas hors lesquels les terrains, les fortifications et les remparts des places qui ne sont plus
places de guerre appartiennent à l'État, I-118.
Législation spéciale. — Loi du 30 mars 1831 (Expropriation et occupation temporaire en cas d'urgence,

des propriétés privées nécessaires aux travaux des fortifications), III-411.

FORTS.

Législation spéciale. — Loi du 27 mars 1874 (Nouveaux forts autour de Paris), IV-904.

FOSSÉS.

Code civil. — Mitoyen, I-223. — Marque de non-mitoyenneté, I-223. — Présomption de mitoyenneté du franc-bord, I-224. — Présomption de propriété du fossé, I-224. — Obligation de laisser le franc-bord, I-224. — Fossés entre les bois domaniaux et les bois particuliers, I-225.—Entretien du fossé mitoyen, I-225.

Législation spéciale. — Ordonnance des trésoriers de France, 22 juin 1751, pour l'écoulement des eaux des routes, III-129. — Loi du 6 octobre 1791, concernant les biens et usages ruraux et la police rurale, III-210. — Loi du 19 mai 1802, sur les contraventions en matière de grande voirie, III-248. — Loi du 16 septembre 1807, relative au desséchement des marais, III=266. — Loi du 12 mai 1825 (Curage et entretien des fossés qui bordent les routes royales), III-377. — Ordonnance de police du 25 octobre 1840 (Défense de détourner l'eau des rivières et canaux dans des fossés), III-461. — Loi du 15 juillet 1845, sur la police des chemins de fer (Conservation des fossés), III-499. — Loi du 10= 13 juin 1854 (Libre écoulement des eaux provenant du draînage), IV-616.

Jurisprudence. — Rejet des terres; présomption de propriété ; Cassation, arrêt 12 août 1851, II-528. — Comblement de fossés le long d'un ru ; Conseil d'État, arrêt 13 février 1863), II-552.

Coutumes. — Région du Nord. — Lille et partie du département du Nord : Fossé séparatif, V-1060. — Bergues : du mur et du fossé mitoyen, V-1065. — Valen= ciennes et partie de l'arrondissement de Valenciennes : Fossés séparatifs ou de clôture, V-1071.

Région de l'Ouest. — Quimper et le département du Finistère : Distance à réserver entre un fossé et l'héritage voisin, V-1123.

FOSSÉS.

FOSSÉS D'AISANCES,

Code civil. = Grosse réparation, I-140. = Dans les maisons à divers propriétaires : réparations, reconstructions, I-219. = Fosses communes à deux ou plusieurs maisons : siéges, vidange, extraction, I-221. = Ouvrages intermédiaires obligatoires, I-229.

Législation spéciale. = Ordonnance de police du 24 août 1808 (Vidangeurs), III-277. = Décret du 10 mars 1809, III-281. = Ordonnance du roi du 24 septembre 1819 (Mode de constructon des fosses d'aisances), III-337. = Ordonnance de police du 23 octobre 1819, III-346. = Ordonnance de police du 23 octobre 1850, IV-566. = Ordonnance du 23 novembre 1853 (Salubrité), IV-594. = Ordonnance de police du 1er décembre 1853 (Fosses et service de la vidange dans les communes rurales), IV-597. = Arrêté du 1er août 1862 (Emploi du béton et des ciments), IV-749. = Arrêté du 13 mai 1872 (Interdiction dans les fosses d'aisances des appareils sur réservoirs). IV-884. = Arrêté du 15 avril 1878 (Attributions des commissaires-voyers), IV-944.

Coutumes anciennes. = D'Amiens, d'Anjou, d'Auxerre, I-233. = De Bar, de Berry, I-234. = De Blois, de Bourbonnais, I-235. = De Calais, de Cambrai, I-236. = De Chaalons, de Clermont en Beauvoisis, I-237. = De Dourdan, de Dunois, d'Estampes, I-238. = Du Grand-Perche, de Laon, de Lodunois, I-239. = De Lorraine, de Mante et Meullant, de Meaux, I-240. = De Meleun, de Montfort-l'Amaury, I-241. = De Montargis, de Nantes, I-242. = de Nivernais, de Normandie, I-243. = D'Orléans, I-244. = De Rheims, de la ville et faubourgs de Rennes, de Sedan, I-245. = De Sens, de Tourraine, de Tournay, I-246.

Coutumes actuelles. — Région de l'Ouest. = Le Havre, V.-1101. = Région du Sud-Est. = Lyon et le département du Rhône : Travaux préservatifs pour la construction des fosses contre les murs mitoyens, V-1168; = Construction des tuyaux de latrines, V-1170. = Nice et le département des Alpes-Maritimes, V-1192 à 1197.

FOSSES MOBILÉS.

Législation spéciale. = Ordonnance de police du 1ᵉ¹ décembre 1853 (Établissement d'appareils et service), IV-611. = Arrêté du 13 mai 1872 (Interdiction dans les fosses d'aisances des appareils sur réservoirs), IV-884. — Attributions des commissaires-voyers (Service des fosses d'aisances), IV-944.

FOSSES A FUMIER.

(*Voy.* FUMIER.)

FOUILLES ET TRANCHÉES.

Code civil. — Droit du propriétaire de faire des fouilles dans le sol, réserves, I-124.

Législation spéciale. — Loi du 6 octobre 1791, concernant les biens et usages ruraux et la police rurale, III-210. — Ordonnance de police du 8 août 1829, III-398. — Ordonnance de police du 29 mai 1837, III-430. — Loi des 14-22 juillet 1856 (Conservation et aménagements des sources d'eaux minérales), IV-629. — Arrêté du 9 juin 1863 (Branchements d'égouts), IV-754. — Arrêté du 14 février 1872 (Construction des branchements particuliers d'égout), IV-880.

FOURNEAUX.

Législation spéciale. = Note préfectorale du 10 septembre 1862 (Fourneaux dépourvus de hottes), IV-751.

(*Voy.* FOURS.)

FOURS.

Code civil. — Distance et ouvrages intermédiaires obligatoires, I-229. = Mur dossier, tour-de-chat, I-231.

Législation spéciale. = Ordonnance du 15 septembre 1875, concernant les incendies, IV-928.

Coutumes anciennes. = De Bar, de Berry, I-234. = De Blois, I-235. = De Calais, de Cambrai, I-236. = De Chaalons, de Clermont en Beauvoisis, I-237. = De Mante et Meullant, de Meaux, I-240. = De Meleun, I-241. = De Nantes, I-242. — De Nivernais, de Normandie, I-243. — De Rheims, de Sedan, I-245. — De Sens, I-246. — de Troyes, I-247.

Coutumes actuelles. = Région du Nord = Valenciennes et partie de l'arrondissement de Valenciennes, V-1073. = Montreuil-sur-Mer et partie du département du Pas-de-Calais, V-1091. — Amiens et partie du département de la Somme, V-1097.

FOURS A BRIQUES.

Législation spéciale. — Règlement du Conseil d'Artois du 17 mars 1780 (Construction). III-174.

FOYERS.

Législation spéciale. — Ordonnance du 15 septembre 1875, concernant les incendies, IV-928.

(*Voy.* FOURS.)

FRAIS.

Code civil. — Quels frais de procès sont à la charge de l'usufruitier, I-145. — Vente, désistement, frais de contrat, I-293.

FRUITS.

Code civil. — Ils sont meubles tant qu'ils ne sont pas détachés de l'arbre, I-106. — Ceux qui appartiennent au propriétaire par droit d'accession, I-122. — Cas ou le simple possesseur fait les fruits siens, I-123. — Jouissance des fruits, I-132. — Défaut de caution, jouissance des fruits par l'usufruitier, I-137.

(*Voy.* USUFRUITIER.)

FUMIER.

Code civil. — Trou à fumier, contre-mur, I-229.

Législation spéciale. — Loi du 6 octobre 1791, concernant les biens et usages ruraux et la police rurale, III-210.

Coutumes : Région du Nord, V-1061-1067-1072-1091. — Région de l'Ouest, V-1101. — Région du Sud-Est, V-1173-1190.

G

GALERIE.

Code civil. — Galerie adossée à un mur mitoyen, obligation d'acquérir la partie inférieure, I-198.

(*Voy.* VUES.)

GALERIES.

Législation spéciale.= Galeries du Palais-Royal ; Ordonnance du 16 août 1819, III-334. = Galeries des rues Castiglione et de Rivoli ; Ordonnance de police du 15 octobre 1823, III-350.

GARANTIE.

Code civil. — En matière de vente, objet, I-294. = En cas d'éviction, droit de l'acquéreur, I-294. = De la garantie des défauts de la chose vendue, I-298. — Ventes par autorité de justice, I-302. = Livraison, entretien et garantie de la chose louée, I-308. — Renonciation à tout recours contre le bailleur, clause nulle, I-309. = Vice de la chose louée, garantie, I-311. = Jouissance troublée par des tiers, absence de garantie du bailleur, I-315.

Jurisprudence. — Maison, vices cachés, planchers ; Cassation, arrêt 29 mars 1852, II-580. = Maison, vices cachés, délai dans lequel doit être dirigée l'action en garantie ; Cassation, arrêt 16 novembre 1853, II-582. = Maison, vices cachés, pans de bois, tuyaux de cheminée adossés, incendie, long délai, rejet ; Cassation, arrêt 23 août 1865, II-584. = Bail, clause insolite en opposition avec les règles essentielles du contrat de louage, nullité ; Cassation, arrêt 19 janvier 1863, II-612.

GARDE-MANGER.

Législation spéciale. — Décision du préfet de police du 15 février 1850, IV-558.

(*Voy.* SAILLIE.)

GARNIS.

Législation spéciale. — Ordonnance de police du 23 novembre 1853 (Salubrité des logements loués en garni), IV-690. — Ordonnance de police du 7 mai 1878 (Salubrité des logements loués en garni), IV-947.

GAZ.

Législation spéciale. — Conduites et appareils d'éclairage dans les habitations ; Ordonnance de police du 31 mai 1842, III-492. — Ordonnance de police du 27 octobre 1855, IV-628. — Arrêtés des 18 février 1862,

2 avril 1868, IV-823. — Ordonnance de police du 8 août 1829, (chapitre IV, (Fouilles et tranchées, entretien des conduites), III-398. — Ordonnance de police du 29 mai 1837 (Travaux exécutés sur la voie publique et dans les propriétés qui en sont riveraines), III-432. — Ordonnance du 26 décembre 1846 (Règlement de la vente du gaz dans Paris), III-515. — Instruction ministérielle du 28 février 1867 (Fabrication du gaz d'éclairage et de chauffage), IV-807. — Instructions préfectorales relatives à l'éclairage et au chauffage par le gaz, ainsi qu'aux précautions à prendre pour son emploi, IV-833. — Arrêté du 17 janvier 1878 (Interdiction de l'emploi des appareils dits à tiges hydrauliques), IV-836.

GLACES.

Code civil. — Sont immeubles, dans quel cas, I-110. — Dans quel cas elles sont meubles, I-114. — Conditions exigées pour que l'usufruitier ou ses héritiers puissent enlever les glaces par lui placées, I-134. — Réparations locatives, I-335.

Coutumes. — Région du Nord, V-1057, 1088, 1094, 1096. — Région de l'Ouest, V-1118, 1122, 1124, 1127. — Région du Centre, V-1128, 1132, 1136. — Région de l'Est, V-1143. — Région du Sud-Ouest, V-1145. — Région du Sud-Est, V-1152, 1186, 1187, 1188.

GLANAGE.

Coutume. — Région du Nord : Valenciennes et partie de l'arrondissement de Valenciennes, V-1079.

GOUTTIÈRES.

Législation spéciale. — Ordonnance de police du 1er septembre 1779, III-164. — Ordonnance de police du 17 novembre 1802 (Gouttières saillantes), III-252. — Ordonnance du roi du 24 décembre 1823 (Gouttières saillantes), III-362. — Instruction du préfet de police du 18 juin 1824 (Gouttières en saillie), III-373. — Ordonnance de police du 30 novembre 1831 (Chéneaux et gouttières destinés à recevoir les eaux pluviales sous l'égout des toits), III-417.

(*Voy.* CHÉNEAUX.)

GRANDE VOIRIE.

(*Voy.* VOIRIE, VOYER.)

GRAINS.

Code civil. — Après avoir été coupés, ils sont meubles, I-187. — Circonstance dans laquelle le mot meubles ne les comprend pas, I-114.

GREFFIERS.

Législation spéciale. — Loi du 3 mai 1841 (Expropriation pour cause d'utilité publique ; frais et dépens), III-487.

GROS MURS.

(*Voy.* RÉPARATIONS.)

H

HABITATION.

Code civil. — Comment s'établit et se perd le droit d'habitation, I-149. — Caution à donner et inventaire à faire, I-149. — Jouissance en bon père de famille, I-149. — Comment se règle le droit d'habitation, I-149. — Étendue et restriction de ce droit, I-150. — Il ne peut être ni cédé ni loué, I-151. — Charges de celui qui occupe la totalité de la maison I-151.

Jurisprudence. — De l'usage et de l'habitation ; Cassation, arrêt 26 janvier 1864, II-477.

HAIES.

Code civil. — Dans quel cas celle qui sépare des héritages est réputée mitoyenne, I-225. — Plantation des haies, distance, I-226. — Droit du voisin, I-227. — Arbres dans la haie mitoyenne, I-228.

Jurisprudence. — Ruelle, absence d'arrêt prescrivant une autorisation ou un alignement, replantation d'une haie, prétendue contravention ; Cassation, arrêt 12 janvier 1856), II-532. — Haie en arbres de haute et basse tige ; Cassation, arrêt 12 février 1861, II-545. — Abattage d'arbres et de haies, le long d'un ru ; Conseil d'état, arrêt 12 février 1863, II-552. — Haie,

possession exclusive pendant une année, dommage
causé à cette haie ; Cassation, arrêt 2 juillet 1877, II-564
Coutume ancienne. = D'Orléans, I-227.
HAIES SÉPARATIVES.

Coutumes actuelles. = Région du Nord. = Lille, V-1057 ; =
Valenciennes, V-1071. = Amiens, V-1097.
(*Voy.* PLANTATIONS.)

HALAGE.

(*Voy.* CHEMINS.)

HALLES.

Législation spéciale. = Ordonnance de police du 15 septembre 1875 (Mesures à prendre contre l'incendie),
IV-930.

HAUTEURS.

Législation spéciale. — Lettres patentes de Louis XVI,
du 25 août 1784 (Hauteur des maisons dans Paris),
III-185. = Ordonnance du 1er novembre 1844 (Hauteur des bâtiments et de leurs combles), III-493. =
Arrêté du 15 juillet 1848 (Hauteur des façades et des
combles), IV-544. = Instruction ministérielle du
6 octobre 1853 (Hauteurs des bâtiments), IV-586. =
Circulaire du préfet de la Seine, 5 octobre 1855 (Raisons qui doivent déterminer la hauteur des constructions), IV-625. = Décision de la commission de
la voirie du 10 septembre 1856 (Hauteur des étages),
IV-633. = Décret du 27 juillet 1859 (Hauteur des maisons, combles et lucarnes), IV-638. = Décret du 1er
août 1864 (Rapporté), IV-772. = Décision de la commission de voirie du 30 novembre 1871 (Hauteur des
bâtiments à construire en bordure des voies de 9m, 74
de largeur), IV-874. = Décret du 18 juin 1872 (Hauteur des maisons), IV-886. = Instruction préfectorale
du 12 décembre 1873 (Hauteur à autoriser pour les
maisons retranchables), IV-903. = Instruction préfectorale du 20 octobre 1874 (Point auquel doivent être
mesurées les hauteurs permises pour les façades des
maisons bordant la voie publique), IV-920. = Attributions des commissaires-voyers, 30 juin 1871, 15 avril
1878, IV-945.

92

HÉBERGE.

Code civil. — Présomption de mitoyenneté, I-162. — Ce qu'on entend par héberge, I-163. — Anciennes héberges, I-165.

(*Voy.* MITOYENNETÉ.)

HÉRITAGE.

Code civil. — Droit que peuvent ou ne peuvent pas exercer les héritiers de l'usufruitier, I-134. — Division de l'héritage dominant, I-269.

(*Voy.* BIENS.)

HONORAIRES.

Législation spéciale. — Tarif en matière civile; dispositions pour le ressort de la Cour de Paris, I-427. — Avis du conseil des bâtiments civils, du 1ᵉʳ février 1800 (Honoraires des architectes), III-222.

Jurisprudence. — Absence de loi et de règlement obligatoires, appréciation; Cassation, arrêt 27 mars 1876, II-629.

HOSPICES CIVILS.

Législation spéciale. — Loi du 4 juillet 1799 (Administration des hospices civils), III-221. — Ordonnance du 31 octobre 1821 (Administration des hospices et des bureaux de bienfaisance), III-347.

HOTTES.

Législation spéciale. — Note préfectorale du 10 septembre 1862, sur les fourneaux dépourvus de hottes, IV-751.

HUILES.

Législation spéciale. — Décret du 19 mai 1873 (Huiles de pétrole, de schiste), IV-892.

HUISSIERS.

Législation spéciale. — Loi du 3 mai 1841 (Expropriation pour cause d'utilité publique; frais et dépens), III-485.

HYDROCARBURÉS.

Législation spéciale. — Décret du 19 mai 1873, IV-892.

HYGIENE.

Législation spéciale. — Arrêté du 18 décembre 1848 (Organisation du conseil d'hygiène publique et de salubrité), IV-546. — Ordonnance du 15 septembre 1875 (Instruction du conseil d'hygiène publique et de salubrité sur les tuyaux de fumée), IV-936.

HYPOTHÈQUES.

Code civil. — Quand il s'agit d'hypothéquer, le mandat doit être exprès, I-362.

Législation spéciale. — Ordonnance du 31 août 1830 (Acquisitions immobilières n'excedant pas 100 francs, faites par les communes), III-408. — Loi du 3 mai 1841 (Expropriation pour cause d'utilité publique; des suites de l'expropriation quant aux hypothèques), IV-467. — Instruction du 31 mars 1862 (Purge des hypothèques en matière d'expropriation), IV-694.

I

ÎLES.

Code civil. — A qui appartiennent les îles, îlots et atterrissements formés dans le lit des fleuves ou des rivières qui sont ou ne sont pas navigables ou flottables, I-129-130.

IMMEUBLES.

Code civil. — Biens immeubles, I-106. — Biens immeubles par leur nature, I-106. — Par destination, I-108. — Par l'objet auquels ils s'appliquent, I-110. — Créanciers privilégiés sur les immeubles, I-379. — Du temps requis pour prescrire, I-387.

Législation spéciale. — Loi du 3 mai 1841, sur l'expropriation, III-463.

Coutumes. — Région du Nord : Douai, V-1080.

IMPRUDENCE.

Code civil. — Responsabilité à laquelle donne lieu une imprudence I-285.

(*Voy.* RESPONSABILITÉ.)

INCENDIE.

Code civil. = Effet de l'incendie sur une chose sujette à l'usufruit, I-148. = Responsabilité du locataire en matière d'incendie, estimation des dégâts, perte des loyers, I-322-323 = Solidarité de tous les locataires en cas d'incendie, I-323.

Législation spéciale. = Arrêt du parlement de Rouen (Sur la construction des cheminées pour prévenir les incendies), III-87. = Ordonnance de police du 28 avril 1719 (Pour empêcher les incendies et accidents qui arrivent par la mauvaise construction des bâtiments), III-88. = Arrêt du parlement de Besançon du 9 juillet 1753, pour prévenir les incendies, III-130. = Ordonnance de police du 11 décembre 1852, IV-585. = Ordonnance de police du 15 septembre 1875, IV-922. = Arrêté du 30 avril 1879 (Établissement de branchements et de bouches d'eau pour protéger les immeubles contre l'incendie), IV-953.

Jurisprudence. = Bâtiment loué, incendie, sous-locataire, communication du feu par un bâtiment non loué; Cassation, arrêt 30 janvier 1854, II-587. = Maison incendiée, incendie commencé chez le propriétaire; Cassation, arrêt 7 mai 1855, II-591.= Incendie, occupation d'une partie de la maison par le propriétaire, location en garni; Cassation, arrêt 20 novembre 1855, II-594. — Moulin loué, exécution de travaux sous la surveillance du locataire, imprudence des ouvriers, incendie, responsabilité; Cassation, arrêt 30 janvier 1856, II-595. — Incendie, propriétaire occupant une partie de la maison, preuve a faire contre le locataire; Cassation, arrêt 15 mars 1876, II-623.

INCORPORATION.

Code civil. — La propriété s'acquiert par incorporation, I-272.

INDEMNITÉ.

Code civil. — Indemnité due à des tiers pour reconstruction du mur mitoyen, I-176. = Indemnité de la charge, I-187. — Prescription de l'indemnité de la

charge, I-188.—Cas où l'indemnité de la charge n'est
pas due, I-191. = Remboursement de l'indemnité de
la charge, I-194. = Indemnité locative non remboursable, I-194. = Obligation pour le vendeur de payer
l'indemnité de la charge, I-202. — Locataire évincé,
propriété urbaine, indemnité, I-328. — Résiliation du
bail en cas de vente, I-328. = Éviction du locataire
d'une propriété rurale. I-328. = Éviction du locataire
d'une manufacture, d'une usine, etc., I-329. — Payement [de l'indemnité avant l'expulsion, I-329.

Législation spéciale. = Loi du 3 mai 1841 (Expropriation pour cause d'utilité publique) ; règlement
des indemnités, III-471. = Du jury spécial chargé de
régler les indemnités, III-472. = Des règles à suivre
pour la fixation des indemnités, III-478. = Du payement des indemnités, III-479. = Des indemnités de
transport en matière de frais et dépens, III-488. =
Instruction du 31 mars 1862 (Indemnité exigible en
cas d'expropriation), IV-692.

INSCRIPTIONS DES RUES.

Législation spéciale. = Décision du préfet de police du
15 février 1850 (Défense de masquer les inscriptions
des rues), IV-558.

INTERCEPTION.

Législation spéciale. — Interception d'une rue, passage
ou impasse; Instruction du 31 mars 1862, IV-727.

INTERPRÉTATION.

Code civil. — Interprétation des conventions, I-276.

IRRIGATIONS.

Code civil. — Eaux qui peuvent servir aux irrigations
des propriétés, I-155.

Législation spéciale. — Loi du 29 avril = 1er mai 1845,
III-495. = Loi du 11 juillet 1847, III-516.

J

JALOUSIES.

Législation spéciale. = Décision du préfet de police du

15 février 1850 (Établissement des pavillons de jalousies; perception des droits de voirie), IV-560.

JAMBES.

Code civil. — Jambes étrières, I-207. = Étrière et boutisse, I-207. = Boutisse, I-209. — Construction d'une jambe étrière, I-210. — Fondation d'une jambe étrière et boutisse, I-211. = Écoinçons et harpes, I-211. — Jambe en pierre de taille inutile, I-213.

Législation spéciale. — Ordonnance du prévôt de Paris, 22 septembre 1600 (Défense de faire des jambes étrières sans avoir pris l'alignement), III-14. = Édit de décembre 1607 sur les attributions du grand-voyer III-26.

JARDIN.

Législation spéciale. — Édit de décembre 1607 (Arrêt relatif à leur établissement en saillie dans les rues), III-28.

JOURNÉES.

Législation spéciale. — Ordonnance de police du 26 septembre 1806 (Durée de la journée de travail des ouvriers en bâtiment), III-259.

JOURS.

Code civil. — Vente de la mitoyenneté d'un mur, obligation de boucher les ouvertures, I-247. — Jours dans un mur séparatif non mitoyen, treillis de fer, verre dormant, I-248. — Hauteur au-dessus du plancher, I-249. = Jour de souffrance, imprescriptible, I-250. = · Inobservation des prescriptions relatives au treillis de fer, et au verre dormant, I-250. = Tolérance relative au verre dormant, I-250. = Hauteur dans un escalier, I-251. — Inobservation de la prescription de hauteur, I-251 = Dimension, I-252.

Jurisprudence. = Jours ouverts sur un domaine public, complainte possessoire, rejet; Cassation, arrêt 18 janvier 1859, II-566. — Mur séparatif, démolition de l'une des maisons contiguës, réunion du terrain à la voie publique, jours ouverts dans le mur mitoyen; Cassation, arrêt 21 juillet 1862, II-567. — Jours et vues,

destination du père de famille, exercice de la servitude ;
Cassation, arrêt du 6 novembre 1876, II-569.

JOURS FÉRIÉS.

Législation spéciale. — Ordonnance de police du 7 juin
1814 (Observation des dimanches et fêtes), III-319. —
Instruction ministérielle du 20 mars 1849 (Interdiction
du travail le dimanche et les jours fériés), IV-552.

JUGEMENTS.

Législation spéciale. — Jugement en matière d'expropriation pour cause d'utilité publique, loi du 3 mai 1841,
III-468.

(*Voy.* EXPERTISE, FORMULES.)

JURY.

Législation spéciale. — Loi du 3 mai 1841 (Expropriation pour cause d'utilité publique, jury chargé de
régler les indemnités), III-472.

(*Voy.* EXPROPRIATION.)

L

LANTERNES OU TRANSPARENTS.

Législation spéciale. — Décision du préfet de police
du 15 février 1850 (Dispositions relatives à leur établissement), IV-558.

(*Voy.* SAILLIE.)

LATRINES.

Législation spéciale. — Ordonnance de police du 24 septembre 1668 (Enjoint aux propriétaires la construction
de latrines et règle la manière dont elles seront construites), III-46. — Arrêt du Conseil du 22 janvier 1785
(Défenses de pratiquer aucune ouverture ni communication avec les égouts pour l'écoulement des eaux et
des latrines), III-196.

(*Voy.* CABINETS D'AISANCES, SALUBRITÉ, USAGE.)

LAVAGE DU SOL.

Législation spéciale. — Ordonnance de police du 23 no-

vembre 1853 (Cause principale de la salubrité), IV-588.
(*Voy.* SALUBRITÉ.)

LAVOIR.

Code civil. — Contre-mur pour lavoir, I-232.

LISSES.

(*Voy.* CLÔTURE.)

LOCATAIRE.

(*Voy.* BAIL, LOUAGE.)

LOCATION.

Législation spéciale. — Location des terrains communaux par des entrepreneurs ou autres pour y faire des dépôts de matériaux et des chantiers (Tarif); arrêté préfectoral, 15 décembre 1860, IV-651.
(*Voy.* LOUAGE.)

LOCOMOBILE.

Législation spéciale. — Décret du 26 janvier 1865 (Chaudières à vapeur autres que celles qui sont placées à bord des bateaux), IV-180. — Décret du 30 avril 1880 (Chaudières locomobiles), V-1332. — Chaudières des machines locomobiles, V-1333.

LOCOMOTIVE.

Législation spéciale. — Décret du 26 janvier 1865 (Chaudières à vapeur autres que celles qui sont placées a bord des bateaux), IV-780.

LOGEMENTS INSALUBRES.

Législation spéciale. — Assainissement : Loi du 22 avril 1850, IV-562. — Loi du 25 mai 1864, IV-762.
(*Voy.* HYGIÈNE, SALUBRITÉ.)

LOUAGE.

Code civil. — Contrat de louage, I-303. — Louage des choses, I-303-306. — Louage d'ouvrage, I-304. — Espèces particulières de louage, I-304. — Louage des biens nationaux, I-305. — Louage des biens, I-306. — Nature de l'engagement, I-306. — Bail verbal nié, I-306. — Contestation sur le prix du bail verbal, I-307. — Sous=location et cession de bail, I-307. — Livraison,

M

AGASINS A POUDRE.

Législation spéciale. — Loi des 22-26 juin 1854 qui établit des servitudes autour des magasins à poudre de la guerre et de la marine, IV-618.

MAGASINS DE SEL, amas de matières corrosives.

Code civil. — I-229 et 232.

Coutumes. — Usages locaux. — Montreuil-sur-Mer et partie du département du Pas-de-Calais, V-1092. = Le Havre (cantons nord et sud), V-1103.

MAIRE.

Législation spéciale. — Instruction du 31 mars 1862 (Attributions du maire en matière d'expropriation), IV-700.

MAISONS.

Code civil. — Maisons appartenant à divers propriétaires : réparation, reconstruction, fosses d'aisances, planchers, I-219. — Fosses d'aisances communes à une ou plusieurs maisons : extraction, vidange, I-221.

Législation spéciale. — Ordonnance de police du 1er septembre 1779, (Reconstruction des maisons faisant encoignure), III-164. — Décret du 26 mars 1852, relatif aux rues de Paris (Formalités à remplir par les constructeurs de maisons), IV-578. — Arrêté du préfet de la Seine du 3 juillet 1852 (Maisons au long de la Bièvre et de ses affluents, hors Paris), IV-582. — — Circulaire du préfet de la Seine du 5 octobre 1855, aux commissaires-voyers, sur l'ordonnance générale des constructions privées, IV-625. — Note de service du 16 mars 1870, concernant la mise en bon état de propreté des façades des maisons, IV-870. — Décret du 25 août 1874 concernant un nouveau tarif de perception des droits de voirie dans la ville de Paris, IV-909. — Conditions générales relatées dans les permissions de grande voirie (1879), IV-963.

Jurisprudence. — Expropriation, propriété du sol ; Cassation, arrêt du 22 août 1860, II-462.

(*Voy.* FAÇADE, HAUTEUR, SAILLIE, SALUBRITÉ, VOIRIE.)

MANDAT.

MANTEAUX DE CHEMINÉES.

(*Voy.* CHEMINÉES.)

MANUFACTURES.

Législation spéviale. — Décret du 15 octobre 1810 (Manufactures et ateliers qui répandent une odeur insalubre ou incommode), III-300. — Ordonnance de police du 5 novembre 1810 (dito), III-305.

MARAIS.

Législation spéciale. — Loi du 16 septembre 1807 (Desséchement des marais), III-261.

(*Voy.* ÉTANGS.)

MARCHÉ.

Code civil. — Des devis et marchés, I-343. — Marché à prix fait, I-9-349 et 354. — Marché nul, I-355. — Résiliation du marché à forfait, dédommagement, I-355. — Marché régulier sans forfait, I-356. — Dissolution du contrat, I-357.

Formules. — Marché à prix fait en bloc : Exposé, V-1224. — De la surveillance des travaux, V-1225. — De l'exécution des travaux, V-1227. — De la responsabilité de l'entrepreneur, V-1229. — Du projet et des détails graphiques, V-1231. — Des modifications au projet, V-1231. — Du prix des travaux et des modes de payement, V-1233. — De la résiliation, dispositions générales, V-1235.

Marché à prix fait sur série : Exposé, V-1238. — De la surveillance des travaux, V-1240. — De l'exécution des travaux, V-1240. — Du projet et des détails graphiques, V-1245. — Des modifications au projet, V-1246. — Du prix des travaux et des modes de payement, V-1247. — De la résiliation ; dispositions générales, V-1250.

Marché à prix fait sur série avec maximum, V-1253.

MARCHÉS.

Législation spéciale. — Défense de faire des marchés dans les rues (Édit de 1607), III-30. — Ordonnance des trésoriers de France du 4 février 1683 (Mesures des),

III-58. — Déclaration de Louis XIV 16 juin 1693
(Droits de voirie), III-70. — Décision du préfet de
police du 15 février 1850 (De la suppression des marchés
sur les trottoirs en cas d'inconvénient), IV-559. —
Décret du 10 octobre 1859, relatif aux attributions du
préfet de la Seine et du préfet de police (Tarif, assiette
et perception des droits municipaux dans les marchés), IV- 644. — Ordonnance du 15 septembre 1875.
concernant les incendies, IV-931.

MARCHE-PIED.

Code civil. — Le propriétaire riverain qui profite de l'alluvion doit laisser le marche-pied ou chemin de halage,
I-127. — C'est une servitude établie pour l'utilité publique, I-161.

MARQUISES.

Législation spéciale. — Arrêté préfectoral du 29 février
1864 (Marquises et bannes), IV-759.

(*Voy.* SAILLIE.)

MATÉRIAUX.

Code civil. — Meubles, I-114. — Immobilisation des matériaux; ouvrages établis par le propriétaire du sol
avec les matériaux d'autrui, I-125.

Législation spéciale. — Ordonnance du prévôt de Paris,
22 septembre 1600 (Défense d'entreposer dans les rues
des matériaux de construction), III-13. — Arrêt du
Conseil du 7 septembre 1755 (Matériaux pour l'usage
des ponts et chaussées), III-139. — Arrêté du ministre
de l'Intérieur du 13 octobre 1810 (Dépôts de matériaux
destinés aux grandes constructions), III-297. — Ordonnance de police du 8 août 1829 (Dépôts de matériaux
III-390. — Arrêté préfectoral du 15 décembre 1860
(Tarif de location pour l'occupation temporaire de terrains communaux pour dépôts de matériaux ou chantiers), IV-651.

MATÉRIEL.

Législation spéciale. — Arrêté du 30 octobre 1876 (Matériel de la voie publique), IV-943.

MATIÈRES INFLAMMABLES.

Législation spéciale. — Ordonnance du 15 septembre

I-178.—Dénonciation préalable avant la prise de possession, mur en mauvais, état insuffisant pour tous les
ayants-droit; réparation, reconstruction, I-179. =
Mur insuffisant pour le propriétaire qui construit,
I-179. — Mur présentant des infractions aux lois et
aux règlements, I-180. = Mur suffisant pour tous les
ayants-droit; reprises en sous-œuvre, I-180. = Réparation ou reconstruction par le copropriétaire qui
bâtit; remplacement des ouvrages qui périssent par
vétusté chez le voisin, irresponsabilité. I-181.=Reprises
à mi-épaisseur interdites; arrachements et reprises
tolérées dans le mur mitoyen; ancres, I-181 = Poutres en bois dans l'épaisseur du mur mitoyen; poutres en fer, I-182. — Poitrail fermant une baie de deux
mètres et plus de largeur, solives en bois qui peuvent
être scellées dans le mur mitoyen; solives en fer,
I-183. = Tranchées interdites; pente du toit de l'un
des voisins dirigée sur le mur, chéneau obligatoire,
I-184. — Exhaussement du mur mitoyen; indemnité
de la charge; droit absolu de surélever; tuyaux
encastrés, tuyaux adossés, I-185. = Obligation de sur-
elever sur l'axe du mur existant; entretien de
l'exhaussement et responsabilité dudit, I-186. = Indemnité de la charge ou droit de surcharge, I-187. =
Reprise en sous-œuvre du mur chargé par le propriétaire qui fait l'exhaussement; reconstruction de
l'exhaussement dans les mêmes conditions, I-187. =
Reconstruction du mur pignon exhaussé; reconstruction de l'exhaussement dans des conditions différentes, indemnité de la charge, prescription, I-188.
= Mur mitoyen insuffisant pour supporter l'exhaussement, obligation du co-propriétaire qui veut l'exhausser, reconstruction, I-188.= Augmentation de l'épaisseur du mur mitoyen, I-189. = Exhaussement du
mur mitoyen, droit d'intervention de tous les ayants-
droit, I-190. = Reconstruction du mur mitoyen incapable de supporter l'exhaussement, indemnité de la
charge; utilité d'un constat régulier de l'excédant
d'épaisseur donnée au mur mitoyen, I-191. = Utilité
d'un constat régulier des dépenses, I-192. = Droit du
voisin d'acquérir la mitoyenneté de l'exhaussement;

mitoyen; servitudes actives et passives, constat préalable, I-222.

De la distance et des ouvrages intermédiaires requis pour certaines constructions près d'un mur mitoyen. — Fosse d'aisances, trou à fumier, puisard, I-229. — Puits, cheminée, âtre ; contre-mur, plaque de fonte, I-230. — Forge, four et fourneau ; tour-de-chat, mur dossier, I-231. — Fourneaux d'usines et autres foyers; arrêtés spéciaux; étables, contre-mur, I-231. — Lavoir, contre-mur; dépôt de sel, etc., absence de réglementation particulière, I-232. — Voûte adossée ; contre-mur; observations générales sur l'épaisseur des contre-murs, I-232.

Vente de la mitoyenneté d'un mur; obligation de boucher les ouvertures, I-247. — Distance entre la vue pratiquée et le mur du voisin, I-253. — Mur mitoyen, vice caché, I-298. — Réparation ou reconstruction du mur mitoyen, locataire; indemnité locative, résiliation sans indemnité, I-314 et 315.

Législation spéciale. — Arrêt de règlement du Parlement de Besançon du 9 juillet 1753, pour prévenir les incendies (Mode de construction des murs entre maisons), III-130. — Décret du 15 octobre 1810 (Établissements insalubres); garanties administratives pour les voisins, III-300. — Extrait d'une instruction préfectorale du 13 septembre 1861, sur l'affichage des murs pignons à Paris, IV-660. — Décret 26 janvier 1865 (Dispositions relatives à l'établissement des chaudières à vapeur placées à demeure près du mur d'une maison), IV-778. — Arrêté du Préfet de la Seine du 8 août 1874 (Interdiction de pratiquer des foyers ou des conduits de fumée dans les murs mitoyens à Paris), IV-906. — Ordonnance concernant les incendies, du 15 septembre 1875 (Construction des fournils et fours près des murs mitoyens, à Paris), IV-928. — — Comment les propriétaires, à Paris, peuvent s'affranchir du raccord des lignes de façade de leur maison avec les lignes des façades des maisons contiguës en respectant la tête du mur mitoyen (Direction des travaux de Paris, 1879), IV-964. — Décret du 30 avril

1880 (Chaudières à vapeur, leur installation au regard du voisin), V-1324 et 1333.

Jurisprudence. ⸺ Demande d'acquisition de mitoyenneté, mur dépendant du domaine public; Cassation, arrêt 16 juin 1856, II-535. — Demande en cession de mitoyenneté; mur ne joignant pas immédiatement, sente commune séparative; Cassation, arrêt 1er juillet 1865, II-536. — Contestations téméraires, enfoncements et ouvrages non pratiqués dans le mur mitoyen, expertise réclamée à tort; Cassation, arrêt du 7 avril 1858, II-537. ⸺ Mur, présomption de mitoyenneté, titre contraire; Cassation, arrêt 25 janvier 1859, II-538. ⸺ Constructions élevées à proximité du mur séparatif, mais non appuyées; Cassation, arrêt 20 juin 1859, II-540. ⸺ Palissade dite brise-vent, construction d'un mur en remplacement; Cassation, arrêt 1er février 1860, II-542. ⸺ Mur ne joignant pas immédiatement l'héritage voisin, affranchissement de la servitude de la mitoyenneté; Cassation, arrêt 26 mars 1862, II-550. — Mur mitoyen, vice caché; Cassation, arrêt 17 février 1864, II-554. — Exhaussement du mur mitoyen, conditions; Cassation, arrêt 11 avril 1864, II-556. — Mur mitoyen, mur de clôture, réparation, reconstruction, abandon de la mitoyenneté; Cassation, arrêt 27 janvier 1874, II-559. — Mur séparatif, servitude, acquisition en mitoyenneté; Cassation, arrêt 6 avril 1875, II-560. — Acquisition de mitoyenneté, servitudes actives ou passives, égout; Cassation, arrêt 15 juillet 1875, II-562. ⸺ Mur séparatif, démolition de l'une des maisons contiguës, réunion du terrain de la maison démolie à la voie publique, ouverture de jours dans le mur mitoyen, égout du toit; Cassation, arrêt 21 juillet 1862, II-567. — Mur mitoyen, trouble de jouissance causé par les détériorations imputables au voisin, droit du locataire, action personnelle, expert unique; Cassation, arrêt 28 août 1877, II-624. — Reconstruction d'un mur séparatif, tassement, propriétaire constructeur, décharge de responsabilité donnée à l'entrepreneur; vente de la maison, recours de l'acquéreur contre l'entrepreneur; Cassation, arrêt 4 juillet 1838, II-649. ⸺ Atteinte portée au mur mitoyen, responsabilité du

l'épaisseur du mur mitoyen, V-1081; Faculté de rendre mitoyen un mur séparatif, V-1082; Obligation et hauteur de clôture, V-1082. — Montreuil-sur-mer et partie du département du Pas-de-Calais: Présomption de mitoyenneté, V-1089; Pied-d'aile, V-1089; Obligation de reconstruire le mur pendant ou corrompu, V-1089; Poutres, solives, V-1089; droit de surcharge, V-1090; Évaluation du mur à acquérir, V-1090; Hauteur de clôture, V-1090; Adossement d'étables et dépôts de fumier contre un mur mitoyen, V-1091. — Abbeville : Marque de mitoyenneté, V-1094; Mur condamnable, V-1094; Pan de bois, V-1095. = Amiens et partie du département de la Somme : Présomption de mitoyenneté, V-1096; pied-d'aile, V-1097; Obligation de reconstruire un mur insuffisant, V-1097.

Région de l'Ouest. = Alençon et le département de l'Orne : Présomption de mitoyenneté, V-1118; Pied-d'aile, V-1118; Sommiers, poutres, solives, V-1119; Enfoncements dans le mur mitoyen, tuyaux de cheminées, V-1119; Hauteur de clôture, V-1119. — Angers et partie du département du Maine : Poutres, solives et tuyaux de cheminées, V-1121. — Quimper et le département du Finistère : Présomption de mitoyenneté, V-1122; Pied-d'aile, V-1122; Droit de surcharge, V-1122; Évaluation du mur à acquérir, V-1123; Hauteur de clôture, V-1123. = Nantes et partie de l'ancienne province de Bretagne : Présomption de mitoyenneté. V-1124; Pied-d'aile, V-1125; Obligation de reconstruire le mur pendant ou corrompu, V-1125; Évaluation du mur à acquérir, V-1125; Tuyaux de cheminées dans l'épaisseur des murs mitoyens, V-1125; Hauteur de clôture, V-1125. — La Rochelle : Obligation de reconstruire un pan de bois mitoyen, V-1127; Pied-d'aile, V-1127; Droit de surcharge, V-1127.

Région du Centre. — Orléans : Présomption de mitoyenneté, V-1128; Pied-d'aile, V-1129; Obligation de reconstruire le mur pendant ou corrompu, V-1129; Pan de bois, V-1129; Poutres, solives, V-1129; Droit de surcharge, V-1130; Hauteur de clôture, V-1130. — Versailles : Présomption de mitoyenneté, V-

1132; Pied-d'aile, V-1132, Droit de surcharge, V-1132 —
Clermont-Ferrand : pied-d'aile, V-1134; Droit de surcharge, V-1134; Hauteur de clôture, V-1134. — Troyes
et le département de l'Aube : Présomption de mitoyenneté, V-1136; Pied-d'aile, V-1136; Obligation de
reconstruire un mur condamnable, V-1136; Droit de
surcharge, V-1137; Évaluation du mur à acquérir,
V-1137; Hauteur de clôture, V-1137.

Région de l'Est. — Metz et le pays Messin : Pied-
d'aile, V-1139; Ouvertures dans le mur mitoyen;
Obligation de reconstruire un mur condamnable,
V-1139; Droit de surcharge, V-1140.— Besançon et le
département du Doubs : Présomption de mitoyenneté,
V-1143; Pied-d'aile, V-1143; Droit de surcharge, V-
1143; Poutrelles et tuyaux de cheminées dans l'épaisseur des murs mitoyens; V-1144; Épaisseur du mur
mitoyen, V-1144.

Région du Sud-Ouest. — Bordeaux et partie de
l'ancienne province de Guienne : Présomption de
mitoyenneté, V-1146; Pied-d'aile, V-1147; Pan de bois
V-1147; Poutres, solives, V-1147; Droit de surcharge
V-1148; Tuyaux de cheminées dans l'épaisseur des
murs mitoyens, V-1148; Hauteur de clôture, V-1149.—
Pau et le département des Basses-Pyrénées : Pied-
d'aile, V-1150; Obligation de reconstruire un mur
condamnable, V-1150; Droit de surcharge, V-1150;
Tuyaux de cheminées dans l'épaisseur des murs mitoyens, V-1151.

Région du Sud-Est. — Lyon et le département du
Rhône : Pied-d'aile, V-1152; Solives, V-1153. .

Coutumes du bâtiment rédigées par la Société
académique d'architecture de Lyon. — *Art.* 1er. Construction du pilier mitoyen, V-1154. — *Art.* 2. Estimation d'un mur séparatif, V-1159. — *Art.* 3. Construction d'un mur séparatif avec sols inégaux,
V-1161. —*Art.* 4. Invétison pour les murs de clôture,
V- 1163. —*Art.* 6. Travaux préservatifs pour la construction des fosses contre les murs mitoyens, V-
1168. — *Art* 9. Vide à laisser entre les foyers, fours
fourneaux et les murs mitoyens, V-1175. —*Art.* 10. Des
encastrements dans les murs mitoyens, V11-79.—*Art.* 11.

De la contribution aux réparations des murs mitoyens
V-1181. — *Art.* 12. De cette même contribution dans
certains cas exceptionnels, V-1184.

Région du Sud-Est. = Mende et le département
de la Lozère : Pied-d'aile, V-1186. — Uzès et partie
du département du Gard ; Droit de surcharge, V-
1187. = Marseille et partie de l'ancienne province de
Provence : Pied-d'aile, V-1188; Droit de surcharge,
V-1189; Hauteur de clôture, V-1189.

MONTOIRS A CHEVAL.
Législation spéciale. = Déclaration de Louis XIV,
16 juin 1698 (Droit de voirie), III-70.

MONUMENTS.
Législation spéciale. — Ordonnance de police du 4 août
1838 (Conservation des monuments d'art et religieux
de la capitale), III-454.

MOULINS.
Jurisprudence. — Achat des eaux d'un étang, dériva-
tion ; Cassation, arrêt 21 juin 1859, II-512.
Coutumes. — Valenciennes et partie de l'arrondissement
de Valenciennes, V-1073. = Le Havre (cantons nord
et sud), V-1109.

(*Voy.* EAUX.)

MOULURES.
Législation spéciale. = Décision du préfet de police
du 15 février 1850 (Saillie des moulures établies sur
les murs), IV-559. = Décret du 28 juillet 1874, portant
revision des droits de grande et petite voirie pour la
ville de Paris, IV-911.

(*Voy.* SAILLIES.)

MUNICIPALITÉS.
Législation spéciale. — Décret du 14 décembre 1789
(Constitution des municipalités), III-202.

MURS.
Code civil. = Les murs des places de guerre et des
forteresses font partie du domaine public, I-118. —

Les réparations des murs considérées relativement à l'usufruit, I-139.—Ce qu'on entend par gros mur dans l'art. 606. — Ce qu'on entend par rétablissement en entier des murs de clôture, I-139. — Du mur et du fossé mitoyens, I-162. — De la distance et des ouvrages intermédiaires requis pour certaines constructions : fosses d'aisances, trous à fumier et puisards ; contre-mur, I-229 ; Puits, cheminées et âtres; contre-mur, I-230 ; Forges, fours et fourneaux, tour-de-chat, mur dossier, fourneaux d'usines et autres foyers; arrêtés spéciaux; étables, contre-mur, I-231. — Lavoirs, voûte adossée; contre-mur, I-232. — Épaisseur du contre-mur, construction, I-232.

Législation spéciale. — Edit de 1607 (Redressement des murs), III-26. — Jugement du maître général des bâtiments, du 29 octobre 1685 (Murs en fondation et et en élévation ; construction), III-64. — Ordonnance du bureau des finances du 6 septembre 1774 (Réparations des murs de face), III-153. — Ordonnance de police du 23 novembre 1853 concernant la salubrité des habitations (Lavage des murs), IV-593. — Instruction préfectorale du 13 septembre 1861 (Affichage des murs pignons), IV-660.

(*Voy.* MITOYENNETÉ, COUTUMES.)

N

NAVIGATION.

Législation spéciale. — Édit de police de l'Hôtel-de-Ville décembre 1672 (Rivières et bords d'icelles pour la commodité de la navigation), III-55, — Ordonnance de police du 25 octobre 1840, (Navigation des rivières, des canaux et des ports), III-456.

NÉGLIGENCE.

Code civil. — Faute de la victime, I-284. — Responsabilité à laquelle la négligence donne lieu, I-285.

Jurisprudence. — Installation d'une canalisation pour le gaz dans une filature, accident, négligence du filateur ou de ses préposés, responsabilité ; Cassation, arrêt 9 février 1857, II-690.

(*Voy.* RESPONSABILITÉ.)

NIVELLEMENT.

Législation spéciale. — Arrêt du conseil, du 22 mai 1725 (Formalité à observer pour obtenir le règlement des pentes de pavé), III-92. — Décret du 26 mars 1852, relatif aux rues de Paris, IV-577. — Décret impérial du 27 décembre 1858, portant règlement d'administration publique, pour l'exécution du décret du 26 mars 1852, IV-636. — Conditions générales relatées dans les permissions de grande voirie (Direction des grands travaux de Paris, 1879) ; obligation pour les constructeurs de demander le nivellement avant de se mettre à l'œuvre, IV-964.

Formules. — Demande de nivellement, V-1256.

NULLITÉ.

Code civil. — Circonstances qui rendent divers actes nuls ; rente établie à perpétuité pour le prix de la vente d'un immeuble, remboursement de la rente, I-112. — Causes de nullité de vente (art. 1641 et suivants), I-298.

NUMÉROTAGE DES MAISONS.

Législation spéciale. — Décret du 4 février 1805, III-256. — Ordonnance du 23 avril 1823, III-349.

O

OBLIGATIONS.

Code civil. — Obligation de nature mobilière, I-112. — La propriété des biens s'acquiert et se transmet par l'effet des obligations, I-273. — Des obligations solidaires, solidarité, définition, I-279. — Obligation de stipuler la solidarité, I-279. — Faculté de poursuivre l'un ou l'autre des contractants solidaires, I-280. — Faculté de poursuivre tous les contractants solidaires simultanément, I-280. — Obligations qui naissent des engagements sans conventions, I-281. — Celles qui résultent des délits et quasi-délits, I-284. — L'obligation de donner est remplie, lorsqu'il s'agit d'immeubles, par la remise des clefs et des titres, I-291.

OCCUPATIONS DE TERRAINS.

Législation spéciale. = Décret du 8 février 1868 (Occupations temporaires de terrains nécessaires à l'exécution des travaux publics), IV-820.

ORGANISATION DE L'ORDRE JUDICIAIRE.

Législation spéciale. = Loi des 16-24 août 1790, III-204.

OUVERTURES.

Code civil. = Il n'en peut être pratiqué dans un mur mitoyen, I-247.— Mur séparatif, vente de la mitoyenneté, obligation de boucher les ouvertures, I-247. = Ouvertures dans un mur séparatif, non mitoyen, treillis de fer, verre dormant, I-248.= Ouvertures dans un mur non mitoyen ne joignant pas l'héritage d'autrui, et à moins de 19 décimètres de cet héritage, I-253.

(*Voy.* JOURS.)

OUVRAGES.

Code civil. = Ouvrages établis par un tiers sur le sol d'autrui, I-126. = Ouvrages nécessaires pour l'usage et la conservation de la servitude, I-268. = Louage d'ouvrage : travail, matière.— Commande d'un projet : louage d'ouvrage, I-343. = Vérification et règlement de mémoires; louage d'ouvrage, I-346. = Responsabilité limitée aux parties de l'ouvrage non payées, I-348. — Action des maçons, charpentiers et autres ouvriers, relative aux ouvrages à la construction desquels ils ont contribué, I-358. — Responsabilité des entrepreneurs de gros ouvrages, I-358. = Responsabilité des entrepreneurs de menus ouvrages, I-359.

Législation spéciale. = Ordonnance du bureau des finances, 2 août 1774 (Conservation des ouvrages publics), III-152.

Coutumes. = Ouvrages intermédiaires requis pour certaines constructions.= Lille et partie du département du Nord, V-1061. = Bergues, V-1067. = Valenciennes et partie de l'arrondissement de Valenciennes, V-1072. = Montreuil-sur-mer, V-1091 = Amiens et partie du département de la Somme, V-1097. = Alençon

et le département de l'Orne, V-1119. ⸺ Nantes et
partie de l'ancienne province de Bretagne, V-1125.—
Orléans, V-1131. — Marseille et partie de l'ancienne
province de Provence, V-1189.

(*Voy.* RESPONSABILITÉ.)

OUVRIERS.

Code civil. ⸺ De la responsabilité de l'ouvrier, I-347 et
suivantes. ⸺ Action des ouvriers, I-358. ⸺ Ouvriers
entrepreneurs, I-358.

Législation spéciale. ⸺ Ordonnance de police du
29 avril 1704 (Ouvriers travaillant sur les toits), III-81.
⸺Ordonnance de police du 26 septembre 1806 (Durée
de la journée de travail des ouvriers en bâtiments),
III-259.

Coutumes. ⸺ Louage : Valenciennes et partie de l'arrondissement de Valenciennes, V-1077 et 1078.

P

PACAGE.

Code civil. ⸺ Nature de ce droit, 1-264.

PAILLE.

Code civil. ⸺ Pailles considérées comme immeubles,
I-108.

Législation spéciale. ⸺ Ordonnance du 15 septembre
1875, concernant les incendies (Défense de brûler de
de la paille sur la voie publique), IV-931.

(*Voy.* TOITS.)

PALAIS-ROYAL.

Législation spéciale. ⸺ Ordonnance du 16 août 1819
(Passages et galeries du Palais-Royal), III-334.

PANS DE BOIS.

Code civil. ⸺ Pan de bois mitoyen, mauvais état, reconstruction, I-174.

Législation spéciale. ⸺ Ordonnance du 22 septembre
1600 (Défense de faire des pans de bois), III-14. —
Ordonnance du bureau des finances du 18 août 1667

Ordonnance des trésoriers de France du 4 février 1683 (Construction des pans de bois), III-45 et 57. — Instruction ministérielle du 3 juillet 1846 (Constructions en pans de bois sur la voie publique), III-512.

Coutumes. — Abbeville, V-1095. — Orléans, V-1129. — Bordeaux et partie de l'ancienne province de Guienne, V-1147.

(*Voy.* MITOYENNETÉ.)

PASSAGE.

Code civil. — Celui que peut réclamer le propriétaire de fonds enclavés et sans issue sur la voie publique, I-258. — Limites du droit de passage, I-259. — Indemnité de passage; payement préalable, I-259. — Payement intégral pour chaque période, I-260. — Interdiction de passage s'il n'est plus nécessaire, I-260. — Passage sur les propriétés domaniales, I-260. — Obligation de prendre le plus court trajet, I-261. — Obligation de restreindre le dommage, I-261. — Action en indemnité pour le dommage; prescription, I-262. — La servitude de puiser de l'eau à une fontaine emporte le droit de passage, I-268. — Cas où le droit de passage doit être exercé au même endroit par tous les propriétaires, I-269.

Législation spéciale. — Ordonnance du 20 août 1811 (Passages ouverts au public sur des propriétés particulières), III-308. — Ordonnance de police du 16 août 1819 (Passages et galeries du Palais-Royal), III-334.

Jurisprudence. — Droit de passage, clôture; Cassation, arrêt 28 juin 1853, II-483. — Arbres, plantations à moins de 2 mètres de la propriété du voisin, servitude de passage, exception rejetée; Cassation, arrêt 25 mars 1862, II-548. — Bâtiment enclavé; Cassation, arrêt 8 mars 1852, II-570. — Propriété non enclavée, demande de passage sur un terrain voisin, rejet; Cassation, arrêt 30 avril 1855, II-571.

Coutumes. — Valenciennes, V-1074. — Marseille et partie de l'ancienne province de Provence, V-1189.

PAVAGE.

Législation spéciale. — Édit de 1607 (Entretien du pavé),

III-30. — Ordonnance des trésoriers de France 4 février 1683 (Nivellement du pavé), III-58. — Arrêt du Conseil du 26 mai 1705 (Alignement des ouvrages de pavé), III-82. — Arrêt du Conseil du 22 mai 1725 (Règlement des pentes de pavé), III-92. — Ordonnance du bureau des finances du 27 juin 1760 (Réparation du pavé à la charge des particuliers), III-141. — Ordonnance du 2 août 1774 (Défense de faire aucune tranchée ou ouverture dans le pavé de Paris sans permission), III-152. — Ordonnance de police du 9 juin 1824 (Dégradation du pavé à l'occasion de travaux aux ouvrages en saillie), III-368. — Ordonnance de police du 8 août 1829 (Sûreté et liberté de la circulation sur la voie publique, entretien du pavé à la charge des particuliers), III-392. — Règlement (1880) sur les abonnements aux eaux (Réparation du pavage aux frais des abonnés), V-1349.

PAVÉ.

Code civil. — Celui des chambres est au nombre des réparations locatives, I-331.
> (*Voy.* PAVAGE.)

PAVILLONS DE JALOUSIE.

Législation spéciale. — Décision du préfet de police du 15 février 1850, IV-560.
> (*Voy.* SAILLIE.)

PAYEMENT.

Formules. — Formules de marchés : Du prix des travaux et des modes de payement, V-1233 et 1247.

PÉPINIÈRES.

> (*Voy.* PLANTATIONS.)

PERCHES.

Législation spéciale. — Déclaration de Louis XIV, 16 juin 1693 (Droit de voirie sur les perches), III-70. — Ordonnance du 24 décembre 1823 (Établissement de perches), III-360. — Ordonnance de police du 9 juin 1824 (Cas où les perches autorisées seront supprimées), III-367. — Instruction du préfet de police du 18 juin 1824 (Suppression des perches), III-373.

PERMISSIONS.

Législation spéciale. — Arrêt du conseil du 27 février 1765 (Permission de construire), III-146. —
Instruction du 31 mars 1862 (Permission nécessaire
pour bâtir), IV-664. — Conditions générales relatées
dans les permissions de grande voirie (Préfecture de
la Seine, 1879), IV-963. — Conditions générales relatées dans les permissions de saillie (Préfecture de la
Seine, 1879), IV-969.

(*Voy.* ALIGNEMENT, AUTORISATION.)

PETITE VOIRIE.

(*Voy.* VOIRIE.)

PIGNONS.

Législation spéciale. — Ordonnance du bureau des
finances du 18 août 1667 (Pignons et pans de bois),
III-45. — Instruction préfectorale du 13 septembre 1861 (Affichage des murs pignons), IV-660.

(*Voy.* MITOYENNETÉ.)

PLAFONDS.

Législation spéciale. — Déclaration de Louis XIV,
16 juin 1698 (Droit de voirie sur les plafonds), III-70.

PLAN.

Code civil. — Commande d'un projet, louage d'ouvrage,
I-343. — Ce que comprend le projet, I-344. — Obligations du maître ; acceptation du projet, décharge,
I-345. — Exécution ultérieure du projet, responsabilité
de ceux qui l'exécutent, I-346. — Projet détruit entre
les mains de l'architecte avant d'être livré à celui qui
l'a commandé, ou avant que celui-ci ait été mis en
demeure d'en prendre livraison, I-347. — Construction à forfait, plan arrêté et convenu avec le propriétaire du sol, I-354.

Législation spéciale. — Décret du 26 mars 1852 (Obligations des constructeurs d'adresser à l'administration un plan et des coupes cotés des constructions
qu'ils projettent), IV-578. — Instruction du 31 mars 1862,
concernant la voirie urbaine (De la confection et de

l'approbation des plans d'alignement), IV-683. =
Conséquences de l'approbation des plans d'alignement,
IV-689. — Attributions des commissaires-voyers titulaires et des commissaires-voyers adjoints, 30 juin 1871
et 15 avril 1878; constatation de l'exécution conforme
des plans, IV-945. — Conditions générales relatées
dans les permissions de grande voirie (1879); obligation de faire signer les plans par les propriétaires,
IV-963.

Jurisprudence. — Église, approbation des plans par la
commission départementale, détérioration grave, responsabilité; Conseil d'État, arrêt du 3 février 1851,
II-670. — Asile d'aliénés, vice du plan, responsabilité;
Conseil d'État, 11 mai 1854, II-686. = Voûte d'arête,
écroulement, vice du plan, responsabilité; Cassation,
arrêt du 25 novembre 1875, II-697.

Formules. = Formule de marchés : détails graphiques, V-1231 et 1245. — Modifications, V-1231 et 1246.

PLANCHERS.

Code civil. — Mode de contribution aux réparations
des planchers d'une maison qui a plusieurs étages
et qui appartient à divers copropriétaires, I-219. =
Reconstruction d'un plancher hors de niveau, I-220.

PLANCHES.

Législation spéciale. — Décision du préfet de police,
15 février 1850 (Interdiction d'établir sur la voie publique des planches de repos), IV-560.

PLANTATIONS.

Code civil. — Celles que le propriétaire a le droit de
faire, 1-124. = Plantations existantes: présomption
de propriété en faveur du propriétaire du sol, I-125.=
plantations faites par le propriétaire du sol avec des
plantes appartenant à autrui, I-125. — Plantations
établies par un tiers sur le sol d'autrui, I-126. —
Haie mitoyenne, I-225. = Plantations des arbres de
haute tige et des haies, I-226.

Jurisprudence. — Plantations, fruits (Du droit d'accession relativement aux choses immobilières); Cassation,
arrêt 16 février 1857, II-456. — Plantation par le loca-

taire, droit du propriétaire du sol; Cassation, arrêts 23 mai 1860 et 8 mai 1877, II-461 et 464. — Les arbres ne constituent pas une présomption légale de propriété sur le terrain qui doit être laissé entre eux et l'héritage contigu; Cassation, arrêt 14 avril 1852, II-529. — Arbres de haute tige, défaut d'usage, de règlement, distance de la ligne séparative des héritages; Cassation, arrêt 9 mars 1853, II-530. — Ruelle, absence d'arrêté prescrivant une autorisation ou un alignement, replantation d'une haie, prétendue contravention; Cassation, arrêt 12 janvier 1856, II 532. — Arbres de haute tige, plantation à moins de 2 mètres d'un héritage en nature de bois, exception non admise; Cassation, arrêt 24 juillet 1860, II-543. — Arbres à hautes tiges et à basses tiges, haie; Cassation, arrêt 12 février 1861, II-545. — Plantation à moins de 2 mètres de la propriété du voisin, servitude de passage, exception rejetée; Cassation, arrêt 25 mars 1862, II-548. — Abatage des arbres et des haies le long d'un ru, élagage de plantations situées à 1^m.33 au moins et à 2 mètres au plus des bords du ru; Conseil d'état, arrêt 12 février 1863, II-552. — Haie, possession exclusive pendant une année, dommage causé à cette haie; Cassation, arrêt 2 février 1876, II-563. — Arbres plantés à une distance moindre que celle légale; prescription trentenaire; souches, bois en taillis; Cassation, arrêt 2 juillet 1877, II-564.

Législation spéciale. — Arrêt du Conseil du 26 mai 1705 (Plantation des arbres), III-82.

Coutumes anciennes. — D'Orléans, I-227.

Coutumes actuelles. — Région du Nord. — Lille et partie du département du Nord : Distance réservée pour les plantations entre héritages, V-1060. — Valenciennes et partie de l'arrondissement de Valenciennes : taillis, V-1070; saules à têtes, V-1070; plantations entre héritages, V-1072. — Montreuil-sur-Mer et partie du département du Pas-de-Calais : taillis, V-1088; saules à têtes, V-1088; plantation des arbres de haute tige et des haies, V-1090. — Abbeville : plantation d'arbres à haute tige et de haies en charmilles, V-1095.

Région de l'Ouest. — Le Havre (cantons Nord et Sud) : plantations V-1100. — Alençon et le département de l'Orne : distances réservées pour les plantations entre héritages, V-1119.

Région du Centre. — Orléans : Distances réservées pour les plantations entre héritages, V-1130. — Clermont-Ferrand : distances réservées pour les plantations entre héritages, V-1134. — Troyes et le département de l'Aube : Distances réservées pour les plantations entre héritages, V-1137.

Région du Sud-Est. — Marseille et l'ancienne province de Provence : distances à réserver pour les plantations entre héritages, V-1189.

POÊLES.

Législation spéciale. — Ordonnance du 23 novembre 1853, concernant la salubrité des habitations (Modes de chauffage), IV-593. — Ordonnance de police du 15 septembre 1875 concernant les incendies (Établissement des cheminées des poêles ou autres foyers mobiles), IV-923. — Instruction du conseil d'hygiène publique et de salubrité; clef de poêle, IV-937.

POLICE.

Code civil. — Lois de police sur les fouilles et les constructions, I-124. — Choses communes dont la jouissance est réglée par des lois de police, I-274.

Législation spéciale. — Arrêté du 1er juillet 1800 (Attributions du préfet de police), III-225. — Loi des 23 et 30 mars (Police de la grande voirie), III-491. — Décret du 10 octobre 1859 (Attributions du préfet de la Seine et du préfet de police), IV-644.

POLICE RURALE.
Loi du 6 octobre 1791, III-210.

POLICE MUNICIPALE ET CORRECTIONNELLE.
Décret des 19-22 juillet 1791, III-207.

POMPES.

Législation spéciale. — Ordonnance de police du 15 février 1850 (Interdiction d'établir des jets ou balanciers de pompes en saillie sur la voie publique), IV-558.

94

PONTS ET CHAUSSÉES.

Législation spéciale. — Arrêt du Conseil du 7 septembre 1755 (Matériaux pour leur usage), III-139.

PORTES.

Code civil. — Elles font, ainsi que les murs, fossés et remparts des places de guerre et des forteresses, partie du domaine public, I-118. — Les portes sont au nombre des servitudes apparentes, I-264. — Leurs réparations sont au rang des réparations locatives, I-332.

PORTS.

Code civil. — Ils sont des dépendances du domaine public, I-117.

Législation spéciale. — Ordonnance de police du 25 octobre 1840 (Navigation des ports), III 456.

POSSESSION.

Code civil. — Circonstances dans lesquelles le possesseur est réputé de bonne foi, I-123. — Servitudes qui peuvent s'etablir par la possession, I-265. — Définition de la possession, I-385. — Celle qui est nécessaire pour pouvoir prescrire, I-385. — Présomption sur la nature de la possession, I-385. — Présomption à l'égard de celui qui a commencé à posséder pour autrui, I-336. — Actes qui ne peuvent fonder ni possession ni prescription, I-386. — Présomption pour la possession dans le temps intermédiaire en faveur du possesseur actuel qui prouve avoir possédé anciennement, I-386. — Possession de son auteur qu'on peut joindre à la sienne pour compléter la prescription, I-387.

POTS A FLEURS.

Législation spéciale. — Ordonnance de police du 1er avril 1818, concernant les caisses, pots à fleurs et autres objets dont la chute peut causer des accidents, III-313.

POUDRE.

(*Voy.* MAGASINS A POUDRE.)

POUTRES.

Code civil. ═ Leur rétablissement est à la charge du propriétaire, 1-139. ═ Ce qu'on entend par rétablissement des poutres, I-141. ═ La loi accorde le placement des poutres dans toute l'épaisseur du mur mitoyen, I-178. ═ Comment on doit user de la faculté accordée par la loi de placer des poutres en bois dans le mur mitoyen, I-182. ═ Poutres en fer, exception, absence de réglementation, I-182.

Coutumes actuelles. ═ Lille et partie du département du Nord, V-1058. ═ Montreuil-sur-mer et partie du département du Pas-de Calais, V-1089. ═ Alençon et le département de l'Orne, V-1119. ═ Angers et partie du département du Maine, V-1121. ═ Orléans, V-1129. ═ Besançon : poutrelles dans l'épaisseur des murs mitoyens, V-1144. ═ Bordeaux et partie de l'ancienne province de Guienne, V-1147.

(*Voy.* MUR MITOYEN, SOLIVES.)

PRÉAUX.

Législation spéciale. ═ Édit de 1607 (Défense de faire des préaux en saillie), III-28.

PRÉEMPTION.

Législation spéciale. ═ Loi du 3 mai 1841, sur l'expropriation pour cause d'utilité publique, III-463 et 481. ═ Instruction du 31 mars 1862, concernant la voirie urbaine, IV-664 et 692.

Jurisprudence. ═ Cassation, arrêt 16 mai 1877, IV-1015.

PRÉFETS.

Législation spéciale. ═ Préfets de la Seine et de police, décret du 10 octobre 1859 (Leurs attributions), IV-644.

PRENEUR.

(*Voy.* LOUAGE.)

PRESCRIPTION.

Code civil. ═ Du payement de l'indemnité de la charge, I-188. ═ Extinction de la servitude par prescription, I-271. — On peut acquérir la propriété ou se libérer par prescription, I-273. ═ Ce que c'est que la pres-

stituent pas une présomption légale de propriété
sur le terrain qui doit être laissé entre eux et l'héritage voisin; Cassation, arrêt 14 avril 1852. II-529. —
Mur, présomption de mitoyenneté, titre contraire;
Cassation, arrêt 25 janvier 1859, II-538. — Fossé, présomption de non - mitoyenneté; Cassation, arrêt
22 juillet 1861, II-547.

(*Voy.* LOUAGE, MITOYENNETÉ, PLANTATIONS
ET RÉPARATIONS.)

PREUVE.

Code civil. — La preuve testimoniale n'est pas admise
pour un bail verbal, I-306.

Jurisprudence. — Bail verbal nié par le preneur; Cassation, arrêts 5 mars 1856, 12 janvier 1854, II-597
et 614.

PRIVILÈGE.

Code civil. — Sur les immeubles, I-379. — Du vendeur,
I-379. — De ceux qui ont fourni les deniers pour
l'acquisition de l'immeuble, I-380. — Des cohéritiers,
I-380. — Des architectes, entrepreneurs, maçons et
autres ouvriers, I-380. — De ceux qui ont prêté les
deniers pour payer ou rembourser les ouvriers,
I-381. — Comment se conservent les privilèges,
I-382.

Législation spéciale. — Loi du 3 mai 1841 (Expropriation pour cause d'utilité publique, de ses suites quant
aux privilèges), III-467.

PRIX.

(*Voy.* VENTE.)

PROCÈS.

Code civil. — Frais de procès dont l'usufruitier est seulement tenu, I-145.

PROCÈS-VERBAUX

Législation spéciale. — Instruction du 31 mars 1862
(Procès-verbaux pour contraventions en matière de
voirie urbaine), IV-704.

Formules. — Procès-verbal d'expert, V-1259. — Procès-
verbal de constat de travaux, V-1312.

PROJET.

(*Voy.* PLAN.)

PROPRIÉTAIRE.

Code civil.— Droit du propriétaire sur les ouvrages établis par un tiers sur son sol, I-126. — Réparations à
la charge du propriétaire. I-137. — Obligations réci-
proques des propriétaires. — I-162. — Responsabilité
à l'égard du mur mitoyen, I-170. — Maison appartenant à divers propriétaires. I-219. — Fosse d'aisances
commune à plusieurs propriétés, I-221. — Ruine d'un
bâtiment, responsabilité du propriétaire, I-288.

(*Voy.* ACCESSION, EXPROPRIATION, MITOYENNETÉ.
RÉPARATIONS. USUFRUIT.)

PROPRIÉTÉ.

Code civil. — Sa définition, -120. — Cas et condition
sous lesquels seulement on peut être contraint de céder sa propriéte, I-120. — Droit d'accession à la propriété d'une chose, I-121. — Vente de la nu-pro-
priété, I-147. — Comment la propriété des biens s'acquiert et se transmet, I-273. — Engagements qui se
forment sans conventions entre propriétaires voisins,
I-281. — Le mandat doit être exprès pour un acte de
propriété, I-362.

(*Voy.* ACCESSION, EXPROPRIATION, MITOYENNETÉ,
RÉPARATIONS, USUFRUIT.)

PUISAGE.

Code civil. — Cette servitude continue donne le droit
de passage, I-263 et 268.

PUITS

Code civil. — Reconstruction, grosses réparations, I-
140. — Construction, distance à observer et ouvrages intermédiaires requis, I-229. — Contre-mur,
I-230. — Curement, I-336.

Législation spéciale. — Ordonnance de police du
14 mai 1701 (Épuisement des eaux), III-80. — Ordonnance de police du 13 août 1810 (Mesures relatives
aux puits), III-294. — Ordonnance de police du 29 février 1812 (Entretien, curage et réparation), III-312. —

Q

QUASI CONTRATS.

QUASI-DÉLITS.

QUESTION INTENTIONNELLE.

QUESTION PRÉJUDICIELLE.

R

RACINES.

RAMONAGE.

Législation spéciale. — Ordonnance du 15 septembre 1875, concernant les incendies, IV-924.

RAPPORTS.

Jurisprudence. — Arrêts de cassation relatifs aux rapports d'experts, II-705 à 710.

Formules. — Rapport d'expert, V-1259.

RÉCOLTES.

Code civil. — Elles sont immeubles quand elles pendent par racines, I-106.

RECONDUCTION.

(*Voy.* TACITE RECONDUCTION.)

RECONSTRUCTION.

Code civil. — Du mur mitoyen, I-170. — Du mur mitoyen ou d'une maison, I-222.

(*Voy.* MITOYENNETÉ.)

RELAIS.

Code civil. — Les relais de la mer dépendent du domaine public, I-117.

REMPARTS.

Code civil. — Ils dépendent du domaine public, I-118.

RÉPARATIONS.

Historique. — Adjudication des travaux de réparations des édifices publics sous la république romaine, I-57.

Code civil. — Grosses réparations, ouverture de l'usufruit, I-135. — Grosses réparations à la charge du nu-propriétaire, I-137. — Réparations d'entretien à la charge de l'usufruitier, I-137. — Grosses réparations; réparations d'entretien; distinction, I-139. — Gros murs, murs de clôture, I-139. — Voûtes, fosses d'aisances, puits, I-140. — Planchers, I-141. — Combles, couvertures, nettoyage des façades, I-142. — Travaux accessoires, réparations nécessitées par la vétusté ou par cas fortuit; nu-propriétaire usufruitier, I-143. — Obligations de l'usager : charges, réparations d'entretien, I-151. — Droits et obligations des

lité du preneur, réparation des dégradations ou des pertes qui arrivent pendant la jouissance, I-322. = Réparations locatives, désignation, I-331. = Extension des obligations du locataire, I-332. = Réparations locatives, indemnité pécuniaire, I-336. = Réparations locatives, vétusté, force majeure, I-336. = Travaux d'entretien, mandataires, I-363. — Travaux de réparations, privilège des architectes et des entrepreneurs. I-380 et 382.

Législation spéciale. = Instruction ministérielle du 22 décembre 1846 (Refus d'autoriser la réparation d'une façade détériorée par le choc d'une voiture), III-514.

Jurisprudence. = Mur mitoyen, mur de clôture, réparation, reconstruction, abandon de la mitoyenneté; Cassation, arrêt 27 janvier 1874, II-559. = Mur mitoyen, trouble de jouissance causé par des détériorations imputables au voisin, droit du locataire, action personnelle; Cassation, arrêt 28 août 1877, II-624. = Réparation, vétusté, locataire irresponsable, roue hydraulique; Cassation, arrêt 3 janvier 1877, II-627.

Coutumes. = Lille et partie du département du Nord, V-1063. = Valenciennes et partie de l'arrondissement de Valenciennes, V-1076. = Douai, V-1086. = Montreuil-sur-mer et partie du département du Pas-de-Calais, V-1093. = Le Havre (cantons Nord et Sud), V-1108 et 1113. = Alençon et le département de l'Orne, V-1120. — Versailles, V-1133. = Strasbourg et banlieue de cette ville, V-1142. = Bordeaux et partie de l'ancienne province de Guienne. V-1149.

(*Voy.* MITOYENNETÉ, LOUAGE.)

RÉQUISITION.

Code de procédure civile. = Réquisition aux experts. I-409.

RÉSILIATION,

Code civil. — Éviction partielle qui peut donner lieu à la résiliation de la vente, I-297. = Servitude non déclarée, résiliation ou indemnité, I-297. — Vice caché, résiliation ou diminution de prix, I-299. = Réparations urgentes, obligation du preneur, délai, indemnité, résiliation, I-314. = Résiliation du bail, par la faute du locataire, I-342. = Du marché à forfait par le maître, dédommagement, I-355. = Par la mort de l'ouvrier, de l'architecte ou de l'entrepreneur, I-356.

Jurisprudence. = Bail : Société, dissolution, liquidation, reconstitution d'une nouvelle société, élimination de l'un des associés, nouvelle personne civile, prohibition de la faculté de sous-louer, résolution du bail ; Cassation, arrêt 2 février 1859, II-600. = Bail, formation en société des preneurs, moins l'un d'eux ; demande en résiliation du bail par la bailleresse, rejet; Cassation, arrêt 13 mars 1860, II-604. = Bail, défaut de payement d'un terme de loyer, résiliation stipulée ; Cassation, arrêt 2 juillet 1860, II-606. = Expropriation, résolution des baux, indemnité; Cassation, arrêt 16 avril 1862, II-607. = Jugement d'expropriation, résolution des baux, droits des locataires; Cassation, arrêt 9 août 1864, II-618. = Défaut de payement de loyer. demande en résiliation du bail; jugement prononçant la résiliation à défaut de payement immédiat; Cassation, arrêt 11 janvier 1865, II-620.

Formules. = Formules de marchés : dispositions générales, V-1235 et 1250.

RESPONSABILITÉ.

RESPONSABILITÉ DES ABONNÉS.

Législation spéciale. = Abonnés au gaz. Règlement concernant les conduites et appareils d'éclairage et de chauffage par le gaz, à l'intérieur des bâtiments et des habitations, IV-832.

Abonnés aux eaux. Règlement et tarif sur les abonnements aux eaux, IV-849.

RESPONSABILITÉ DE L'ARCHITECTE.

Historique. = Responsabilité des architectes à Rome, ancienne loi d'Éphèse rappelée par Vitruve, I-16. = Responsabilité des constructeurs à la fin du IVe siècle; Loi de l'empereur Zénon, I-59. = Discussion au Conseil d'État du contrat de louage et d'industrie en ce qui touche l'architecte, I-88.

Travaux de consolidation, clocher, écroulement par suite du mauvais état d'un pilier conservé ; Cassation, arrêt 20 février 1835, II-637. = Construction d'une église, fondations insuffisantes, malfaçons, bois défectueux ; Conseil d'État, arrêt 20 juin 1837, II-644. = Pont en fer, écroulement, architecte, mission spéciale et restreinte, irresponsabilité, II-652. = Modification du cahier des charges, changement d'échantillons des bois de planchers ; Cassation, arrêt 23 novembre 1842, II-656. = Église, construction, désordres graves causés par la fourniture de bois défectueux, défaut de siccité ; Cassation, arrêt 12 novembre 1844, II-658. = Couverture exécutée après la signification faite par le propriétaire d'avoir à cesser les travaux, travail nécessaire, absence de responsabilité ; Cassation, arrêt 3 février 1851, II-670. = Construction d'une église, approbation par la commission départementale, désordres, vice du plan, responsabilité de l'architecte ; Conseil d'État, arrêt 5 avril 1851, II-670. = Responsabilité de l'architecte mandataire, torts du propriétaire, réduction des dommages-intérêts à la perte des honoraires ; Cassation, arrêt 8 décembre 1852, II-679. = Construction d'un clocher, charpente défectueuse, vice de construction toléré par l'architecte ; Conseil d'état, arrêt 7 juillet 1853, II-680. = Hospice, charpente défectueuse et insuffisante, désordres, responsabilité ; Conseil d'état, arrêt 9 mars 1854, II-683. = Asile d'aliénés, charpente défectueuse insuffisante et de mauvaise qualité, distinction ; Conseil d'État, arrêt, 11 mai 1854, II-686. = Accident, architecte ayant garde la direction et la surveillance des travaux, malgré la présence de l'entrepreneur, matériaux de mauvaise qualité fournis par l'architecte, cause de l'accident ; Cassation, arrêt 21 novembre 1856, II-688. = Construction d'un gymnasse, malfaçons légères signalées par l'architecte, lors de l'achèvement des travaux, absence de responsabilité ; Cassation, arrêt 15 juin 1863, II-694. = Maison, vice et malfaçon allégués, expertise, absence de faute, irresponsabilité ; Cassation, arrêt 24 novembre 1875, II-696. = Voûte d'arête, écroulement, vice du plan ; Cassation, arrêt 25 novembre 1875, II-697.

RÉSPONSABILITÉ DU PROPRIÉTAIRE.

Code civil. = Responsabilité qui ressort des positions respectives du propriétaire, de l'architecte et de l'entrepreneur, I-10.— Reconstruction d'un mur mitoyen, I-175. = Indemnités dues à des tiers, I-176.= Exhaussement du mur mitoyen, écrasement du mur chargé, I-190.= Ruine d'un bâtiment, dommage causé, I-288.

Législation spéciale. = Loi du 3 mai 1841, sur l'expropriation pour cause d'utilité publique; responsabilité du propriétaire à l'égard du locataire, III-471.

Jurisprudence. = Propriétaire d'une source, dommage envers le fonds inférieur, marais à sangsues: Cassation, arrêt 27 avril 1857, II-501. = Destruction partielle de la chose louée, ordre municipal, vétusté, responsabilité du propriétaire; Cassation, arrêt 10 février 1861, II-617. = Travaux dans une filature, accident, responsabilité du propriétaire de la filature; Cassation, arrêt 9 février 1857, II-690.

RÉSPONSABILITÉ DE L'USAGER.

Code civil.= Responsabilité de l'usager quant aux charges, I-151.

RÉSPONSABILITÉ DE L'USUFRUITIER.

Code civil. = Responsabilité de l'usufruitier relativement à une usurpation sur le fonds sujet à l'usufruit, I-137. = Abus de jouissance de l'usufruitier, I-468.

RÉSPONSABILITÉ DU VENDEUR.

Code civil. —De la garantie des défauts de la chose vendue, I-294. = Objets de la garantie, I-294. = Garantie en cas d'éviction, droits de l'acquéreur, I-294.= Obligation du vendeur, I-295. = Éviction partielle, servitudes non déclarées, I-297. = Défauts cachés, mur mitoyen, exception, I-298 = Indemnité locative, vente d'immeuble vice caché, I 298.—Vices apparents, absence de responsabilité du vendeur; vices cachés ignorés du vendeur, I-299 — Vices connus du vendeur, I-300. — Perte de la chose vendue par suite de sa mauvaise qualité, I-300. = Vices rédhibitoires; action de l'acquéreur, I-301. — Vente par autorité de justice, absence de garantie, I-302.

Jurisprudence. = Arrêts de la Cour de cassation, relatifs à la garantie des défauts de la chose vendue, II-580 à 584.

RETRANCHEMENTS.

Législation spéciale. — Code du roy Henri III (Retranchement des saillies), III-5.

(*Voy.* ALIGNEMENTS, VOIRIE.)

RIVIÈRES.

Code civil. = Les rivières dépendent du domaine public, I-117.—Charges moyennant lesquelles les petites rivières et les ruisseaux peuvent être interrompus dans leur cours par le propriétaire dont ils traversent le fonds, I-642.

Législation spéciale. — Édit de Louis XIV, août 1669, portant règlement général sur les eaux et forêts, III-49. — Édit de police de l'Hôtel de ville de Paris, décembre 1672, concernant les rivières et leur navigation, III-55. — Déclaration de Louis XV, du 28 septembre 1728, concernant la construction de bâtiments sur la rivière de Bievre, III-95. = Arrêt du Conseil, du 26 février 1752, pour la police et la conservation des eaux de la rivière de Bièvre et des cours d'eau y affluant, III-111. — Ordonnance de police du 8 juillet 1801, concernant la rivière de Bievre, les ruisseaux, sources et boires qui y affluent, III-233. = Ordonnance de police du 25 octobre 1840, concernant la navigation des rivières dans le ressort de la préfecture, III-456. — Travaux en rivière, III-460. = Défense de détourner l'eau des rivières. III-461. — Defense de rien jeter dans les rivières, III-461. — Espaces à laisser libres aux abords des rivières, III-462. — Loi du 27 juillet 1870 (Canalisation des rivières), IV-871.

(*Voy.* BIÈVRE.)

ROUTES.

Code civil. — Les routes dépendent du domaine public, I-117.

Législation spéciale. —Arrêt du conseil du 26 mai 1705 (Alignement des ouvrages de pavé, dédommagement des propriétaires des terrains, plantation des arbres, largeur des chemins), III-82. ⇒ Ordonnance des trésoriers de France du 22 juin 1751 (Écoulement des eaux des routes), III-129. ⇒ Arrêt du conseil, du 27 février 1765 (Permission de construire et alignements sur les routes entretenues aux frais de l'État), III-146. ⇒ Ordonnance du bureau des finances du 2 août 1774 (Tranchées et fouilles dans les routes royales), III-152. ⇒ Loi du 16 septembre 1807 (Travaux de routes relatifs à l'exploitation des forêts et minières), III-263. ⇒ Loi du 12 mai 1825 (Propriété des arbres plantés sur le sol des routes royales et départementales ; curage et entretien des fossés qui bordent ces routes), III-377. ⇒ Loi du 4 mai 1864 (Alignements sur les routes impériales, les routes départementales et les chemins vicinaux de grande communication), IV-761.

RUCHES.

Code civil. ⇒ Elles sont immeubles par destination, I-109.

RUES.

Code civil. ⇒ Les rues dépendent du domaine public, I-117.

Législation spéciale. ⇒ Édit de 1600 (Propreté des rues), III-13. ⇒ Édit de 1607 (Police des rues), III-23. — Ordonnance du bureau des finances du 4 septembre 1778 (Caves prolongées sous la voie publique), III-162. ⇒ Déclaration du roi du 10 avril 1783 (Alignements et ouvertures), III-178. ⇒ Décret du 4 avril 1793 (Acquisition de maisons ou de terrains en cas d'ouvertures de rues), III-215. ⇒ Ordonnance de police du 8 août 1829 (Pavé de Paris, rues non pavées), III-392. ⇒ Décision du préfet de police du 15 février 1850 (Inscriptions des rues), IV-558. — Décret du 26 mars 1852, relatif aux rues de Paris, IV-577. ⇒ Décret du 27 décembre 1858, relatif aux rues de Paris, IV-636. — Loi du 8 juin 1864 (Rues formant le prolongement des chemins vicinaux), IV-763. ⇒ Décret du 14 juin 1876, relatif aux rues de Paris, IV-941.

S

SAILLIES.

Code civil. — Saillies sur l'héritage voisin, I-252 et 253.

Législation spéciale. — Code du Roy Henry III (1564);
— Du retranchement des saillies, III-5. — Ordonnance du bureau des finances, du 1er avril 1697 (Règlement sur les saillies et étalages) : pas de pierres, seuils de portes, marches, bornes et autres avances devant les maisons et boutiques, étalages, montres, comptoirs et bancs, étrésillons, étais, chevalements, âtres, billots de bois, balcons, avant-corps, auvents à maréchal, auvents cintrés, III-72 et suivantes. — Ordonnance du bureau des finances, du 10 déc. 1784 (Suppression des enseignes et etalages en saillie), III-190. — Ordonnance de police du 18 juin 1804 (Auvents, appentis, plafonds, enseignes, devantures de boutiques, étalages, échoppes et autres constructions en saillie sur les boulevards intérieurs de Paris), III-254. — Ordonnance de police du 1er avril 1818 (Caisses, pots à fleurs, et autres objets dont la chute peut causer des accidents), III-331.

Ordonnance du Roi du 24 déc. 1823, portant règlement sur les saillies, auvents et constructions semblables à permettre dans la ville de Paris : Dimensions des saillies, III-352. — Saillies fixes, III-353. — Saillies mobiles, III-354. — Barrières au-devant des maisons; bancs, pas, marches, perrons, bornes, III-355. — Grands balcons, III-356. — Constructions provisoires, échoppes, III-357. — Auvents, corniches de boutiques. enseignes, III-358. — Tuyaux de poêle, et de cheminée, bannes, III-359. — Perches, éviers, III-360. — Cuvettes, constructions en encorbellement, corniches ou entablements, III-361. — Gouttières saillantes, devantures de boutiques, III-362.

Ordonnance de police du 9 juin 1824. — Saillies à établir dans la ville de Paris, III-364. — Saillies établies, III-366. — Dispositions particulières concernant certaines saillies : perches, lanternes ou transparents, III-367. — Bannes, etalages, décrottoirs, dispositions générales, III-368.

ments de décoration, devantures, renouvellement des
toiles des bannes et stores, IV-970.

Jurisprudence. — Caves sous la voie publique; Conseil
d'état, arrêt du 23 janvier 1862, IV-990. — Corniche
formant entablement, balcon sur cette corniche; Conseil d'État, arrêt du 14 novembre 1862, IV-995. — Constructions en saillie, absence de plan d'alignement
au moment des travaux; Cassation, arrêt 12 février
1875, IV-1011. — Hauteur et dimension des constructions élevées en dehors de la voie publique dans
les cours et espaces intérieurs; Cassation, arrêt du
27 avril 1877, IV-1014.

SAISIES-ARRÊTS.

Législation spéciale. — Loi du 14 février 1794 (Saisies-arrêts sur les fonds destinés aux entrepreneurs de
travaux publics), III-218.

SALLES DE SPECTACLE.

Législation spéciale. — Ordonnance de police du
1er juillet 1864 (Établissement des salles de spectacle)
IV-764. — Ordonnance du 15 septembre 1875, concernant les incendies, IV-930.

SALUBRITÉ.

Législation spéciale. — Code du roy Henri III (Règlement concernant la salubrité et commodité des villes), III-5. — Instruction préfectorale du 17 octobre 1843
(Dispositions de salubrité dans les boulangeries), III-506. — Arrêté ministériel du 15 février 1849 (Organisation des conseils d'hygiène publique et de salubrité,
IV-550. — Ordonnance du 15 septembre 1875 (Instruction du conseil d'hygiène publique et de salubrité sur
les tuyaux de fumée), IV-936. — Arrêté du 30 octobre
1876 (Conservation du matériel destiné à assurer la
propreté et la salubrité de la voie publique), IV-943.

SALUBRITÉ DES HABITATIONS.

Législation spéciale. — Ordonnance du 20 novembre
1848, IV-545. — Ordonnance de police du 23 novembre
1853, IV-588 et 592. — Ordonnance de police du 7 mai
1878 (Logements loués en garni), IV-947.

SAULES A TÊTE.

(*Voy.* PLANTATIONS.)

SEMENCES.

Code civil. = Les semences sont immeubles par destination, I-108. — Elles sont remboursables par le propriétaire, I-123.

SENTENCE.

Code de procédure civile. = Délai dans lequel doit être rendue la sentence, I-414. = Appel, I-415. = Sentence non valable, I-418. = Forme des sentences, I-421. = Dépôt de la sentence, I-422.

Formules. = Formule de sentence, V-1282.

(*Voy.* ARBITRAGE.)

SEQUESTRE.

Code civil. = Défaut de caution de l'usufruitier, I-136.

SÉRIE.

Formules. = Marchés à prix fait sur série, V-1238. — Marché à prix fait sur série, avec maximum, V-1253.

SERMENT.

Code de procédure civile. = Serment des experts, I-401 et 402. — Prestation de serment, procès-verbal, I-406.

SERRURE.

Code civil. — Réparation due par le locataire, I-332 et 334.

SERVICES FONCIERS.

Code civil. = Ils sont immeubles. I-110.

SERVITUDES.

Historique. = L'enceinte sacrée à Rome dans l'antiquité, I-6. = Bâtiment isolé ou contigu, application des lois relatives aux servitudes, I-8. — Servitudes d'héritages urbains dans les institutes de Justinien, I-15. = Note de servitude et rapport de iurez. — Coutume de Paris, I-76.

Code civil. = Les servitudes sont immeubles, I-111. = Droits de l'usufruitier en matière de servitude, jouis-

par prescription, I-271. — Héritage vendu, servitudes non déclarées, résiliation ou indemnité, I-297. — Violation d'une servitude passive, responsabilité de l'entrepreneur, I-353.

Législation spéciale. — Décret du 7 mars 1808, qui fixe une distance pour les constructions dans le voisinage des cimetières hors des communes, III-269. — Loi des 22-26 juin 1854, qui établit des servitudes autour des magasins à poudre de la guerre et de la marine, IV-618.

Jurisprudence. — Cours d'eau; Cassation, arrêt du 3 août 1852, II-481.—Droit de passage, clôture; Cassation, arrêt 28 juin 1853, II-483. — Prohibition de bâtir; Cassation, arrêt 9 août 1853, II-484. — Égout; Cassation, arrêt 24 mai 1854, II-485. — Eaux, propriété; Cassation, arrêt 22 mai 1854, II-486. — Eaux, irrigation, ouverture d'esseau, servitude, indemnité; Cassation, arrêt 8 novembre 1854, II-488. — Cours d'eau, jouissance; Cassation, arrêt 28 novembre 1854, II-490. — Modification du cours naturel des eaux pluviales; Cassation, arrêt 27 février 1855, II-494. — Corruption des eaux d'un ruisseau par les eaux d'un puits amenées artificiellement à la surface du sol; Cassation, arrêt 9 janvier 1856, II-495. — Mode de jouissance des cours d'eau, compétence de l'autorité judiciaire; Cassation, arrêt 16 avril 1856, II-496. — Action en délimitation entre communes; Cassation, arrêt 29 juillet 1856, II-497. — Cours des eaux au sortir d'un abreuvoir public, possession ; Cassation, arrêt 11 août 1856, II-499. — Propriétaire d'une source, dommage envers les fonds inférieurs, distinction , marais à sangsues; Cassation, arrêt 27 avril 1857, II-501.

Contravention à un arrêté administratif concernant le mode et les conditions de la distribution des eaux d'un cañal; Cassation, arrêt du 22 janvier 1858, II-503. — Source, acquisition par le fonds inférieur, par titre ou par prescription; Cassation, arrêt 8 février 1858, II-507. — Eaux découlant naturellement, servitude du fonds inférieur, digue; Cassation, arrêt 15 mars 1858, II-508. — Eaux pluviales, destination privée , propriété , prescription ; Cassation , arrêt 12 mai 1858, II-510. = Source, droit du fonds inférieur, travaux faits sur le fonds supérieur; Cassation, arrêt 2 août 1858, II-511. = Étang, eaux privées; Cassation arrêt 21 juin 1859, II-512. = Abus de jouissance d'une concession administrative des eaux d'un canal entre particuliers; Cassation, arrêt 29 juin 1859. II-513. = Cours d'eau, usage des voisins, dommage; Cassation, arrêt 15 février 1860, II-515. — Canal Saint-Martin, modifications à l'exercice du droit des concessionnaires, dommage; Conseil d'État, arrêt 1er mars 1860, II-517. — Propriété inférieure, eaux qui découlent naturellement du fonds supérieur, digue qui empêche cet écoulement; Cassation, arrêt 4 juillet 1860, II-518. — Ruisseau, prise d'eau, prescription; Cassation, arrêt 3 juin 1861, II-519.

Bassin communal, eaux superflues, possession antérieure; Cassation, arrêt 12 février 1862, II-520. = Source, sacrifice imposé par suite des besoins des habitants de la commune et de leurs bestiaux, indemnité, exception, prescription; Cassation, arrêt 4 mars 1862, II-522. — Riverains des rivières et canaux navigables, servitude de halage et de contre-halage; Conseil d'État, arrêt 6 mars 1856, II-524. = Bâtiment enclavé; Cassation, arrêt 8 mars 1852, II-570. — Propriété non enclavée, demande de passage sur un terrain voisin, rejet; Cassation, arrêt 30 avril 1855, II-571. — Canal, prise d'eau, rigoles, servitude apparente, continuité; Cassation, arrêt 19 juillet 1864, II-572. = Servitude de passage; Cassation, arrêt 7 mars 1876, II-574. = Servitude apparente, division des héritages, acte de séparation, contrat représenté au possessoire, possession à titre de tolérance, de précarité; Cassation, arrêt 2 mai 1876, II-575.

Coutumes. — Bergues, V-1065. = Le Havre (cantons Nord et Sud), V-1098 et 1103.

SEUILS

Législation spéciale. = Ordonnance des trésoriers de France du 4 février 1683 (Pas de pierre, seuils de portes, etc), III-37.

(*Voy.* SAILLIE.)

SOL.

Code civil. = Ce qu'emporte la propriété du sol, ce que le propriétaire peut faire au=dessus et au-dessous, I=124. — Ouvrages existants, présomption de propriété en faveur du propriétaire du sol, I=125. = Ouvrages établis par le propriétaire du sol avec les ma= tériaux d'autrui, I=125. — Ouvrages établis par un tiers sur le sol d'autrui, I-126. = Le sol considéré relativement à la jouissance de l'usufruitier, I=148. = Acquisition de la moitié du sol sur lequel le mur mi= toyen est assis; construction du mur de clôture entre propriétés dont les sols sont à des niveaux différents, I=213.

Jurisprudence. = Constructions élevées par un loca= taire, droit du propriétaire du sol; Cassation, ar= rêts 1er juillet 1851, 23 mai 1860, 8 mai 1877, II-444, 461 et 464. = Propriété de la superficie, propriété de la mine; Cassation, arrêts 3 février 1857, 31 mai 1859, II-454 et 458. = Expropriation, maison à di= vers, propriété du sol; Cassation, arrêt 22 août 1860, II-462.

(*Voy.* ACCESSION, PLANTATIONS, PROPRIÉTÉ.)

SOLIVES.

Code civil. — Le remplacement des solives de remplis= sage est à la charge de l'usufruitier, I-141. = Solives scellées aux deux extrémités, I-141. = Solives assem= blées ou non, I-141. = Solives en bois, dans le mur mitoyen, I=178. = Commentaire de l'article 657 : So= lives en bois, solives en fer, I=183.

Coutumes anciennes. = Les solives ne peuvent être scel= lées dans le mur non mitoyen (Coutume de Paris), I-74· = Précautions à prendre pour les sceller dans le mur mitoyen (Coutume de Paris), I-74.

Coutumes actuelles. — Lille et le departement du Nord, V=1058. — Montreuil-sur-mer et partie du départe- ment du Pas=de=Calais, V-1089. — Alençon et le dépar- tement de l'Orne, V-1119. = Angers et partie du dépar- tement du Maine, V-1121. — Orléans, V-1129. — Bor- deaux et partie de l'ancienne province de Guienne, V-1147. = Lyon et le département du Rhône, V-1153.

SOMMIERS.

Coutumes. — Lille et le département du Nord, V-1058.
— Alençon et le département de l'Orne, V-1119.

SOURCE.

Code civil. — Droit du propriétaire, restriction, I-154.
Législation spéciale. — Décret des 8-10 mars 1848
(Sources d'eaux minérales), IV-543.
(*Voy.* EAUX.)

SOUS-LOCATION.

Code civil. — Droit du preneur, I-307.
(*Voy.* LOCATION.)

STORES.

(*Voy.* BANNES, SAILLIES.)

SURCHARGE.

Code civil. — Exhaussement du mur mitoyen, indemnité de la charge, I-185. — Droit absolu de surélever
(Coutume de Paris), I-185. — Tuyaux encastrés,
tuyaux adossés, I-185. — Indemnité de la charge ou
droit de surcharge, I-187. — Reconstruction de
l'exhaussement dans les mêmes conditions, I-187. —
Reconstruction du mur mitoyen exhaussé, I-188. —
Reconstruction de l'exhaussement dans des conditions
différentes, I-188. — Prescription de l'indemnité de la
charge ou droit de surcharge; cas où le droit de surcharge n'est pas dû, I-191. — Remboursement de
l'indemnité de la charge, I-194. — Obligation par le
vendeur de payer l'indemnité de la charge, I-202.

Jurisprudence. — Exhaussement du mur mitoyen.
conditions; Cassation, arrêt 11 avril 1864, II-556.

Coutume ancienne. — De Paris, I-79 et 185.

Coutumes actuelles. — Droit de surcharge. — Lille et
partie du département du Nord, V-1059. — Montreuil-
sur-mer et partie du département du Pas-de-Calais,
V-1090. — Quimper et le département du Finistère,
V-1122. — Clermont-Ferrand, V-1134. — Troyes et le
département de l'Aube, V-1137. — Metz et le pays
messin, V-1140. — Besançon et le département du
Doubs, V-1143. — Bordeaux et partie de l'ancienne
province de Guienne, V-1148. — Pau et le départe-

ment des Basses-Pyrénées, V-1150. = Uzès et partie
du département du Gard, V-1187. = Marseille et
partie de l'ancienne province de Provence, V-1189.

SURVEILLANCE.

  Formules de marchés. = De la surveillance des travaux, marché à prix fait, en bloc, V-1225. = Marché
  à prix fait sur série, V-1240.

T

TACITE RECONDUCTION.

  Code civil. = Congé signifié, la tacite reconduction ne
  peut être invoquée, I-326. = Expiration du bail; continuation de la jouissance, droit du locataire, I-338.

  Jurisprudence. = Bail, tacite reconduction, comment
  elle s'opère; opposition du bailleur à la continuation
  de la jouissance; locataire nouveau, clause spéciale,
  intervention du propriétaire; Cassation, arrêt 9 février
  1875, II-621.

  Coutumes anciennes. = d'Auxerre, de Bar, de Bor-
  deaux, I-339. = De Bourbonnais, de Chaalons, de Lille,
  I-340. = De Montargis, d'Orléans, de Rheims, de Sens,
  I-341.

  Coutumes actuelles. = Valenciennes, V-1077. = Montreuil-sur-mer, V-1093. = Le Havre, V-1107.

TAILLIS.

  (*Voy.* PLANTATIONS.)

TAMPONS.

  Législation spéciale. = Tampons de fosses d'aisances;
  Ordonnance de police du 1er décembre 1853, concernant les fosses d'aisances, IV-597.

TARIFS.

  Législation spéciale. = Édit de Louis XIV, novembre
  1697 (Tarifs des droits pour raison de petite voirie),
  III-78. = Décret du 27 octobre 1808 (Nouveau tarif
  des droits pour la ville de Paris), III-279. = Loi du
  3 mai 1841 (Expropriation, frais et dépens), III-485. =
  Arrêté préfectoral du 15 décembre 1860, relatif au

tarif de location pour l'occupation temporaire de terrains communaux par des entrepreneurs ou autres, pour
y faire des dépôts de matériaux ou des chantiers, IV-
651. — Arrêté réglementaire du 2 juillet 1867, pour
l'écoulement des eaux vannes dans les égouts publics,
par voie directe. IV-818. — Règlements et tarifs des
27 février 1860, 3 novembre 1869, sur les abonnements
aux eaux, IV-851. — Arrêté approbatif, tarif spécial
pour les abonnements de 100 mètres cubes et au-dessus en eaux de sources et de rivieres, IV-860. — Tarif
pour usages spéciaux servis par abonnements; abonnements à jauges variables; modifications du tarif dans
quelques communes rurales, IV-862. — Décret du
25 août 1874 (Nouveau tarif de perception des droits
de voirie dans la ville de Paris), IV-909. — Décret du
4 décembre 1878, approbatif du tarif de perception de
la taxe de balayage. IV-951. — Reglements et tarifs du
22 juillet 1880, sur les abonnements aux eaux; tarif
des abonnements a robinet libre, V-1340; tarif de
l'eau pour les abonnements jaugés et au compteur,
V-1353.

TERRAINS.

Législation spéciale. — Loi du 3 mai 1841, sur l'expropriation pour cause d'utilite publique . délai de
la requête a presenter pour les terrains à exproprier, III-468. — Terrains dont l'expropriation est
jugée necessaire, III-468. — Instruction ministérielle
du 8 mars 1845 (Constructions nouvelles à établir sur
une partie de terrain retranchable), III-494. — Instruction du 31 mars 1862 (Terrains grevés de la servitude legale *non œdificandi*), IV-689. — Acquisition
et cession de terrains en matière de voirie. IV-692.

TERRAINS COMMUNAUX.

Législation spéciale. — Arrêté préfectoral. du 15 décembre 1860 (Occupation temporaire de terrains communaux), IV-651.

TERRAINS VAGUES.

Législation spéciale. — Ordonnance de police du
10 juillet 1871 (Clôture des terrains vagues), IV-572.

THÉATRES.

Législation spéciale. ═Ordonnance de police du 15 sep-
septembre 1875, concernant les incendies, IV-930.
(*Voy.* SALLES DE SPECTACLE.)

TOITS.

Code civil. ═ Règles à observer pour l'écoulement des
eaux pluviales, I-258.

TOLÉRANCE.

Code civil. ═ La possession, ni la prescription ne peuvent être fondées sur des actes de simple tolérance,
I-386.

TOURBIÈRES.

Législation spéciale. ═ Loi du 21 avril 1810 (Mines, minières, etc.), III-291.

TOUR D'ÉCHELLE.

Code civil. ═ Désignation, I-264. ═ Ceinture ou éche-
lage, I-265.

TRANCHÉES.

Code civil. ═ Tranchées interdites dans le mur mitoyen,
I-184.
Législation spéciale. ═ Ordonnance du bureau des
finances du 2 août 1774 (Tranchées et fouilles dans les
routes royales), III-152. ═ Ordonnance du 8 août
1829 (Sûreté et liberté de la circulation sur la voie
publique), III-398.
(*Voy.* EAUX ET GAZ.)

TRAVAUX PUBLICS.

Législation spéciale. ═ Arrêt du conseil du 7 septembre 1755 (Matériaux pour l'usage des ponts et chaussées),
III-139. ═ Loi du 14 février 1794 (Saisies-arrêts sur les
fonds destinés aux entrepreneurs de travaux publics),
III-218. ═ Loi du 27 juillet 1870 (Grands travaux
publics), IV-871.

TREILLIS.

Code civil. ═ Ouvertures dans un mur séparatif non

mitoyen; treillis de fer, I-248. ═ Inobservation des prescriptions relatives aux treillis de fer, I-250.

Législation spéciale. ─ Édit de 1607 (Droit de mettre des treillis de fer aux fenêtres des rues), III-27.

TRIPERIE.
> *Législation spéciale.* ═ Ordonnance de police du 21 avril 1865 (Débits de triperie dans Paris), IV-784.
>> (*Voy.* ÉTABLISSEMENTS CLASSÉS.)

TROTTOIRS.
> *Législation spéciale.* ═ Ordonnance du 8 août 1829 (Sûreté et liberté de la circulation sur la voie publique), construction, III-395 ; entretien , III-397. ═ Loi du 7 juin 1845 (Répartition des frais de construction des trottoirs), III-497. ─ Arrêté du préfet de la Seine du 15 avril 1846 (Construction des trottoirs), III-509 ; (Largeur des trottoirs), III-511.
> *Coutumes.* ═ Valenciennes et partie de l'arrondissement de Valenciennes, V-1078.
>> (*Voy.* EAUX, ÉGOUTS ET GAZ)

TROUBLE.
> *Code civil.* ─ Dans quel cas le bailleur est ou n'est pas tenu de garantir le preneur du trouble apporté par des tiers, I-315 et suiv.
>> (*Voy.* LOUAGE.)

TUYAUX.
> *Code civil.* ─ Quand répute-t-on immeubles ceux qui servent à la conduite des eaux, I-108. ═ Tuyaux de fumée encastrés, I-185. ═ Tuyaux de fumée adossés, I-185. ═ Exhaussement du mur mitoyen; tuyaux adossés, prolongement, I-194 ═ Tuyaux adossés, acquisition de la mitoyenneté, pied d'aile et solins, I-199. ─ Nouvelle ordonnance administrative pour Paris, relative aux tuyaux à fumée, I-203.
> *Législation spéciale.* ═ Ordonnance de police du 28 avril 1719 (Placement des cheminées), III-88. ─ Largeur des tuyaux de cheminées, III-88. ═ Ordonnance du roi du 24 décembre 1823 (Tuyaux de poêles et de cheminées) , III-359. ─ Instruction du préfet de

police du 18 juin 1824 (Tuyaux de poêles et de cheminées en saillie, suppression), III-374. ⸗ Décision
du préfet de police du 15 février 1850 (Droits à per-
cevoir sur les tuyaux de descente), IV-560. ⸗ Ordonnance de police du 1ᵉʳ décembre 1853, concernant les
fosses d'aisances (Tuyaux d'évent, de chute), IV-598.⸗
Arrêté du préfet de la Seine, du 8 août 1874 (Construction des tuyaux de fumée, à Paris) IV-906. ⸗ Ordonnance de police du 15 septembre 1875, concernant les
incendies (Établissement, ramonage des tuyaux de
fumée), IV-923. ⸗ Instruction du conseil d'hygiène
publique et de salubrité du 9 avril 1875 (Tuyaux brisés
ou en mauvais état, incendie, gaz délétères), IV-936. —
Arrêté du 15 janvier 1881, concernant l'établissement
des tuyaux de fumée dans l'intérieur de Paris, V-1367
(*Voy.* CHEMINÉES, FOSSES D'AISANCES, SAILLIE.)

U

USAGE.

Code civil. ⸗ De l'usage, I-149. ⸗ Comment s'établit et
se perd le droit d'usage, I-149. ⸗ Formalités à observer avant d'entrer en jouissance, I-149. ⸗ Obligation
de jouir en bon père de famille, I-149. ⸗ Règlement
du droit d'usage, I-150. ⸗ L'usager ne peut céder ni
louer son droit, I-150. ⸗ Modification dans l'exercice
du droit d'usage, I-150. ⸗ Charges de l'usager qui
absorbe tous les fruits du fonds, I-151. ⸗ Usage des
bois et forêts, I-151.

Des effets de l'usage par rapport à la clôture,
I-205. — Obligation de s'y conformer pour certaines
constructions, I-229. ⸗ Usage de la chose louée,
I-318. ⸗ Congé, délai d'usage à Paris, I-324.

Jurisprudence. ⸗ Pâturage ; Cassation, arrêt 26 janvier 1864, II-477.

Législation spéciale. ⸗ Loi du 6 octobre 1791, III-210.
(*Voy.* COUTUMES.)

USINES.

Code civil. ⸗ Résiliation du bail en cas de vente, I-329.
Législation spéciale. — Ordonnance de police du 15 sep-

Jurisprudence. ⚊ Jours et fenêtres de tolérance reconnus tels par l'usufruitier, validité; Cassation, arrêt 25 août 1863, II-466. ⚊ Prescription de l'article 600 du Code civil; abus de jouissance de l'usufruitier, recours du propriétaire, II-468. ⚊ Dispositions d'un époux en faveur de son conjoint; usufruit, caution; Cassation, arrêt 26 août 1861, II-471. ⚊ Dispense de caution en faveur de l'usufruitier; Cassation, arrêt 12 mars 1862, II-473. ⚊ Faute de caution; Cassation, arrêt 22 janvier 1878, II-475.

USURPATION.

Code civil. ⚊ Obligation de la part de l'usufruitier de dénoncer les usurpations de fonds, I-145.

UTILITÉ PUBLIQUE.

Code civil. ⚊ Cession de propriété pour cause d'utilité publique, I-120. ⚊ Les servitudes établies par la loi ont pour objet l'utilité publique ou communale, ou l'utilité des particuliers, I-160. ⚊ Servitude ayant pour objet l'utilité publique, I-161.

Législation spéciale. ⚊ Loi du 8 mars 1810, sur les expropriations pour cause d'utilité publique, III-289. ⚊ Loi du 30 mars 1831, relative à l'expropriation et à l'occupation temporaire, en cas d'urgence, des propriétés privées nécessaires aux travaux des fortifications, III-411. ⚊ Loi du 3 mai 1841, sur l'expropriation pour cause d'utilité publique, III-463. ⚊ Loi du 26 mars 1852 (Expropriation pour redressement ou élargissement des rues), IV-577.

V

VACATION.

Tarif en matière civile, disposition pour le ressort de la Cour de Paris, I-427.

VAINE PATURE.

Législation spéciale. ⚊ Loi du 6 octobre 1791 concernant les biens et usages ruraux et la police rurale, III-210.

Coutumes. — Valenciennes et partie de l'arrondissement
de Valenciennes, V-1079.

VALIDITÉ.

Code civil. — Validité des conventions, I-275.

VENTE.

Code civil. — Ce que comprend la vente d'une maison
meublée avec tout ce qui s'y trouve, I-115. — De la
nature et de la forme de la vente, I-289. — Obligations du vendeur, I-290. — Obligation de livrer, obligation de garantir, I-290. — Livraison d'un immeuble,
I-291. — État de la chose vendue, I-291. — Contenance : obligation du vendeur, I-291 et suiv. — Garantie due par le vendeur à l'acquéreur, I-294. — Vente
par autorité de justice, I--302.

Jurisprudence. — Arrêts de la Cour de cassation relatifs
à la garantie des défauts de la chose vendue, II-580
à 584.

(*Voy.* RESPONSABILITÉ.)

VERRE DORMANT.

Code civil. — Jour de souffrance, I-248. — Inobservation des prescriptions relatives au verre dormant,
I-250. — Tolérance relative au verre dormant, I-250.

Jurisprudence. — Jours et fenêtres de tolérance reconnus tels par l'usufruitier, validité; Cassation, arrêt
25 août 1863, II-466.

(*Voy.* JOURS.)

VÉTUSTÉ.

Code civil. — Ni le propriétaire ni l'usufruitier ne
sont tenus de rebâtir ce qui est tombé de vétusté, I-143
et 148. — Réparations locatives, I-336.

VICE.

Code civil. — Vice caché, I-298. — Mur mitoyen, exception, I-298. — Indemnité locative, responsabilité
du vendeur, I-298. — Vices apparents, I-299. — Vices
cachés ignorés du vendeur, résiliation ou diminution
du prix, I-299. — Vices connus du vendeur, dommages-intérêts, I-300. — Vices ignorés du vendeur,

I-300. ⚊ Perte de la chose vendue par vice, I-300.
⚊ Vice rédhibitoire, action de l'acquéreur, I-301.
⚊ Constat par l'acquéreur d'un vice rédhibitoire,
I-301. ⚊ Interprétation des mots dans un bref
délai, I-301. ⚊ Vente par autorité de justice, I-302. ⚊
Responsabilité de l'entrepreneur de bâtiments, I-348.
⚊ Vice de construction, I-351. ⚊ Vice du sol, I-351.
⚊ Responsabilité relative au vice de la construction
et au vice du sol, I-352. ⚊ Responsabilité décennale,
vice caché, I-353. ⚊ Vice du plan, I-367.
(*Voy.* RESPONSABILITÉ.)

VIDANGE.

Code civil. ⚊ Vidange d'une fosse d'aisances commune
à une ou plusieurs maisons, I-221. ⚊ Vidange à la
charge du bailleur, I-336.

Législation spéciale. ⚊ Ordonnance de police du
24 août 1808 (Vidangeurs), III-272. ⚊ Ordonnance de
police du 1er décembre 1853 (Fosses d'aisances et service de la vidange dans les communes rurales),
IV-597.

Formules. ⚊ Formule de demande d'établissement d'appareils diviseurs, V-1257.

(*Voy.* FOSSES D'AISANCES.)

VIDANGEURS.

(*Voy.* ENTREPRENEURS DE VIDANGE.)

VILLES.

Code civil. ⚊ Obligation de la clôture dans les villes et
faubourgs, I-204.

Coutumes. ⚊ Liste des villes dont les usages locaux
sont reproduits, V-1036.

VOIE PUBLIQUE.

Législation spéciale. ⚊ Ordonnance des trésoriers de
France du 4 février 1683 (Défense d'embarrasser
la voie publique), III-58. ⚊ Ordonnance de police du
28 janvier 1786 (Commodité et liberté de la voie publique et balayage), III-198. ⚊ Ordonnance de police du
1er avril 1818 (Objets dont la chute peut causer des
accidents), III-331. ⚊ Ordonnance de police du 8 fé-

vrier 1819 (Liberté et sûreté de la voie publique), III-333. = Ordonnance de police du 8 août 1829 (Sûreté et liberté de la circulation), III-386. = Ordonnance de police du 29 mai 1837 (Travaux exécutés sur la voie publique et les propriétés qui en sont riveraines), III-430. = Arrêté du 30 octobre 1876 (Conservation du matériel destiné à assurer la propreté et la salubrité de la voie publique), IV-943. = Ordonnance, décembre 1879 (Échafaudages fixes ou mobiles établis sur la voie publique), V-1364.

(*Voy.* ALIGNEMENT, NIVELLEMENT, SAILLIE, VOIRIE.)

VOIRIE.

Législation spéciale. = Ordonnance du prévôt de Paris du 22 décembre 1600 (Règlement sur la voirie), III-13. — Édit de 1607 (Attributions du grand-voyer, juridiction en matière de voirie), III-23. — Ordonnance des trésoriers de France du 4 février 1683 (Règlements sur le fait de la voirie), III-57. = Déclaration de Louis XIV du 16 juin 1693 (Fonctions et droits des officiers de voirie), III-69. — Édit de Louis XIV, novembre 1697 (Tarif des droits pour raison de la petite voirie), III-78. = Ordonnance du bureau des finances du 12 décembre 1747 (Voirie), III-127. = Ordonnance de police du 28 janvier 1786 (Commodité et liberté de la voie publique), III-198. = Loi du 19 mai 1802 (Contraventions en matière de grande voirie), III-248. = Décret du 27 octobre 1808 (Nouveau tarif des droits), III-279. = Arrêté du 22 août 1809 (Visites des bâtiments en construction), III-282. = Loi des 23-30 mars 1842 (Police de la grande voirie), III-491. = Décision du préfet de police du 15 février 1850 (Petite voirie), IV-553. = Décision de la commission de la voirie du 10 septembre 1856 (Hauteur des étages), IV-633. = Instruction préfectorale du 31 mars 1862 (Voirie urbaine), IV-661. — Décret du 25 août 1874 (Nouveau tarif de perception des droits), IV-909. — Conditions générales relatées dans les permissions de grande voirie (Préfecture de la Seine, année 1879), IV-963.

VOISINAGE.

Code civil. = Engagements qui naissent du voisinage, I-204-223, 226, 229, 258, 281 et suivantes.

Législation spéciale. = Décret du 7 mars 1808, qui fixe une distance pour les constructions dans le voisinage des cimetières hors des communes, III-269.

Coutumes. = Lille et partie du département du Nord : Lois de voisinage, V-1065; = Fossé séparatif, V-1065; haie séparative, V-1060. = Amiens et partie du département de la Somme : Pas de cheval, V-1097; — Haie séparative, V-1097. — Orléans : Pas de cheval, V-1130. = Bordeaux et partie de l'ancienne province de Guienne, V-1149. = Marseille et partie de l'ancienne province de Provence, V-1188.

(*Voy.* MITOYENNETÉ, VUES.)

VOUTÉ.

Code civil. = Réparation des voûtes, I-140. — Contre-mur pour voûte, I-232.

VOYER.

Législation spéciale. = Édit de 1599 (Création d'un office de grand-voyer de France), III-10. — Édit de 1607 (Attributions du grand-voyer, etc.), III-23. = Attributions des commissaires-voyers titulaires et des commissaires-voyers adjoints (30 juin 1871 et 15 avri 1878), IV-944.

(*Voy.* VOIRIE.)

VUES.

Code civil. — Des vues sur la propriété de son voisin, I-247. — Vente de mitoyenneté, obligation de boucher les ouvertures, I-247. — Jours de souffrance, prescription, I-250. = Vues droites ou d'aspect, prescription, I-252. — Vues de côté ou obliques, prescription, I-253. = Comment se compte la distance, I-253. — Acquisition de vues droites ou obliques par prescription, I-254. = Vue droite sur un toit, exception, I-254. = Vue sur l'héritage d'autrui, interdiction de la modifier, I-254. — Vues ouvertes sur les voies publiques, I-255. — Vue ouverte dans un mur incliné sur la

FIN DE LA TABLE

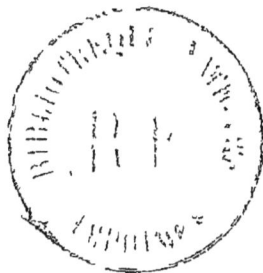

Paris. = Imp. Arnous de Rivière, rue Racine, 26.

PUBLICATIONS PÉRIODIQUES.

La Revue générale de l'Architecture et des Travaux publics. — La Semaine des Constructeurs. — Le Bulletin de la Société centrale des Architectes. — Les Annales de la Société centrale des Architectes. — Les Croquis d'Architecture. — Le Recueil d'Architecture. — Les Annales industrielles. — Les Matériaux et Documents d'Architecture. — L'Art et l'Industrie. — L'Art pratique. — Le Recueil de Menuiserie pratique. — Le Recueil de Serrurerie pratique.

OUVRAGES TERMINÉS.

L'Architecture privée au dix-neuvième siècle (1re, 2e et 3e séries). — Le Nouvel Opéra de Paris. — Les Motifs historiques d'Architecture et de Sculpture d'ornement (1re et 2e séries). — La Brique ordinaire au point de vue décoratif. — L'Architecture funéraire. — L'Ornement des tissus. — Recueil de Tombeaux modernes. — L'Album du Peintre en bâtiment. — Les Châteaux de Blois, d'Anet, de Fontainebleau, de Chambord, de Pierrefonds, etc. — L'Architecture de la Renaissance en Lombardie. — L'Ameublement moderne. — Le Mobilier de la Couronne. — L'Architecture toscane. — Le Théâtre du Vaudeville. — Les Théâtres du Châtelet. — L'Église de la Trinité. — L'Église Saint-Ambroise. — Les Halles centrales de Paris. — Les Maisons de Berlin. — Maisons d'Allemagne. — L'Architecture moderne de Vienne. — Motifs d'Architecture russe. — Les Habitations ouvrières. — L'Art de bâtir chez les Romains. — L'Ornementation pratique. — La Décoration usuelle. — Dictionnaire d'Architecture. — Histoire de l'Architecture, etc., etc.

Jurisprudence du bâtiment. — Traité des Honoraires, de la Responsabilité, de la Mitoyenneté, des Devis dépassés. — Dictionnaire du métré. — Traité des Réparations locatives. — Traité de la Voirie urbaine. — Comptabilité du Bâtiment. — Carnets-contrôle à l'usage des entrepreneurs, etc.

Constructions en bois et en fer. — Pratique de la Résistance des matériaux. — Cours de Construction. — Manuel des entrepreneurs. — Série des prix de la Ville. — Technologie du Bâtiment. — Traité de chauffage et de ventilation. — Recueil de charpente. — Traité des ponts. — Traité des Paratonnerres. — Machines à vapeur, etc.

Papiers exceptionnels à calquer, à dessiner, pour esquisses sur toile, etc.

Envoi franco du catalogue et d'une collection d'échantillons des papiers sur toute demande.

Paris. — Imp. Arnous de Rivière, rue Racine, 26.

www.ingramcontent.com/pod-product-compliance
Lightning Source LLC
Chambersburg PA
CBHW031610210326
41599CB00021B/3130